受国家自然科学基金面上项目（51677030）资助

配电网单相接地故障人工智能选线

郭谋发 著

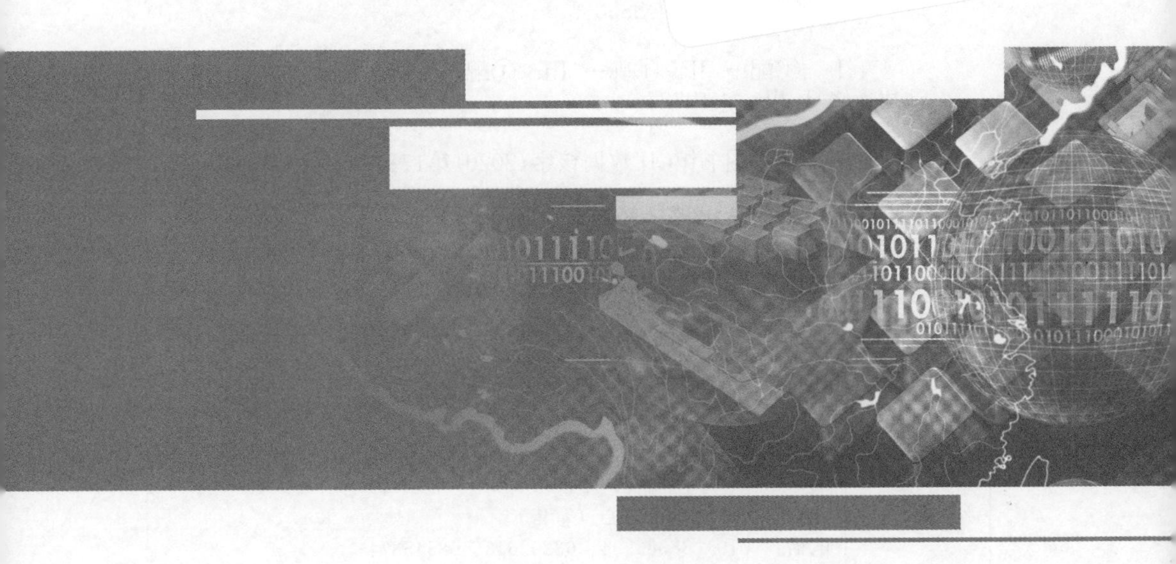

中国水利水电出版社
www.waterpub.com.cn
·北京·

内 容 提 要

本书在分析配电网单相接地故障暂态特性的基础上，介绍接地故障仿真、接地故障启动、人工智能选线及选线系统研制等。全书共分8章，包括绪论、配电网单相接地故障暂态分析、配电网单相接地故障电磁暂态仿真、配电网单相接地故障启动算法、基于模糊C均值聚类的单相接地故障选线方法、基于卷积神经网络的单相接地故障选线方法、基于自动编码器的单相接地故障选线方法、分布式配电网单相接地故障选线系统。书中融入了作者十多年在接地故障选线领域的科研成果与心得，力求使读者系统掌握并应用接地故障人工智能选线的原理与方法。

本书是国内第一本论述配电网单相接地故障人工智能选线的专著，可供高校、科研院所、制造企业及供电公司从事配电网研究、规划、设计、运行等工作的科研或技术人员参考，也可作为电气类专业的研究生和高年级本科生的教材或教学参考书。

图书在版编目（CIP）数据

配电网单相接地故障人工智能选线 / 郭谋发著. --
北京 : 中国水利水电出版社, 2020.8
ISBN 978-7-5170-8858-5

Ⅰ. ①配… Ⅱ. ①郭… Ⅲ. ①配电系统－接地保护－故障修复 Ⅳ. ①TM727

中国版本图书馆CIP数据核字(2020)第171436号

书　　名	配电网单相接地故障人工智能选线 PEIDIANWANG DANXIANG JIEDI GUZHANG RENGONG ZHINENG XUANXIAN
作　　者	郭谋发　著
出版发行	中国水利水电出版社 （北京市海淀区玉渊潭南路1号D座　100038） 网址：www. waterpub. com. cn E-mail：sales@waterpub. com. cn 电话：（010）68367658（营销中心）
经　　售	北京科水图书销售中心（零售） 电话：（010）88383994、63202643、68545874 全国各地新华书店和相关出版物销售网点
排　　版	中国水利水电出版社微机排版中心
印　　刷	清淞永业（天津）印刷有限公司
规　　格	170mm×240mm　16开本　11印张　209千字
版　　次	2020年8月第1版　2020年8月第1次印刷
印　　数	0001—3000册
定　　价	**35.00**元

前　言

配电网发生单相接地故障时，由于故障情况复杂且故障电流较微弱，以及受线路结构参数、互感器非线性特性、电磁干扰等因素影响，故障暂态零序电流的频谱特性、能量分布及衰减特性有着很大的差异，其选线保护问题长期以来未能得到很好解决。利用配电网发生单相接地故障后，非故障线路间的暂态零序电流波形相似，而故障线路暂态零序电流波形与非故障线路的差别较大的特点，对暂态零序电流波形做相关分析，进而确定接地故障线路，是一个很好的选线思路。本书提出利用人工智能算法识别接地故障暂态零序电流波形，进而实现免阈值接地选线保护，将使接地选线的准确性大大提高，有望解决已有选线方法存在的问题。

本书共8章，在简要介绍配电网单相接地故障选线研究意义、进展情况及存在问题的基础上，首先对配电网单相接地故障的暂态过程及其电磁暂态仿真做了系统阐述，接着论述了配电网单相接地故障选线的启动算法、3种基于人工智能算法的配电网单相接地故障选线方法，最后介绍了分布式配电网单相接地故障选线系统的设计与实现。本书撰写按照理论与实践相结合的思路，配有大量仿真和实测数据的算例，希望读者通过系统学习配电网单相接地故障人工智能选线的理论依据和研究方法，有所启发，同时掌握人工智能选线技术，并将其应用到实际生产和工程中。

感谢国家自然科学基金面上项目（51677030）的资助，感谢上海宏力达信息技术股份有限公司等制造企业实现并推广应用本书中的新方法。初稿完成后，承蒙福州大学杨耿杰教授仔细审阅，提出了不少宝贵意见，在此表示衷心的感谢。福州大学电气工程与自动化学院的博士研究生高健鸿、郑泽胤，硕士研究生邵翔、林成、陈志欣、李紫荆、杨长庆等同学承担了书稿的插图绘制和文字编校工作，他们付出的劳动加快了书稿的完成，一并向他们表示谢意。作者还对书中所列参考文献的作者表示感谢。

限于作者水平，书中不妥和错误之处在所难免，诚望读者包涵并批评指正。

作者

于福州大学旗山校区

2020年3月

目　录

前言

第 1 章　绪论 ……………………………………………………… 1

1.1　引言 ……………………………………………………… 1

1.2　配电网中性点接地方式 ……………………………………………………… 2

1.2.1　不接地方式 ……………………………………………………… 3

1.2.2　消弧线圈接地方式 ……………………………………………………… 4

1.2.3　经小电阻接地方式 ……………………………………………………… 4

1.2.4　经消弧线圈并联可投切中电阻接地方式 ……………………………………………………… 5

1.3　单相接地故障选线方法研究现状 ……………………………………………………… 6

1.4　单相接地故障选线难点 ……………………………………………………… 10

1.5　本书主要内容 ……………………………………………………… 11

本章参考文献 ……………………………………………………… 12

第 2 章　配电网单相接地故障暂态分析 ……………………………………………………… 15

2.1　接地故障暂态过程分析 ……………………………………………………… 15

2.1.1　故障暂态零序电压 ……………………………………………………… 15

2.1.2　故障暂态零序电流 ……………………………………………………… 17

2.2　弧光接地故障分析 ……………………………………………………… 26

2.2.1　电弧数学模型 ……………………………………………………… 27

2.2.2　电弧模型参数的确定 ……………………………………………………… 29

2.3　本章小结 ……………………………………………………… 29

本章参考文献 ……………………………………………………… 30

第 3 章　配电网单相接地故障电磁暂态仿真 ……………………………………………………… 31

3.1　PSCAD/EMTDC 仿真软件 ……………………………………………………… 31

3.1.1　PSCAD/EMTDC 简介 ……………………………………………………… 31

3.1.2　仿真建模步骤 ……………………………………………………… 32

3.2 谐振接地系统建模仿真 …… 37
3.2.1 仿真模型 …… 37
3.2.2 各元件建模 …… 38
3.3 谐振接地系统单相接地故障仿真分析 …… 46
3.3.1 接地故障分析 …… 46
3.3.2 电弧故障分析 …… 52
3.4 本章小结 …… 55
本章参考文献 …… 55
第4章 配电网单相接地故障启动算法 …… 56
4.1 启动算法 …… 56
4.1.1 小波变换基本原理 …… 56
4.1.2 Mallat小波包变换算法 …… 57
4.1.3 接地故障启动算法 …… 58
4.2 算法验证 …… 64
4.2.1 仿真数据验证 …… 64
4.2.2 现场数据验证 …… 76
4.3 本章小结 …… 78
本章参考文献 …… 78
第5章 基于模糊C均值聚类的单相接地故障选线方法 …… 80
5.1 模糊C均值聚类 …… 80
5.1.1 机器学习与聚类算法 …… 80
5.1.2 模糊C均值聚类原理 …… 81
5.2 动态时间弯曲距离 …… 82
5.3 模糊C均值聚类选线 …… 86
5.3.1 接地故障选线方法 …… 86
5.3.2 接地选线方法流程 …… 87
5.4 选线方法验证 …… 88
5.4.1 仿真与现场数据验证 …… 88
5.4.2 适应性分析 …… 99
5.5 本章小结 …… 101
本章参考文献 …… 102
第6章 基于卷积神经网络的单相接地故障选线方法 …… 103
6.1 卷积神经网络基本原理 …… 103

6.1.1 关键操作…… 104
6.1.2 数学模型…… 105
6.1.3 训练算法…… 106
6.2 基于1-D CNN的单相接地故障选线…… 107
6.2.1 一维拼接波形获取…… 108
6.2.2 基于1-D CNN的接地选线…… 110
6.3 选线方法验证…… 115
6.3.1 仿真数据分析与1-D CNN训练…… 115
6.3.2 1-D CNN测试结果…… 118
6.3.3 适应性分析…… 119
6.4 本章小结…… 123
本章参考文献…… 123
第7章 基于自动编码器的单相接地故障选线方法…… 124
7.1 自动编码器…… 124
7.1.1 结构模型…… 124
7.1.2 数学模型…… 125
7.1.3 学习算法…… 127
7.2 基于波形特征自学习的接地选线…… 128
7.2.1 接地故障电流波形特征自学习…… 128
7.2.2 波形特征量聚类选线…… 132
7.2.3 接地选线方法流程…… 132
7.3 选线方法验证…… 133
7.3.1 仿真与现场数据验证…… 133
7.3.2 适应性分析…… 142
7.4 本章小结…… 144
本章参考文献…… 144
第8章 分布式配电网单相接地故障选线系统…… 145
8.1 接地故障选线系统构成…… 145
8.2 接地故障选线装置设计…… 146
8.2.1 选线装置硬件…… 146
8.2.2 选线装置软件…… 150
8.3 接地故障选线软件设计…… 153
8.3.1 接地故障选线软件…… 153

8.3.2 人工智能选线算法软件 …… 156
8.4 本章小结 …… 164
本章参考文献 …… 165

第1章 绪论

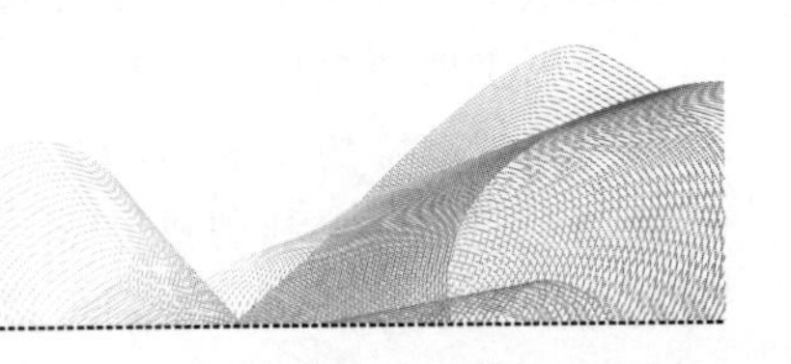

1.1 引 言

非有效接地方式特别是谐振接地方式具有自动消除瞬时性单相接地故障，有利于熄灭接地电容电流在故障点形成的电弧，提高供电可靠性等优点，广泛应用于一些欧洲和亚洲国家的配电网以及北美地区的一些工业系统。配电网发生永久性单相接地故障时，线电压对称，允许继续运行1～2h，但为了防止因非故障相电压升高、绝缘弱化而导致故障扩大，必须尽快准确选出故障线路并予以切除。由于线路结构、线路参数、电压电流互感器的非线性特性以及电磁干扰等因素的影响，可能导致故障情况复杂、故障电流微弱。不同接地故障下的暂态零序电流在频谱特征、能量分布、衰减特性等方面存在显著差异。这些因素增加了单相接地故障选线的难度，其选线保护问题长期以来未能得到很好解决。因此，有必要进一步开展非有效接地配电网单相接地故障选线保护的研究工作。

综合国内外研究现状，能在非有效接地配电网中应用的选线保护原理，根据它们是否直接利用故障信号可将其分为两类：主动式选线方法和被动式选线方法，其中被动式选线方法又可分为稳态量法和暂态量法。非有效接地配电网发生单相接地故障时，因故障电流较微弱、电弧不稳定及随机因素等的影响，使得基于故障信号稳态量的选线保护方法在实际应用时效果不理想，利用比故障信号稳态量大若干倍的故障信号暂态量进行选线保护是近年来该领域的研究热点。

各线路的故障暂态零序电流波形当中同时包含了极性、幅值及形状等信息。谐振接地系统发生单相接地故障后，利用其非故障线路的暂态零序电流波形相似，而故障线路暂态零序电流波形与非故障线路差别较大的特点，对暂态零序电流波形或其特征频带做相关分析或灰色关联分析，进而确定接地故障线路，是一个很好的选线思路。但已有文献均没有深入探究其理论依据，即波形相似或不相似现象产生的原因，也未对故障暂态零序电流波形的宏观变化趋势及时频局部特征做综合考虑，在噪声干扰、两点接地、采样不同步等情况下，其选线裕度及准确性无法保证。另外，需在选线判据中设置阈值（定值）来区分故障和非故障线路，且阈值往往是通过大量仿真得出的，工程适用性差。

本书主要研究配电网单相接地时各线路故障暂态零序电流波形特征关系产生原因、接地故障仿真及启动算法、接地故障人工智能选线方法、接地故障选线系统研制与应用等。利用机器学习技术提取接地故障暂态零序电流波形特征，进而通过分类或聚类算法，识别出接地故障线路，实现免阈值的单相接地人工智能选线保护，将大大提高选线的准确性，有望解决已有选线方法存在的问题。

1.2 配电网中性点接地方式

电力系统的中性点接地方式是一个综合性的技术问题，要考虑电网的各种运行情况、供电可靠性要求、故障过电压、人身安全、通信干扰、继电保护技术要求、设备投资等，是一个系统工程。中性点接地方式可划分为两大类：大电流接地方式（中性点有效接地方式）和小电流接地方式（中性点非有效接地方式）[1]。在大电流接地方式中，主要有中性点直接接地和中性点经低电阻、低电抗或中电阻接地，小电流接地方式主要有中性点经消弧线圈接地、中性点不接地和中性点经高阻接地。

对 110kV 及以上电网来讲，如果采用中性点非有效接地方式，单相接地故障时，非故障相过电压可达到正常运行值的$\sqrt{3}$倍，对电气设备绝缘的要求大大提高，设备制造成本显著增加。因此，一般都采用中性点直接接地方式。对配电网来讲，额定运行电压相对较低，接地故障过电压的矛盾就不像在 110kV 及以上电网中那样突出，中性点直接接地的优势不明显。因此，有效接地与非有效接地这两种方式在实际工程中都有相当数量的应用。目前，美国、英国、新加坡、中国香港等国家和地区中压配电网中性点一般采用直接接地方式或经小电阻接地方式，主要考虑是单相接地故障时过电压小，继电保护容易配置。德国、法国、俄罗斯等欧洲国家以及日本等国主要采用小电流接地方式，主要是避免单相接地故障引起跳闸。我国配电网中性点也多采用小电流接地方式。电容电流比较小的网络，采用中性点不接地方式；在电缆架空线混合网络接地电流超过 10A 以及纯电缆网络接地电流超过 20A 时，一般采用谐振接地方式。

人们对配电网接地方式的认识，是随着电网规模及技术发展不断变化的。在电力系统发展的初期，电力系统的容量较小，当时人们认为工频电压升高是绝缘故障的主要原因，即使相电压短时间升高至$\sqrt{3}$倍，也会威胁安全运行。为防止单相接地时相电压升高导致绝缘故障，电力设备的中性点最初都采用直接接地方式运行，在单相接地时瞬时跳闸切除故障。

随着电力系统的扩大，人们发现单相接地是出现概率最大的故障形式，而直接接地方式会造成线路频繁跳闸的停电事故。于是，便将上述的直接接地方式改为不接地方式运行。由于工业快速发展，电力传输容量增多，传输距离延长，电压等级逐渐升高，电力系统的延伸范围不断扩大。在这种情况下发生单相接地故障时，接地电容电流在故障点形成的电弧不能自行熄灭，同时，间歇电弧产生的过电压往往又使事故扩大，显著降低了电力系统的运行可靠性。为了解决这些问题，各国分别采取不同的解决途径。如德国、法国等采用的谐振接地技术，可降低故障点残余电流，易于熄灭电弧，自动消除瞬时单相接地故障，还可避免对通信线路的干扰。谐振接地概念最早是由德国电力专家彼得逊提出的，因此，消弧线圈又称为彼得逊线圈。美国则采用了中性点直接接地和经低电阻、低电抗等接地方式，并配合快速继电保护和开关装置，瞬间跳开故障线路。这两种具有代表性的解决办法，对后来世界上许多国家的电力系统中性点接地方式的发展产生了很大的影响。

随着配电网规模的扩大以及电缆线路的大量使用，配电网电容电流进一步增大，使用固定调谐的消弧线圈不可能完全补偿电网电容电流，故障电弧难以自动熄灭。从避免长期接地过电压危害配电网绝缘的角度出发，一些国家和地区（如法国）逐渐将电缆网络的中性点谐振接地方式改为经小电阻接地。基于同样的考虑，我国一些电力专家主张在电缆网络中优先考虑采用经小电阻接地方式。20世纪80年代以来，我国沿海一些城市（如上海、广州、深圳、厦门等）的部分电缆网络陆续采用了经小电阻接地方式。近年来，谐振接地方式又受到了电力工作者的重视。在我国，谐振接地的应用也愈来愈广泛，引起这一变化的主要原因是：电力市场化后，对供电可靠性提出了更高的要求，电力部门希望通过采用谐振接地方式，尽可能减少单相接地故障引起的供电中断。消弧线圈自动调谐装置的发明，也推动了谐振接地方式的应用，因为它能够自动跟踪电网电容电流的变化，使流过接地点的电流尽可能地小，故障电弧自动熄灭的可能性也大为提高。

我国配电网通常采用以下几种接地方式。

1.2.1 不接地方式

当中性点不接地系统发生单相接地故障时，无论是金属性接地或不完全接地，三相系统的对称性仍保持不变，电力用户的正常工作不受影响。但是中性点不接地系统发生单相接地故障时，不允许长期带电接地运行，这是因为非故障的两相对地电压升高，可达正常相电压的$\sqrt{3}$倍，可能引起绝缘的薄弱环节被击穿，发展成为相间短路故障，使事故扩大。因此规定：中性点不接地系统发生单相接地时，继续运行的时间不得超过2h，并要加强监视。

单相接地时所产生的接地电流，将在接地点形成电弧。这种电弧可能是稳定电弧或间歇性电弧。当接地电流不大时，电弧在电流过零瞬间自行熄灭，接地故障随之消失，于是电网恢复正常运行。当接地电流很大（30A以上）时，将会形成持续性的接地电弧，如不及时消除，可能烧毁设备并导致相间短路事故，这是中性点不接地系统的缺点之一。

在10kV和35kV电压等级的配电网中，当单相接地电流小于10A时，可以采用中性点不接地方式。如不满足上述条件，则须采用其他接地方式。

1.2.2 消弧线圈接地方式

德国的彼得逊于1916年发明了消弧线圈，同时发明了单相和三相两种消弧装置。三相消弧装置经济指标欠佳，但不需要中性点，可以直接在线路上安装以进行分散补偿，正常运行时，三相消弧装置还可从电网吸收无功功率。单相接地故障时，中性点电压加在单相消弧线圈上产生感性无功电流，补偿故障电容电流，达到降低接地电流促使电弧熄灭的目的，同时消弧线圈还能够减少介质损伤和降低故障相恢复电压的上升速度。因此，中性点经消弧线圈接地是确保系统安全运行的有效措施之一，其缺点是由于接地电流较小不利于故障检测。

早期使用的消弧线圈大多是固定电感，或在停电情况下手动调节其电感量。为了防止产生谐振过电压，一般按照配电网最大对地电容电流值来调整消弧线圈的电感值，使消弧线圈运行在过补偿状态。因电感电流不能在线调节，所以当配电网络发生变化时，接地点的故障残流并不能达到预期控制目标，补偿效果较差。为了减少接地故障残流，出现了各种类型的自动跟踪补偿式消弧线圈。

研究初期，国内外学者将研究重点放在电感匝数在线分级调节方面，研制的分级调匝式消弧线圈可通过负载开关在线切换线圈匝数档位，适应配电网络结构变化对接地故障电流的影响，从而提高了故障电流的补偿精度。随后，研究人员研制出新型一次调感式消弧线圈和二次调感式消弧线圈以及调容式消弧线圈，其可实现电感量的有载细调和连续无级调节，具有调节精度高，补偿效果好等优点。以上常见各类调感式和调容式消弧线圈均采用无源消弧技术，其难于将接地故障电流中的有功分量和谐波分量补偿到零，残流仍有可能使电弧重燃，消弧效果有限。

1.2.3 经小电阻接地方式

配电网中至少有一个中性点接入电阻器，目的是限制接地故障电流。中性点经电阻器接地，可以消除中性点不接地和消弧线圈接地系统的缺点，既降低了瞬间过电压幅值，并使灵敏而有选择性的故障定位的接地保护得以实现。由于该系统的接地电流比直接接地系统的小，故地电位升高对信息系统的干扰和对低压电网的影响都会减弱。电缆网络中性点采用小电阻接地的一个主要考虑是：电缆线路故障往往是永久性故障，即便是采用谐振接地方式，故障电弧也难以自行熄灭。

在中性点，采用比较小的电阻，其电阻值在几欧姆到几十欧姆，在发生单相接地故障以后，产生的接地电流达到几百安培或者几千安培，这样大的电流，对于保护来讲已经很容易识别，所以，在城市配电网中采用小电阻接地，利用零序保护，保护可以直接动作跳闸。这样，只要有故障，就可以进行跳闸保护。它所带来的缺点是瞬时性接地故障也会跳闸。对于中性点不直接接地配电网，允许单相接地运行2h，那么对于瞬时性故障可以不跳闸，但采用小电阻接地方式，不管是何种性质的故障，均采取的是跳闸保护。经统计，有些城市采用小电阻接地方式的跳闸率较采用消弧线圈接地方式的跳闸率更高。这是因为，由于采用消弧线圈接地，瞬时性接地故障可以自行消除，但采用小电阻接地后，只要有接地故障都要跳闸，这是小电阻接地的缺点。

事实上，电缆网络里相当一部分故障是发生在电缆本体以外（如在用户变压器处）的瞬时性故障。对实际接地故障的分析表明，电缆内部接地故障的电弧也有可能自动熄灭，从而维持一段时间的正常供电。因此，中性点采用非有效接地方式，可以避免不必要的供电中断。据我国沿海某城市供电局对一变电站的统计数据，配电网中性点改造为经小电阻接地之后3年中，10kV线路共跳闸136次，平均每年46次；而在改造之前的2年中，10kV线路共跳闸53次，平均每年才27次。可见，中性点采用非有效接地方式时，10kV线路平均每年的跳闸次数远小于采用小电阻接地方式。

1.2.4 经消弧线圈并联可投切中电阻接地方式

消弧线圈的最大优点就是能消除瞬时性单相接地故障，很多接地故障不需要处理，就可以自动熄弧了。中性点经小电阻接地系统的优点是可快速切除单相接地故障。若采用消弧线圈并联一个可控的接地电阻，当发生单相接地，若是瞬时性的故障，消弧线圈可以自动消除故障。若故障持续时间达到几十秒，那么靠消弧线圈是不能熄弧了，说明这是一个永久性故障，就只能采取跳开故障线路的方式。采用消弧线圈接地方式时难于直接跳开故障线路的，若投入一个中电阻，当发生单相接地故障时，通过中电阻可以产生一个几十安培的接地故障电流，并不像小电阻接地时产生那样大的接地电流。虽然对安全有点影响，投上一个中电阻，产生几十安培的电流，这个电流足以让继电保护、故障指示器或一次、二次融合开关检测出来，这样就可以快速地动作于跳闸，或者动作于选线，或者动作于现场的故障定位，这样处理故障就只需要几秒钟的时间。如果两者结合起来，对于瞬时性故障可以自动消弧，永久性故障可以在很短的时间内消除故障，这样就可以将两种接地方式的优点很好地结合在一起了。

发生单相接地故障时，传统的无源消弧技术无法补偿接地故障电流中大幅提高的有功电流分量和谐波电流分量，系统消弧能力降低，故障点的电弧难以自熄，接地电弧电流的能量及间歇性弧光接地产生的过电压严重威胁系统绝缘，易引起故障扩大。因此，在无源消弧技术的基础上，逐渐出现了可同时补偿接地故障电流中的无功分量、有功分量、谐波分量的有源（柔性）消弧技术。

柔性消弧技术是通过电力电子电路及其控制主动注入电流的方式实现故障零残流消弧，以达到有效抑制弧光过电压，快速熄灭电弧，不易重燃的效果。文献［2］提出基于零序电压柔性控制的配电网接地故障消弧与保护新原理。利用基于脉宽调制的有源逆变器向配电网注入零序电流，控制零序电压，使故障相恢复电压为零，实现瞬时接地故障的消弧。文献［3］提出基于单相有源滤波技术的新型消弧线圈，采用预调和随调相结合的调谐方式，通过注入可控电流实现对接地故障电流的全补偿。文献［4］提出三相五柱双二次绕组的零残流消弧线圈，通过逆变器从消弧线圈二次注入电流，补偿流经接地点的故障电流的有功分量、无功分量和谐波分量。文献［5］提出可适应线路结构动态变化的柔性消弧技术，先计算接地的电阻值，再根据接地电阻值大小选择采用电流消弧方法或电压消弧方法进行接地故障消弧。文献［6］提出一种基于三相级联 H 桥多电平变流器的配电网柔性接地装置，及与之相适应的单相接地故障柔性自适应消弧方法，采用三相级联 H 桥多电平变流器代替传统的消弧线圈，无需升压变压器及接地变压器，接在各相线和地之间，利用相电压为变流器直流侧电容供电，可直接挂接在配电网的任意位置，实现分散补偿。另外，除了实现接地故障消弧外，变流器还可实现配电网无功补偿与谐波抑制、三相电压不平衡及过电压抑制等功能，提高级联 H 桥变流器的使用效率[7]。

1.3　单相接地故障选线方法研究现状

现有的配电网单相接地故障选线方法可分为三类：基于注入信号的方法、基于稳态信号的方法和基于暂态信号的方法。文献［8］提出利用晶闸管暂时接地的方法，产生瞬态电流脉冲，该电流脉冲主要流过接地故障线路，用于接地选线。可控的接地故障电流大到足以选线，但不会引起系统问题。尽管该方法在某些干扰严重的系统中也能可靠选线，但由于其需要接入变电站主变压器的中性点，因此实现成本较高。为了克服这个问题，文献［9］提出利用变电站常用的电压互感器的三角形绕组建立可控接地条件的方法。在所提出的方法中，将晶闸管串入电压互感器的二次三角形绕组中，当晶闸管导通时，意味着三角形闭合，电压互感器的一次侧将产生较大的可控接地故障电流，该脉冲电流可用于接地选线。然而，这些基于注入信号的方法需要在配电网中安装额外的硬件，实现较困难，故未被广泛应用。

文献［10-12］提出几种典型的基于稳态信号的接地故障选线方法。文献［10］提出几种基于稳态信号的谐振接地系统接地故障选线方法。这些方法基于配电网电气量的测量，主要是线路的剩余电流及其变化，一些方法还利用了谐振接地系统的参数。文献［11］提出一种基于故障电流和故障电阻测量的接地故障选线方法。计算了故障前后的故障相电压和故障相电流变化，接地故障电流和接地故障电阻。当故障电流大于其阈值或故障电阻小于其阈值时，则认为该线路发生单相接地故障。文献［12］提出一种补偿导纳比与补偿导纳角相结合的接地故障选线方法，该方法继承了零序导纳法的优点，可以对接地故障线路进行单独识别。同时，改进了零序导纳法在区分接地故障线路和正常线路时存在灵敏度较低的不足。基于稳态信号的方法，例如幅值比较法、相位比较法和功率检测法等，若接地故障线路的接地故障电流太小或负载不平衡，选线将可能不正确。由于非有效接地系统故障时稳态量幅值小，再加上受到系统中性点接地方式、不稳定接地电弧、接地电阻、电流互感器的误差以及系统运行方式等的影响，使基于稳态量的选线方法的选线准确率普遍不高。

配电网发生单相接地故障时，存在一个复杂的暂态过渡过程，该暂态过程含有丰富的故障信息，产生的暂态信号的幅值是稳态信号的几倍，用于实现接地故障选线具有明显的优势，近年来，该类接地选线方法的研究受到广泛关注。Prony、小波变换和 Hilbert-Huang 变换等常用于对暂态零序电流信号进行分析。故障暂态信号的幅值、极性、能量、能量方向、突变量、波形相关系数、谐波电流、接地电容、信息熵等特征量常被用于构造接地选线的判据。以往的研究取得了一定的效果，然而，在各种接地故障情况下，接地选线很难都达到较高的准确性和可靠性。文献［13］提出一种瞬时/间歇性接地故障的故障检测和方向确定的方法。以零序电压和零序电流作为输入信号，通过瞬时功率理论提取故障方向。然而，该方法不适用于暂态过程中极性反转的情况。文献［14］提出一种改进的锁相环，用于提取零序电流的五次谐波分量，实现接地选线。随着现代电力电子技术的发展，配电网中含有大量的电子设备，是系统谐波的来源。而且，零序电流的五次谐波含量微弱，会淹没在这些谐波源装置产生的谐波中。文献［15］提出一种基于第一个工频周期内的网络对地电容暂态估计的选线算法。然而，为了克服不同暂态频率的影响，线路阻抗和消弧线圈的影响必须用文中所提出的补偿因子进行补偿，导致该方法难以在工程实际中使用。文献［16］研究一种基于概率的选线方法，该方法使用离散小波变换提取故障零序电流的暂态特征。离散小波变换得到的细节系数用于检测故障线路。采用自适应阈值作为概率函数的输入，对故障线路进行估计，但该方法不能用于谐振接地系统。文献［17］提出一种基于直流分量的接地选线方法。谐振接地系统发生单相接地故障时，暂态电容电流的直流分量幅值大，衰减快，暂态电感电流的直流分量衰减慢，只流过接地故障线路，使接地故障线路的直流分量远高于正常线路的。交流电流互感器不能用于检测直流电流，因此，如何采集直流分量，消除谐波，以保证该方法的有效性，是需要考虑的问题。该方法的另一个缺点是直流分量的幅值较小。文献［18］提出一种基于小波变换的配电网单相接地故障选线方法。该方法利用零序电流的行波检测故障线路，通过母线零序电压判断故障或开关操作引起的事件。采用小波多分辨分析对零序电流行波进行分解，提取小波变换的局部模极大值，确定初始行波的时间。同时对所有线路零序电流经小波变换得到的幅值和极性进行比较，以选出接地故障线路。文献［19］提出一种基于行波的单相接地故障选线新方法。该方法通过比较故障发生后测得的电流和电压行波的极性来确定故障方向。行波的采集需要较高的采样频率。此外，配电网的多分支结构对行波测量影响较大。

当谐振接地系统发生单相接地故障时，各线路的故障暂态零序电流波形包含极性、幅值和形状等信息，具有非线性、非平稳特性。由于故障线路和非故障线路之间的暂态零序电流波形的相似性低于两个非故障线路之间的暂态零序电流波形的相似性，因此通过波形相似性识别可以很好地进行接地故障选线。文献［20］提出一种故障线路检测方法，该方法利用两条线路之间的等效接地电容之比，实现暂态零序电流的拉伸变换。通过相截面分析和欧氏距离计算得到暂态零序电流的特征矩阵，采用模糊 K 均值聚类算法实现免阈值选线。当谐振接地系统中的短线路是非故障线路时，其小的对地电容会导致暂态零序电流多次过零，与其他非故障线路的相关性将降低，使得基于非分解的暂态零序电流原始波形相关系数的故障线路检测方法的可靠性降低，因此，该方法难于在实际工程中应用。为了提高故障暂态零序电流的相似度和故障检测裕度，必须考虑暂态零序电流的宏观变化趋势和时频局部特征。文献［21］将小波包分解和重构以及信号增强技术用于处理线路的故障暂态零序电流波形。通过计算每个时间窗内的波形差分特征矩阵，得到相对熵，用于定义同一时间窗内线路间故障暂态零序电流的差别程度。在所有时间窗内，采用等权重投票法对初步的线路接地故障检测结果进行统计，然后根据等权重投票结果和设置的阈值，检测出故障线路。该方法需要设置时间窗数目和阈值。文献［22］提出一种基于故障暂态零序电流信号时频谱矩阵相似性识别的选线方法。将时频谱矩阵作为数字图像的像素矩阵，采用图像相似性识别与综合相似系数相结合的方法进行线路接地故障检测，该方法存在故障线路检测判据的阈值是根据大量仿真结果得出的缺点。文献［23］提出一种基于时域波形特征聚类的接地选线方法。将故障后第一个半周期的线路零序电流波形进行直方图分解，采用相对熵矩阵反映零序电流的状态差异及其极性信息，结合幅值信息，形成综合相对熵矩阵，用来表征暂态零序电流的时域波形特征。采用不设阈值的模糊C均值聚类实现接地故障选线。文献［23］的缺点与文献［20］相同。文献［24］提出一种适用于中性点非有效接地配电网的新型接地故障选线方法，将聚类算法应用于历史数据的特征选择，得到故障组数据和非故障组数据的聚类中心。计算检测到的特征样本与故障和非故障组数据的聚类中心之间的距离，检测到的特征样本属于相对距离较短的簇。合适的聚类中心难于获得，这将导致故障选线方法的鲁棒性降低。文献［25］提出一种基于斜率关联度的接地故障选线方法。采用能反映曲线斜率变化的斜率关联度来表征各线路间故障暂态零序电流的相似性，定义了利用斜率关联度矩阵进行选线的判据及阈值。文献［26］提出一种基于优化双稳态系统的故障选线方法。采用粒子群优化算法对优化后的双稳态系统势能函数的参数进行优化，用于提取强噪声背景下的故障暂态零序电流。利用优化后的双稳态系统和互相关系数，提出包含故障暂态零序电流波形差异和能量的故障选线判据及阈值。

随着机器学习技术的发展，神经网络、支持向量机、遗传算法和聚类算法等被用于接地故障选线。在文献［27］中，提出一种将改进的主成分分析用于特征选取的故障选线方法，同时将该方法与基于层次聚类算法和模糊C均值聚类算法的选线方法进行了比较，获得了更高的选线准确度。文献［20，23，24，27］中的基于聚类的接地故障选线方法未考虑其鲁棒性和泛化能力，这些方法将难以适应谐振接地系统发生接地故障时的各种复杂情况，因此，为了提高接地故障选线的准确性和可靠性，本书第5章提出基于综合互相关系数矩阵模糊C均值聚类的谐振接地系统接地故障选线方法。文献［28］采用原子稀疏分解算法对各线路的故障暂态零序电流进行分解，并结合信息熵理论，构造极限学习机网络训练和测试样本，实现接地故障选线。在文献［29］中，将人工神经网络用于中性点非有效接地配电网的接地故障选线。训练人工神经网络模型，使其学习输入数据与目标数据之间的分类规则，并对接地故障波形数据进行测试，得到分类结果，实现免阈值选线。在实际应用中，这类方法依赖于选择合理的故障信号处理方法，人工提取有效的特征，并选择合适的分类器来实现。在现有的基于分类的故障选线方法中，提取有效的特征和选择合适的分类器是该类方法的关键，它们会对某些特殊情况下的选线算法的鲁棒性产生影响。最近，一些学者将小波变换和最新的机器学习模型相结合用于模式分类和回归。文献［30］采用离散小波包变换和非负矩阵分解对语音进行增强。文献［31］提出一种基于卷积神经网络的低剂量X射线计算机断层成像的方向小波重建方法。已有的序列数据的识别或分类方法，大部分是利用传统的机器学习模型或其变形来实现的，如隐马尔可夫模型、支持向量机、极限学习机等，其中的一些方法能够获得较高的分类准确度，但需要耗费大量的训练时间。文献［32］提出一种新的基于卷积神经网络的框架来解决多通道序列的识别问题，该框架在较短的训练时间内具有较高的识别准确度。因此，本书的第6章提出了一种基于深度学习的接地故障选线方法，由于该方法不是基于传统的分类算法，因此不需要单独进行故障特征提取或选择，利用一维卷积神经网络同时实现了故障特征提取和故障分类算法，该方法需大量接地故障电流波形的历史数据，这在工程实现上存在困难，为解决该问题，本书的第7章提出利用自动编码器实现特征量自动提取，再利用聚类的方法实现接地故障选线，该选线方法仅需本次接地故障暂态零序电流波形数据，同时可实现特征自动提取和免阈值选线。

1.4 单相接地故障选线难点

现场运行工况复杂，存在高阻接地故障及间歇性电弧故障信号难于准确测量或识别、开口零序电流互感器测量精度较低等问题，造成基于已有接地故障选线方法的装置的选线准确率偏低。单相接地故障选线的难点主要表现在以下几个方面：

（1）现场故障数据难于获取，准确模型建立困难。故障录波对于研究谐振接地系统故障选线而言是尤为重要的，由于各种因素使得难以从现场获取大量的接地故障波形数据，研究所采用的数据绝大部分还是从仿真模型中获取。而配电网结构复杂多变，接地故障形式多种多样，包括金属接地、雷击放电接地、树枝接地、电阻接地、绝缘不良接地、电弧接地等，且故障形态并不是单一不变的，而是动态发展变化的，要精确模拟实际运行中的各种故障过程非常困难。在配电网中，一般不允许进行现场单相接地故障试验，即使经过批准，也只是允许进行极少量试验，且对其试验的规模、方式都有各种限制。此外，由于难以对故障特征量进行定量分析，绝大部分研究都只能建立在故障后零序网络模型仿真的基础上。

（2）存在故障信号微弱，难于检测的运行工况。谐振接地系统发生单相接地故障时，流过各线路的零序电流不但与线路类型、长度有关，而且与系统规模、出线数目有关。故障时稳态零序电流幅值小，再加上消弧线圈的补偿，使零序电流幅值更小。虽然故障暂态零序电流幅值比稳态的大，但在接地过渡电阻为大电阻的情况下，有可能出现暂态零序电流小于稳态零序电流，再通过一定变比的电流互感器输出时，信号更加微弱，且暂态过程短，不易检测，同时暂态零序电流呈现更为复杂的故障特性，这些都对选线装置的采样速度和测量精度要求更高。

（3）故障信号变化范围大，不易准确测量。现场的电压互感器和电流互感器变比为一定值。暂态信号与稳态信号幅值相差大，若互感器变比的选择以稳态信号的数量级为参照，则测量暂态信号时可能由于互感器饱和使测量准确度降低；若以暂态信号数量级为准则选取互感器变比，又可能导致稳态量测量不准确。如此给故障信号的准确测量带来困难。目前，电量测量多采用基于电磁感应原理的互感器，而配电网运行中，各种带电设备都将产生交变电磁场，对电量信号形成电磁干扰，可使波形的幅值和形态特征发生一定变化，给故障信号的准确测量增加难度。

（4）虚假接地及间歇性弧光接地，造成故障正确启动困难。传统单相接地故障启动算法通常采用零序电压瞬时值的阈值判断，实际应用中，普遍存在准确性不高的问题，TV 铁磁谐振、TV 高压侧熔断器熔断等非单相接地故障产生虚假接地，将造成选线装置的误启动，高阻故障情况则可能导致选线装置拒启动。运行经验表明，谐振接地系统中的接地故障大多为瞬时性故障，在缆线混合系统中，瞬时性故障常常伴随着间歇性弧光接地，间歇性电弧不但幅值不稳定，且含有大量的谐波分量，如何可靠识别，有待进一步研究。因此，如何准确、快速地启动选线算法，成为故障选线装置实用化过程中亟须解决的关键问题。

（5）基于阈值的选线方法，难以适应现场复杂运行工况。已有的选线方法大多采用人工设定阈值方法判断故障线路，阈值一旦确定便不再改变，且阈值的选取依靠人工经验，难以适应接地故障的多样性，易造成误选、漏选。随着配电网容量不断扩大，接线方式越来越复杂，系统的运行方式也频繁改变，电容电流也随之发生改变，此外母线电压的变化、负荷电流的变化以及接地过渡电阻不确定等也会对故障零序电流造成影响，进而对基于阈值判断的故障选线方法造成一定的困难，影响选线的准确性和可靠性。

1.5 本书主要内容

本书分析谐振接地系统单相接地故障的暂态过程，得出故障线路与非故障线路间暂态零序电流波形的差异比非故障线路间的大的结论，利用人工智能技术对波形的差异性进行识别，实现免阈值接地故障选线。用 PSCAD/EMTDC 电磁暂态仿真软件搭建配电网仿真模型，对典型单相接地故障和电弧故障进行仿真和分析，为验证启动算法及选线算法的可行性提供故障波形数据。

接地故障选线的启动算法采用 Mallat 小波包变换算法对零序电压波形进行多分辨率分析，利用分解得到的高低频分量实现对扰动的检测，并根据算得的自适应阈值及扰动持续的时间，进一步判断是否为单相接地故障，以作为启动选线算法的依据。提出 3 种人工智能选线方法，分别为基于模糊 C 均值聚类的单相接地故障选线方法、基于卷积神经网络的单相接地故障选线方法、基于自动编码器的单相接地故障选线方法等。第一种选线方法先求取故障暂态零序电流波形间的综合互相关系数矩阵，将其作为反映暂态零序电流波形幅值和极性间的关系的特征量，对综合互相关系数矩阵做模糊 C 均值聚类，可将暂态零序电流波形聚为故障和非故障 2 类，在无须设置阈值的情况下选出故障线路。方法所用的特征量根据经验人为选取，所采用的聚类算法无需带标签的样本数据，属于人工智能中的非监督式学习算法。第二种方法采用一维卷积神经网络实现对故障暂态零序电流波形的分类，其波形的特征量的提取与识别均由训练好的一维卷积神经网络实现，可避免人工经验选取特征量存在难于全面反映波形的全局及局部特征的缺点，所采用的卷积神经网络属于人工智能中的监督式学习算法，该算法需要较多带标签的训练数据样本，但工程实际接地故障波形数据难于大量获取，因此，进一步开展小样本及故障波形生成算法的研究是有意义的。第三种方法利用人工智能中的半监督式学习算法自动编码器，实现各线路故障暂态零序电流波形特征量的自动提取，用暂态零序电流波形数据训练自动编码器，当其输入层输入的波形数据与输出层输出的波形数据接近或训练次数达到时，停止训练，将此时自动编码器的隐含层的输出作为暂态零序电流的特征量，再用模糊 C 均值聚类实现免阈值选线。该方法无需历史接地故障波形数据，同时实现了特征量自动提取和免阈值选线。

本书介绍了作者所研制的分布式配电网单相接地故障选线系统，该系统已在现场稳定运行超过 2 年时间，由上位机、1 台电压监测终端及若干台电流监测终端等 3 部分构成，各终端间及终端与上位机间通过通信的方式交互数据，电压监测终端及各电流监测终端可集中组屏，也可分散安装于相应的 10kV 屏柜内，安装及扩展方便。启动算法在电压监测终端中运行，上位机的接地故障选线软件采用上述的第三种选线方法。

本章参考文献

[1] 郭谋发，高伟，陈彬，等．配电网自动化技术［M］. 2 版．北京：机械工业出版社，2018.

[2] ZENG X J, XU Y D, WANG Y Y. Some novel techniques for insulation parameters measurement and petersen-coil control in distribution systems [J]. IEEE Transactions on In-

dustrial Electronics，2010，57（4）：1445－1451.
[3] 曲铁龙，董一脉，谭伟璞，等．基于单相有源滤波技术的新型消弧线圈的研究[J]．继电器，2007（3）：29－33.
[4] 李晓波．柔性零残流消弧线圈的研究[D]．徐州：中国矿业大学，2010.
[5] 刘维功，薛永端，徐丙垠，等．可适应线路结构动态变化的有源消弧算法[J]．电网技术，2014，38（7）：2008－2013.
[6] 郭谋发，游建章，张伟骏，等．基于三相级联H桥变流器的配电网接地故障分相柔性消弧方法研究[J]．电工技术学报，2016，31（17）：11－22.
[7] 郭谋发，张伟骏，杨耿杰，等．基于级联H桥变流器和dq变换的配电网故障柔性消弧新方法[J]．电工技术学报，2016，31（24）：240－251.
[8] WANG W C，ZHU K，ZHANG P，et al. Identification of the faulted distribution line using thyristor-controlled grounding [J]. IEEE Transactions on Power Delivery，2009，24（1）：52－60.
[9] ZHU K，ZHANG P，WANG W C，et al. Controlled closing of PT delta winding for identifying faulted lines [J]. IEEE Transactions on Power Delivery，2011，26（1）：79－86.
[10] LEITLOFF V，FEUILLET R，GRIFFEL D. Detection of resistive single-phase earth faults in a compensated power-distribution system [J]. European Transactions on Electrical Power，1997，7（1）：65－73.
[11] ZENG X J，LI K K，CHAN W L，et al. Ground-fault feeder detection with fault-current and fault-resistance measurement in mine power systems [J]. IEEE Transactions on Industry Applications，2008，44（2）：424－429.
[12] LIN X，SUN J，KURSAN I，et al. Zero-sequence compensated admittance based faulty feeder selection algorithm used for distribution network with neutral grounding through peterson-coil [J]. International Journal of Electrical Power & Energy Systems，2014，63：747－752.
[13] CUI T，DONG X Z，BO Z Q，et al. Hilbert-transform-based transient/intermittent earth fault detection in noneffectively grounded distribution systems [J]. IEEE Transactions on Power Delivery，2011，26（1）：143－151.
[14] ZHANG Z X，LIU X，PIAO Z L. Fault line detection in neutral point ineffectively grounding power system based on phase-locked loop [J]. IET Generation Transmission & Distribution，2013，8（2）：273－280.
[15] ABDEL-FATTAH M F，LEHTONEN M. Transient algorithm based on earth capacitance estimation for earth-fault detection in medium-voltage networks [J]. IET Generation Transmission & Distribution，2012，6（2）：161－166.
[16] ELKALASHY N I，ELHAFFAR A M，KAWADY T A，et al. Bayesian selectivity technique for earth fault protection in medium-voltage networks [J]. IEEE Transactions on Power Delivery，2010，25（4）：2234－2245.
[17] WANG Z J，WANG Y W. Application of DC component to select fault branch in arc suppression coil grounding system [J]. Journal of Coal Science & Engineering，2013，19（3）：396－401.
[18] DONG X Z，SHI S X. Identifying single-phase-to-ground fault feeder in neutral noneffec-

tively grounded distribution system using wavelet transform [J]. IEEE Transactions on Power Delivery, 2008, 23 (4): 1829 - 1837.

[19] DONG X Z, WANG J, SHI S X, et al. Traveling wave based single-phase-to-ground protection method for power distribution system [J]. CSEE Journal of Power and Energy Systems, 2015, 1 (2): 75 - 82.

[20] 郭谋发, 郑新桃, 杨耿杰, 等. 利用暂态波形伸缩变换的谐振接地系统故障选线方法 [J]. 电力自动化设备, 2014, 34 (9): 33 - 40.

[21] 郭谋发, 高源, 杨耿杰. 谐振接地系统暂态波形差异性识别法接地选线 [J]. 电力自动化设备, 2014, 34 (5): 59 - 66.

[22] 郭谋发, 刘世丹, 杨耿杰. 利用时频谱相似度识别的配电线路接地选线方法 [J]. 中国电机工程学报, 2013, 33 (19): 183 - 190, 4.

[23] 郭谋发, 严敏, 陈彬, 等. 基于波形时域特征聚类法的谐振接地系统故障选线 [J]. 电力自动化设备, 2015, 35 (11): 59 - 66, 81.

[24] ZENG X J, YU K, WANG Y W, et al. A novel single phase grounding fault protection scheme without threshold setting for neutral ineffectively earthed power systems [J]. CSEE Journal of Power and Energy Systems, 2016, 2 (3): 73 - 81.

[25] WANG Y Y, HUANG Y H, ZENG X J, et al. Faulty feeder detection of single phase-earth fault using grey relation degree in resonant grounding system [J]. IEEE Transactions on Power Delivery, 2017, 32 (1): 55 - 61.

[26] WANG X W, GAO J, CHEN M F, et al. Faulty line detection method based on optimized bistable system for distribution network [J]. IEEE Transactions on Industrial Informatics, 2018, 14 (4): 1370 - 1381.

[27] WANG Y Y, ZHOU J M, LI Z W, et al. Discriminant-analysis based single-phase earth fault protection using improved PCA in distribution systems [J]. IEEE Transactions on Power Delivery, 2015, 30 (4): 1974 - 1982.

[28] WANG X W, WEI Y F, ZENG Z H, et al. Fault line selection method of small current to ground system based on atomic sparse decomposition and extreme Learning machine [J]. Journal of Sensors, 2015, (10): 1 - 19.

[29] SHAO Z, WANG L C, ZHANG H. A fault line selection method for small current grounding system based on big data [C] // 2016 IEEE PES Asia-Pacific Power and Energy Engineering Conference (APPEEC). IEEE, 2016.

[30] WANG S S, CHERN A, TSAO Y, et al. Wavelet speech enhancement based on nonnegative matrix factorization [J]. IEEE Signal Processing Letters, 2016, 23 (8): 1101 - 1105.

[31] KANG E, MIN J H, YE J C. A deep convolutional neural network using directional wavelets for low-dose X-ray CT reconstruction [J]. Medical Physics, 2017, 44 (10): e360 - e375.

[32] ZHANG R F, LI C P, JIA D Y. A new multi-channels sequence recognition framework using deep convolutional neural network [J]. Procedia Computer Science, 2015, 53: 383 - 390.

第2章

配电网单相接地故障暂态分析

单相接地故障暂态过程分析是配电网单相接地故障选线、定位等算法的基础。目前专门针对接地故障暂态过程分析的研究较少，有必要进一步开展理论分析和验证的研究。本章针对消弧线圈处于过补偿状态下的谐振接地系统，分析其发生单相接地故障后的暂态过程，为本书后续的接地故障启动方法和选线方法提供理论基础。

2.1 接地故障暂态过程分析

谐振接地系统某处发生单相接地故障时，三相电压和三相电流不对称，利用不对称分量法将故障点的电流和电压分别分解成正序、负序和零序三个分量。其中，正序、负序、零序电流的幅值和相位大小均相等，即 $\dot{I}_{f(1)}=\dot{I}_{f(2)}=\dot{I}_{f(0)}$，而流过故障点的电流 $\dot{I}_f=\dot{I}_{f(1)}+\dot{I}_{f(2)}+\dot{I}_{f(0)}=3\dot{I}_{f(0)}$；当A相经过渡阻抗 Z_f 接地时，故障点的A相电压三序分量叠加之和为 $Z_f\dot{I}_{fa}$，即 $\dot{U}_{f(1)}+\dot{U}_{f(2)}+(\dot{U}_{f(0)}-3Z_f\dot{I}_{f(0)})=0$，电压的各序分量均可由零序电流和序阻抗计算而得。

线路模型采用π型等效电路，作出谐振接地系统单相接地故障的零序网络，如图2-1所示。其中，R_{0n}、L_{0n}、C_{0n}（$n=1$，2，…，N）分别为各条线路的零序电阻、零序电感和零序电容；L 和 r_L 分别为消弧线圈的电感和有功损耗电阻；u_0 为母线零序电压；Z_f 为接地过渡阻抗；U_0 为故障点零序电压有效值。

2.1.1 故障暂态零序电压

谐振接地系统正常运行时，假设线路三相参数及负载对称，忽略谐波等因素的影响，零序电压为零，发生单相接地故障后，各相电压不再对称，系统零序电压不为零，此时相当于在接地故障点处加了一个虚拟零序电压源，当接地故障消失后，零序电压恢复为零。可利用单相接地故障发生时零序电压波形的变化情况，构造接地故障选线的启动条件。

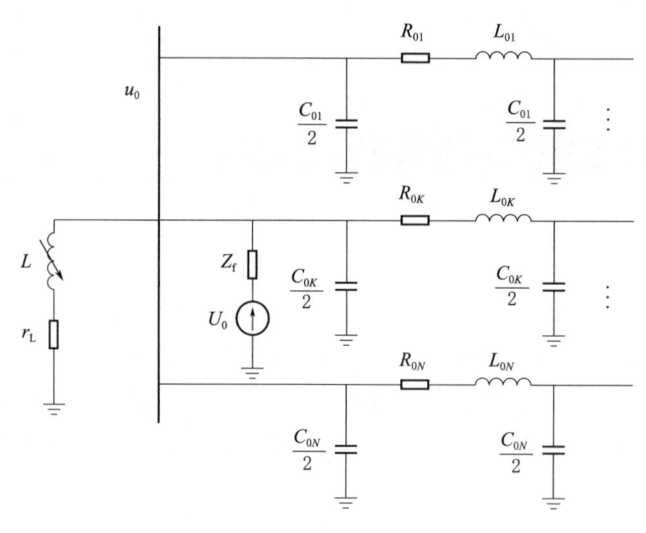

图 2-1　谐振接地系统单相接地故障零序网络

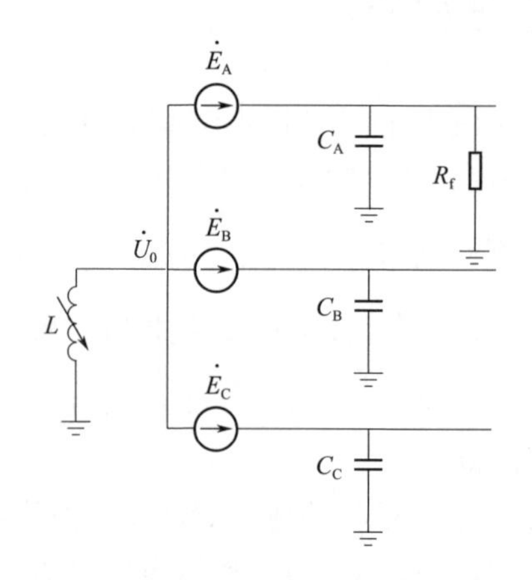

图 2-2　谐振接地系统简化三相电路图

谐振接地系统发生单相接地故障后，若忽略暂态零序电流在线路上产生的压降，在同一时刻，系统中各点的零序电压近似相等。假设如图 2-1 所示的谐振接地系统某处发生 A 相接地故障，忽略消弧线圈的电阻，其简化三相电路如图 2-2 所示。其中，R_f 为接地过渡电阻；$\dot{E}_A$、$\dot{E}_B$、$\dot{E}_C$ 分别为 A、B、C 三相电源电动势；C_A、C_B、C_C 分别为 A、B、C 三相对地电容，则系统三相对地电容之和 $C=C_A+C_B+C_C$。

图 2-2 所示简化三相电路图，根据节点电压法，可得到零序电压的相量表达式

$$-\dot{U}_0\left(\mathrm{j}\omega 3C+\frac{1}{\mathrm{j}\omega L}+\frac{1}{R_f}\right)=\dot{E}_A\left(\mathrm{j}\omega C+\frac{1}{R_f}\right)+\dot{E}_B\mathrm{j}\omega C+\dot{E}_C\mathrm{j}\omega C \tag{2-1}$$

经整理得

$$\dot{U}_0=-\frac{\dot{E}_A}{1+\mathrm{j}R_f\left(3\omega C-\frac{1}{\omega L}\right)} \tag{2-2}$$

由式（2-2）可知：

（1）系统发生单相接地故障时，全网有零序电压产生，零序电压达稳定值前

将经历暂态过渡过程，且线路各检测点的暂态零序电压波形均近似于故障点暂态零序电压波形。

（2）故障暂态零序电压波形受接地过渡电阻值、系统对地电容及消弧线圈电感等的影响。

2.1.2 故障暂态零序电流

谐振接地系统发生单相接地故障时，流过故障点的暂态接地电流由暂态电容电流和暂态电感电流组成。暂态电容电流可分为两个部分，故障相电压降低引起的放电电容电流和非故障相电压升高引起的充电电容电流。其中放电电流由母线直接流向故障点，振荡频率可高达数千赫兹，电流衰减较快；充电电流通过电源形成回路，回路电感较大，振荡频率仅有几百赫兹，电流衰减较慢。

为了便于计算分析，利用对称分量法分解出故障电流中的零序分量。根据谐振接地系统发生单相接地故障时的零序网络，如图 2-1 所示，作出其等效电路如图 2-3 所示。

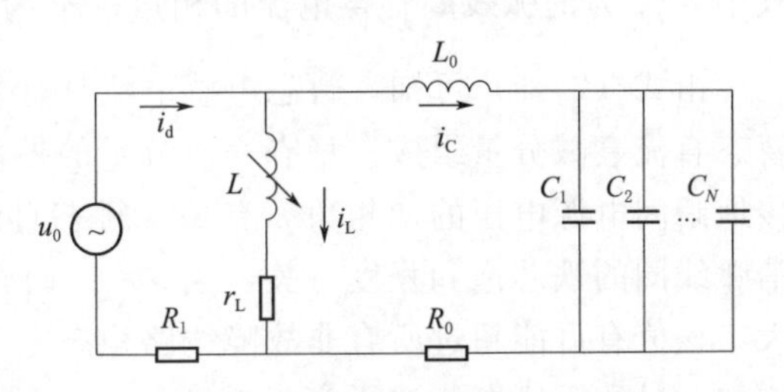

图 2-3 谐振接地系统等效电路图

其中，令等值零序电压源 $u_0=U_m\cos(\omega t+\alpha)$，$U_m$、$\omega$、$\alpha$ 分别为零序电压源的幅值、角频率和初相角；L_0 为谐振接地系统零序回路等值电感；R_0 为谐振接地系统零序回路等值电阻（包括弧道电阻和接地过渡电阻），将接地过渡电阻分成两部分，一部分为 R_1，另一部分包含在 R_0 中；L 和 r_L 分别为消弧线圈的电感和有功损耗电阻；系统对地电容之和为 $C=\sum_{n=1}^{N}C_n$，C_1，C_2，…，C_N 为谐振接地系统各线路三相对地等效电容，N 为谐振接地系统所含线路数目。

由于 $L\gg L_0$，谐振接地系统暂态电容电流和暂态电感电流的计算可独立进行，为了简化计算，根据接地过渡电阻的大小，分两种情况分析谐振接地系统单相接地时的暂态电感电流、暂态电容电流以及暂态故障电流。

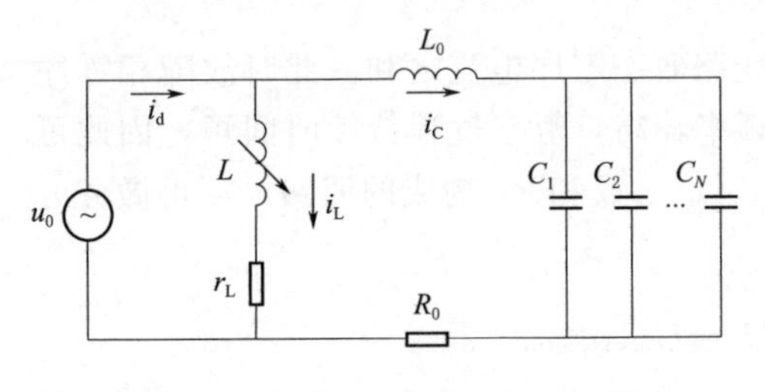

图 2-4 经小电阻接地时的谐振接地系统等效电路

1. 经小电阻接地

当接地过渡电阻较小时，可忽略 R_1，得到近似等效电路如图 2-4 所示。此时接地电流 $i_d=i_C+i_L$，根据电路的基尔霍夫定律，可分别独立求出 i_L 和 i_C。

首先求解消弧线圈的支路电流 i_L。根据图 2-4 所示电路可列方程 $i_L r_L + L\frac{di_L}{dt} = u_0$，其初始条件为 $i_L(0)=0$。该方程为一阶线性非齐次微分方程，解为 $i_L = i'_L + i''_L$，其中 i'_L 为非齐次方程的特解，即强制分量，与零序电压源的变化规律有关；i''_L 为对应齐次方程的通解，即自由分量，与特征根有关而与零序电压源无关。

令 $\tan\varphi_1 = \frac{\omega L}{r_L}$，则 $\sin\varphi_1 = \frac{\omega L}{\sqrt{r_L^2+\omega^2 L^2}}$，$\cos\varphi_1 = \frac{r_L}{\sqrt{r_L^2+\omega^2 L^2}}$，可得暂态电感电流为

$$i_L = \frac{U_m}{\sqrt{r_L^2+\omega^2 L^2}}\cos(\omega t+\alpha-\varphi_1) - \frac{U_m}{\sqrt{r_L^2+\omega^2 L^2}}\cos(\alpha-\varphi_1)e^{-\frac{t}{\tau_L}} \tag{2-3}$$

式中：φ_1 为消弧线圈补偿电流的相角；τ_L 为回路时间常数，$\tau_L = \frac{\omega L}{r_L}$。

由式（2-3）可知，暂态电感电流具有非周期衰减特性，由稳态交流分量和暂态直流衰减分量组成。稳态交流分量的振荡角频率为电源角频率 ω，其幅值与接地瞬间电源电压的初相角 α 有关。暂态直流衰减分量的初始值与电压初相角、消弧线圈的铁芯饱和程度有关，当 $\alpha=\varphi_1$ 时，暂态直流衰减分量的初始值达到最大，该值有可能超过所有非故障线路稳态零序电流总和的峰值，使铁芯饱和程度增加，导致零序电流波形产生畸变，此时回路时间常数 τ_L 较大，直流分量衰减缓慢，一般在 2～5 个工频周期内衰减完；当 $\alpha=\pi/2+\varphi_1$ 时，暂态直流衰减分量的初始值达到最小，铁芯饱和程度降低，此时 τ_L 较小，直流分量衰减急剧，大约在 1 个工频周期内衰减完。

因此，暂态电感电流 i_L 的幅值与零序电压源的初相角 α 有关，如果忽略消弧线圈的补偿相角 φ_1，则当相电压过零点（$\alpha=0$）时发生单相接地故障，经过 $t=T/2=\pi/\omega$ 后，i_L 幅值最大，其值为 $i_{L\max} = \frac{U_m}{\sqrt{r^2+\omega^2 L^2}}(1+e^{-\frac{\pi}{\omega\tau_L}})$；当相电压过峰值（$\alpha=\pi/2$）时发生单相接地故障，暂态电感电流幅值最小，只含稳态交流分量。

再求解暂态电容电流 i_C，即非故障线路暂态零序电流之和。此时故障相零序电容放电速度较快，电容电流自由振荡频率较高，暂态过程持续时间短，因此可忽略消弧线圈的影响。利用图 2-4 中 u_0、L_0、C 和 R_0 构成的回路，可得微分方程组

$$\begin{cases} L_0\frac{di_C}{dt} + i_C R_0 + U_C = U_m\cos(\omega t+\alpha) \\ i_C = C\frac{dU_C}{dt} \end{cases} \tag{2-4}$$

整理可得

$$L_0 \frac{d^2 i_C}{dt^2}+R_0 \frac{di_C}{dt}+\frac{1}{C}i_C=-\omega U_m \sin(\omega t+\alpha) \tag{2-5}$$

方程（2-5）为二阶线性非齐次方程，解为 $i_C=i'_C+i''_C$，其中 i'_C 为非齐次方程的特解，即强制分量，i''_C 为对应齐次方程的通解，即自由分量。

令 $\varphi_2=\arctan\frac{\omega^2 L_0 C-1}{\omega C R_0}$，可求得强制分量为

$$i'_C=\frac{\omega C U_m}{\sqrt{(\omega^2 L_0 C-1)^2+(\omega C R_0)^2}}\cos(\omega t+\alpha-\varphi_2) \tag{2-6}$$

方程（2-5）的特征方程为 $L_0 p^2+R_0 p+\frac{1}{C}=0$。令自由振荡分量的衰减系数 $\delta=\frac{R_0}{2L_0}=\frac{1}{\tau_C}$，自由振荡分量的角频率 $\omega_f=\sqrt{\frac{1}{L_0 C}-\left(\frac{R_0}{2L_0}\right)^2}$，则特征根 $p_{1,2}=-\delta\pm j\omega_f=-\frac{R_0}{2L_0}\pm\sqrt{\left(\frac{R_0}{2L_0}\right)^2-\frac{1}{L_0 C}}$。若谐振接地系统的运行方式不变，则回路的时间常数 τ_C 为一常数，由于自由振荡分量的衰减系数 δ 与 τ_C 成反比，所以 τ_C 越大时 δ 越小，自由振荡衰减越慢；反之，τ_C 越小时自由振荡衰减越快。

根据谐振接地系统中 L_0、C、R_0 参数的值的不同，分三种情况讨论自由分量 i''_C 的求解。

（1）$R_0<2\sqrt{\frac{L_0}{C}}$ 时，特征根为一对共轭复根，即 $p_{1,2}=-\frac{R_0}{2L_0}\pm j\sqrt{\frac{1}{L_0 C}-\left(\frac{R_0}{2L_0}\right)^2}$。

自由分量的表达式为 $i''_C=e^{-\delta t}(A_1\cos\omega_f t+A_2\sin\omega_f t)$，初始条件为 $i_{L_0}(0)=i_C(0)=0$、$U_C(0)=0$，可得 $i''_C=I_{Cm}\left[\frac{\omega_f}{\omega}\sin(\alpha-\varphi_2)\sin\omega_f t-\cos(\alpha-\varphi_2)\cos\omega_f t\right]e^{-\delta t}$，则暂态电容电流为

$$i_C=I_{Cm}\cos(\omega t+\alpha-\varphi_2)+I_{Cm}\left[\frac{\omega_f}{\omega}\sin(\alpha-\varphi_2)\sin\omega_f t-\cos(\alpha-\varphi_2)\cos\omega_f t\right]e^{-\delta t} \tag{2-7}$$

其中
$$I_{Cm}=\frac{\omega C U_m}{\sqrt{(\omega^2 L_0 C-1)^2+(\omega C R_0)^2}}$$

由式（2-7）可知，暂态电容电流 i_C 由稳态工频分量和高频暂态自由振荡分量组成，具有周期性高频振荡衰减特性，且此电流不流经消弧线圈。理论分析和试验结果表明，其自由振荡频率的范围为 300～3000Hz，衰减时间一般持续 0.5～1 个工频周期。由于 i_C 中的自由振荡分量含有 $\sin(\alpha-\varphi_2)$ 和 $\cos(\alpha-\varphi_2)$ 这两项因子，理论上，在 $\alpha-\varphi_2$ 为任意值时发生单相接地故障均会产生高频暂态

自由振荡分量，且与发生接地故障时的电源相角 α 有关。若 φ_2 忽略不计，则当相电压过零点（$\alpha=0$）时发生单相接地故障，高频自由振荡分量幅值最小，为 $I_{Cm}e^{-\delta t}$；当相电压过峰值（$\alpha=\pi/2$）时发生单相接地故障，高频自由振荡分量幅值最大，为 $I_{Cm}\frac{\omega_f}{\omega}e^{-\delta t}$。

忽略 φ_1 和 φ_2，可得此时故障线路和非故障线路的暂态零序电流分别为式（2-8）和式（2-9）。

$$i_d=(I_{Lm}+I_{Cm})\cos(\omega t+\alpha)+I_{Cm}\left[\frac{\omega_f}{\omega}\sin\alpha\sin\omega_f t-\cos\alpha\cos\omega_f t\right]e^{-\frac{t}{\tau_C}}-I_{Lm}\cos\alpha e^{-\frac{t}{\tau_L}} \tag{2-8}$$

$$i_{Cn}=I'_{Cm}\cos(\omega t+\alpha)+I'_{Cm}\left[\frac{\omega_f}{\omega}\sin\alpha\sin\omega_f t-\cos\alpha\cos\omega_f t\right]e^{-\frac{t}{\tau_C}} \tag{2-9}$$

式中，电感电流幅值 $I_{Lm}=\dfrac{U_m}{\sqrt{r_L^2+\omega^2L^2}}$；故障线路电容电流幅值 $I_{Cm}=\dfrac{\omega CU_m}{\sqrt{(\omega^2L_0C-1)^2+(\omega CR_0)^2}}$；非故障线路电容电流幅值 $I'_{Cm}=\dfrac{\omega C_nU_m}{\sqrt{(\omega^2L_0C-1)^2+(\omega CR_0)^2}}$，下同。

（2）$R_0>2\sqrt{\dfrac{L_0}{C}}$ 时，特征根为两个不相等的负实根，即 $p_{1,2}=-\dfrac{R_0}{2L_0}\pm\sqrt{\left(\dfrac{R_0}{2L_0}\right)^2-\dfrac{1}{L_0C}}$。

自由分量的表达式为 $i''_C=A_1e^{p_1t}+A_2e^{p_2t}$，初始条件为 $i_{L_0}(0)=i_C(0)=0$，$U_C(0)=0$，忽略 φ_1 和 φ_2，可得故障线路和非故障线路的暂态零序电流分别为式（2-10）和式（2-11）。

$$i_d=i_L+i_C=(I_{Lm}+I_{Cm})\cos(\omega t+\alpha)+A_1e^{p_1t}+A_2e^{p_2t}-I_{Lm}\cos\alpha e^{-\frac{t}{\tau_L}} \tag{2-10}$$

$$i_{Cn}=I'_{Cm}\cos(\omega t+\alpha)+\frac{C_n}{C}(A_1e^{p_1t}+A_2e^{p_2t}) \tag{2-11}$$

式中，参数 A_1 和 A_2 的值为$\begin{cases}A_1=\dfrac{p_1p_2}{p_2-p_1}\left[\dfrac{1}{\omega}I_{Cm}\sin(\alpha-\varphi_2)-\dfrac{1}{p_1}I_{Cm}\cos(\alpha-\varphi_2)\right]\\A_2=\dfrac{p_1p_2}{p_1-p_2}\left[\dfrac{1}{\omega}I_{Cm}\sin(\alpha-\varphi_2)-\dfrac{1}{p_2}I_{Cm}\cos(\alpha-\varphi_2)\right]\end{cases}$。

（3）$R_0=2\sqrt{\dfrac{L_0}{C}}$ 时，特征根为两个相等的负实根，即 $p_{1,2}=-\dfrac{R_0}{2L_0}=-\delta$。

自由分量表达式为 $i''_C=(A_1+A_2t)e^{-\delta t}$，初始条件为 $i_{L_0}(0)=i_C(0)=0$、$U_C(0)=0$，忽略 φ_1 和 φ_2，可得故障线路和非故障线路的暂态零序电流分别为式

(2-12) 和式 (2-13)。

$$i_d = i_L + i_C = (I_{Lm} + I_{Cm})\cos(\omega t+\alpha) + I_{Cm}\left[\left(\frac{p\sin\alpha}{\omega C}\right)t - \cos\alpha\right]e^{-\frac{t}{\tau_C}} - I_{Lm}\cos\alpha e^{-\frac{t}{\tau_L}} \tag{2-12}$$

$$i_{Cn} = I'_{Cm}\cos(\omega t+\alpha) + I'_{Cm}\left[\left(\frac{p\sin\alpha}{\omega C}\right)t - \cos\alpha\right]e^{-\frac{t}{\tau_C}} \tag{2-13}$$

谐振接地系统发生单相经小电阻接地故障，由式 (2-8)～式 (2-13) 可知：

1) 暂态电感电流只流经故障线路，而不流经非故障线路。

2) 故障线路和非故障线路的暂态零序电流均由稳态分量和暂态分量两部分组成。

3) 故障线路暂态零序电流的暂态分量由所有非故障线路的对地电容电流暂态分量和消弧线圈产生的电感电流暂态分量叠加而成，而非故障线路暂态零序电流的暂态分量只含各自对地电容电流的暂态分量。当 $R_0 < 2\sqrt{\frac{L_0}{C}}$ 时，系统处于欠阻尼状态，暂态电容电流具有高频自由振荡衰减特性，暂态电感电流则具有直流衰减特性，暂态电感电流叠加于暂态电容电流，使故障线路暂态零序电流幅值增大，同时因直流衰减分量引起的电流互感器铁芯饱和而导致零序电流波形产生畸变，将使故障线路和非故障线路间暂态零序电流的幅值差异进一步增大；而在同一零序电压源的作用下，非故障线路间的暂态零序电流具有相同表达式，变化趋势一致，暂态分量自由振荡频率相同，相位一致，幅值因各线路参数不同而存在较小差异。当 $R_0 \geqslant 2\sqrt{\frac{L_0}{C}}$ 时，系统处于过阻尼或临界阻尼状态，当且仅当等号成立时为临界阻尼状态，暂态电容电流具有指数衰减特性，暂态电感电流则具有直流衰减特性，因此故障线路和非故障线路暂态零序电流的暂态分量均不含高频分量，无明显的振荡过程，具有非周期指数衰减特性，并逐渐趋于稳态；而所有非故障线路在同一零序电压源作用下，暂态零序电流均按指数衰减，变化趋势一致，幅值因各线路参数不同而存在较小差异。

4) 故障线路和非故障线路的暂态零序电流稳态分量的振荡频率一致，相位相同；但前者为稳态电容电流和稳态电感电流的叠加，而后者是在同一零序电压源作用下各线路自身的稳态电容电流，故两者幅值差异较大。

因此，谐振接地系统发生经小电阻单相接地故障时，故障线路与非故障线路间暂态零序电流的幅值相似程度远比非故障线路间暂态零序电流的幅值相似程度小，即故障线路与非故障线路之间的暂态零序电流波形的幅值差异性较大。

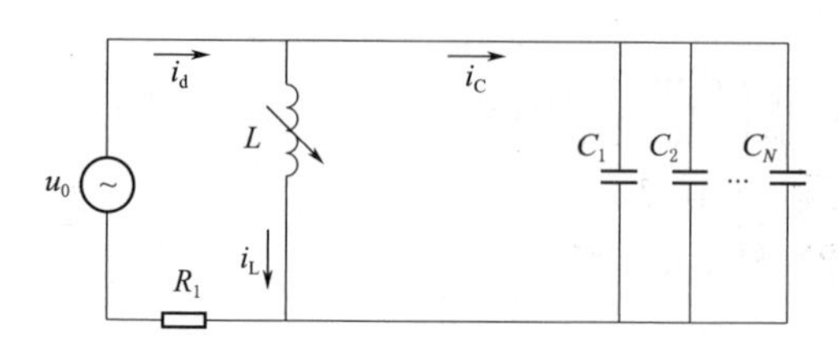

图 2-5 经大电阻接地时的谐振接地系统等效电路

2. 经大电阻接地情况

当接地电阻 R_1 较大时，由于故障相零序电容充电速度较慢，对于谐振接地系统而言，消弧线圈的影响不可忽略，但等值回路中的电感、电阻及消弧线圈有功损耗电阻 r_L 的影响可以忽略，此时谐振接地系统发生单相接地故障的等效电路如图 2-5 所示。

由图 2-5 可知，$i_d=i_L+i_C$，根据回路可列出方程

$$\begin{cases} u_0=U_C+i_dR_1=U_C+(i_L+i_C)R_1 \\ i_C=C\dfrac{dU_C}{dt} \\ U_C=U_L=L\dfrac{di_L}{dt} \\ u_0=U_m\cos(\omega t+\alpha) \end{cases} \tag{2-14}$$

从而得到

$$R_1LC\frac{di_L^2}{dt^2}+L\frac{di_L}{dt}+R_1i_L=U_m\cos(\omega t+\alpha) \tag{2-15}$$

求解方程（2-15）相当于求解正弦激励下二阶电路的零状态响应，只要求出 i_L，则 i_C 也可求得，从而得到 i_d。方程（2-15）解的形式为 $i_L=i_L'+i_L''$，其中 i_L' 为方程的一个特解，i_L'' 为对应齐次方程的通解。令 $|Z|=\sqrt{(\omega L)^2+(R_1-R_1\omega^2LC)^2}$、$\varphi=\arctan\dfrac{\omega L}{R_1-R_1\omega^2LC}$，可求得特解 $i_L'=\dfrac{U_m}{|Z|}\cos(\omega t+\alpha-\varphi)$。

式（2-15）的特征方程为 $R_1LCp^2+Lp+R_1=0$，其特征根为 $p_{1,2}=-\dfrac{1}{2R_1C}\pm\sqrt{\left(\dfrac{1}{2R_1C}\right)^2-\dfrac{1}{LC}}$。根据系统中的参数 R_1、L 和 C 的不同，分三种情况讨论 i_L'' 的求解。

（1）$R_1<\dfrac{1}{2}\sqrt{\dfrac{L}{C}}$ 时，方程特征根为两个不相等的负实根，即 $p_{1,2}=-\dfrac{1}{2R_1C}\pm\sqrt{\left(\dfrac{1}{2R_1C}\right)^2-\dfrac{1}{LC}}$。

自由分量的表达式为 $i_L''=A_1e^{p_1t}+A_2e^{p_2t}$，由初始条件可解得 $i_L=I_m\cos(\omega t+\alpha-\varphi)+A_1e^{p_1t}+A_2e^{p_2t}$，其中，$I_m=\dfrac{U_m}{|Z|}$；$A_1=\dfrac{I_m[p_2\cos(\alpha-\varphi)+\omega\sin(\alpha-\varphi)]}{p_1-p_2}$；

$$A_2=\frac{I_m\left[p_1\cos(\alpha-\varphi)+\omega\sin(\alpha-\varphi)\right]}{p_2-p_1}。$$

由 $i_C=LC\dfrac{d^2 i_L}{dt^2}$，可得 $i_C=LC[-\omega^2 I_m\cos(\omega t+\alpha-\varphi)+A_1 p_1^2 e^{p_1 t}+A_2 p_2^2 e^{p_2 t}]$，因此故障线路和非故障线路的暂态零序电流分别为式（2-16）和式（2-17）。

$$i_d=i_L+i_C=I_m(1-\omega^2 LC)\cos(\omega t+\alpha-\varphi)+A_1(1+p_1^2 LC)e^{p_1 t}+A_2(1+p_2^2 LC)e^{p_2 t} \tag{2-16}$$

$$i_{Cn}=LC_n[-\omega^2 I_m\cos(\omega t+\alpha-\varphi)+A_1 p_1^2 e^{p_1 t}+A_2 p_2^2 e^{p_2 t}] \tag{2-17}$$

（2）$R_1=\dfrac{1}{2}\sqrt{\dfrac{L}{C}}$ 时，方程特征根为两个相等的负实根，即 $p_{1,2}=-\dfrac{1}{2R_1 C}=-\delta$。

自由分量的表达式为 $i_L''=(A_1+A_2 t)e^{-\delta t}$，代入初始条件可解得故障线路的暂态电感电流和暂态电容电流分别为式（2-18）和式（2-19）。

$$i_L=I_m\cos(\omega t+\alpha-\varphi)+(A_1+A_2 t)e^{-\delta t} \tag{2-18}$$

$$i_C=LC[-\omega^2 I_m\cos(\omega t+\alpha-\varphi)-\delta e^{-\delta t}(-\delta A_1+2A_2-\delta A_2 t)] \tag{2-19}$$

其中，$I_m=\dfrac{U_m}{|Z|}$；$A_1=-I_m\cos(\alpha-\varphi)$；$A_2=I_m[\omega\sin(\alpha-\varphi)-\delta\cos(\alpha-\varphi)]$。

从而得到故障线路和非故障线路的暂态零序电流分别为式（2-20）和式（2-21）。

$$i_d=i_L+i_C=\frac{U_m(1-\omega^2 LC)}{|Z|}\cos(\omega t+\alpha-\varphi)+e^{-\delta t}[A_1(1+\delta^2)+A_2(\delta^2 t-2\delta+t)] \tag{2-20}$$

$$i_{Cn}=LC_n[-\omega^2 I_m\cos(\omega t+\alpha-\varphi)-\delta e^{-\delta t}(-\delta A_1+2A_2-\delta A_2 t)] \tag{2-21}$$

（3）$R_1>\dfrac{1}{2}\sqrt{\dfrac{L}{C}}$ 时，方程特征根为一对共轭复根，令 $\delta=\dfrac{1}{2R_1 C}$，$\omega_f=\sqrt{\dfrac{1}{LC}-\left(\dfrac{1}{2R_1 C}\right)^2}$，则 $p_{1,2}=-\delta\pm j\omega_f$，其中 δ 为自由分量的衰减系数，ω_f 为回路振荡频率。

自由分量的表达式为 $i_L''=e^{-\delta t}(A_1\cos\omega_f t+A_2\sin\omega_f t)$，初始条件为 $i_L(0)=0$、$U_C(0)=0$，则暂态电感电流和暂态电容电流分别为式（2-22）和式（2-23）。

$$i_L=I_m\cos(\omega t+\alpha-\varphi)+e^{-\delta t}B_1 \tag{2-22}$$

$$i_C=LC\{-\omega^2 I_m\cos(\omega t+\alpha-\varphi)+e^{-\delta t}[(\delta^2-\omega_f^2)B_1-2\delta\omega_f B_2]\} \tag{2-23}$$

因此故障线路和非故障线路的暂态零序电流分别为式（2-24）和式（2-25）。

$$i_d=I_m(1-\omega^2 LC)\cos(\omega t+\alpha-\varphi)+LCe^{-\delta t}\left[\left(\delta^2-\omega_f^2+\frac{1}{LC}\right)B_1-2\delta\omega_f B_2\right] \tag{2-24}$$

$$i_{Cn}=LC_n\{-\omega^2 I_m\cos(\omega t+\alpha-\varphi)+e^{-\delta t}[(\delta^2-\omega_f^2)B_1-2\delta\omega_f B_2]\} \quad (2-25)$$

其中，$I_m=\dfrac{U_m}{|Z|}$；$B_1=A_1\cos\omega_f t+A_2\sin\omega_f t$；$B_2=A_2\cos\omega_f t-A_1\sin\omega_f t$；$A_1=-I_m\cos(\alpha-\varphi)$；$A_2=I_m\dfrac{\omega\sin(\alpha-\varphi)-\delta\cos(\alpha-\varphi)}{\omega_f}$。

谐振接地系统发生单相经大电阻接地故障，由式（2-16）、式（2-17）、式（2-20）、式（2-21）、式（2-24）和式（2-25）可知：

1）暂态电感电流只流经故障线路，而不流经非故障线路。

2）故障线路和非故障线路暂态零序电流均可分为稳态分量和暂态自由分量两部分。

3）当 $R_1\leqslant\frac{1}{2}\sqrt{\frac{L}{C}}$ 时，故障线路和非故障线路的暂态零序电流均具有非周期指数衰减特性，并逐渐趋于稳态；而当 $R_1>\frac{1}{2}\sqrt{\frac{L}{C}}$ 时，故障线路和非故障线路的暂态零序电流均具有周期性振荡衰减特性，由于此时接地电阻 R_1 较大，自由分量的衰减系数 δ 较小，暂态自由振荡分量衰减较慢，使得系统进入稳态的时间较长，可达数十毫秒，而且由于振荡频率接近工频值，零序电流的暂态分量与稳态分量可相互抵消，使系统中暂态零序电流相对于经小电阻接地时更小，零序电流幅值上升较慢，持续数个工频周期。

4）故障发生初期，故障线路的暂态零序电流为所有非故障线路暂态零序电流与消弧线圈电感电流的叠加，但由于消弧线圈的电感电流的振荡频率与电容电流的振荡频率不同，两者不能相互抵消。而且在故障初期，因电感为感性储能元件，其电流不能发生突变，因此暂态零序电流主要由电容电流决定。

5）故障线路暂态零序电流为所有非故障线路暂态零序电流的叠加，所以故障线路暂态零序电流幅值比非故障线路的大；而在同一零序电压源作用下，非故障线路的零序电流具有相同的表达式，变化趋势相同，且相位基本一致，幅值因各线路参数不同而存在较小差异。

因此，谐振接地系统发生经大电阻单相接地故障时，故障线路与非故障线路间暂态零序电流波形的幅值相似程度比非故障线路间的小。

通过以上分析，可知接地过渡电阻对谐振接地系统暂态零序电流特性有较大影响，主要体现在：

（1）暂态零序电流的幅值与接地过渡电阻的大小成反比。

（2）当接地电阻较小，即 $R_0<2\sqrt{\frac{L_0}{C}}$ 时，系统处于欠阻尼状态，零序电容充电速度较快，C 与 L_0 之间不断交换能量，因此各线路暂态零序电流具有周期性

的高频振荡及衰减特性，且暂态电容电流的衰减时间常数 τ_C 与接地过渡电阻成反比，接地过渡电阻较小时，暂态电容电流的衰减时间常数 τ_C 较大，暂态电容电流衰减速度较慢。

(3) 接地电阻增大时，暂态电容电流自由振荡分量的时间常数 τ_C 变小，自由振荡分量衰减变快；当接地电阻进一步增大到 $R_0 \geqslant 2\sqrt{\frac{L_0}{C}}$ 时，系统处于过阻尼状态，各线路暂态零序电流不存在明显的振荡过程，具有非周期指数衰减特性。

(4) 接地电阻继续增大，即 $R_1 \leqslant \frac{1}{2}\sqrt{\frac{L}{C}}$ 时，需考虑消弧线圈的影响，各线路暂态零序电流具有非周期指数衰减特性。

(5) 接地电阻再继续增大到 $R_1 > \frac{1}{2}\sqrt{\frac{L}{C}}$ 时，系统再次处于欠阻尼状态，各线路暂态零序电流具有周期性振荡衰减特性，振荡频率接近工频值，暂态零序电流幅值上升较慢，持续数个工频周期。

因此当接地电阻从小到大变化时，系统则从欠阻尼振荡到过阻尼状态再进入另一种等效电路的欠阻尼振荡过程。但不管接地过渡电阻如何变化，故障线路与非故障线路间暂态零序电流波形的幅值相似程度总是比非故障线路间的小；消弧线圈的电感电流只流过故障线路而不流过非故障线路；故障线路暂态零序电流由所有非故障线路暂态零序电流和消弧线圈产生的电感电流叠加组成，非故障线路暂态零序电流则只含各自对地电容电流。

图 2-1 所示谐振接地系统，因线路串联阻抗远小于对地并联阻抗，且对地并联支路上电导远大于电容，为方便零序电流的定性定量分析，忽略线路串联阻抗和并联电导，则可得到谐振接地系统单相接地故障时的零序等效网络，如图 2-6 所示。

图 2-6 所示谐振接地系统中共有 N 条线路，各线路分别有 M_n（$n=1,2,\cdots,N$）个区段，C_{0nm} 为第 n 条线路的第 m 个区段的等效对地电容（$n=1,2,\cdots,N$；$m=1,2,\cdots,M_n$）。

利用电路原理对单相接地故障的零序等效网络进行定性分析，可以得出零序电流分布特点如下：

(1) 非故障线路首端（近母线端）流过的零序电流为线路本身电容电流，从母线流向线路；故障线路首端流过零序电流为所有健全线路电容电流与消弧线圈电感电流之和，而容性电流与感性电流的流动正方向相反，因此故障线路首端电流幅值和方向取决于所有非故障线路电容电流与消弧线圈电感电流间的大小关系。

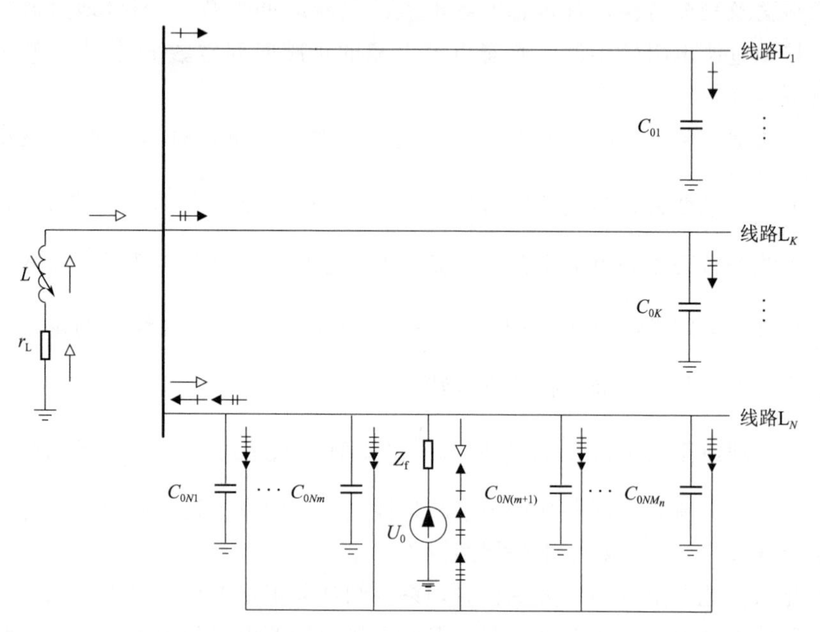

图 2-6 谐振接地系统单相接地故障时的零序等效网络

(2) 非故障线路各区段首端测得零序电流为该点到线路末端段线路的电容电流之和，方向为母线流向线路。越靠近母线的区段零序电流越大。

(3) 故障线路各区段的零序电流分布以故障点为界。从故障点到线路末端的各区段，零序电流分布与非故障线路相同。从母线端到故障点的各区段首端测得的零序电流为消弧线圈电感电流、所有非故障线路电容电流、该区段首端到故障点处电容电流之和，其电流幅值与方向取决于电感电流与电容电流之间的大小关系。

综上所述，谐振接地系统在发生单相接地故障时，非故障线路的暂态零序电流波形极性一致，幅值因各线路参数不同有较小差异；而故障线路与非故障线路的暂态零序电流波形在幅值、极性和波形上均存在较大差异，可利用该特点实现单相接地故障选线。

2.2 弧光接地故障分析

配电网发生弧光接地故障时的特点与典型接地故障有较大的区别，因此有必要对该特殊接地故障情况单独进行分析。弧光接地故障是一个高度非线性时变过程，其具体形态与电弧电流、电弧长度及周围环境息息相关，难以建立精确的数学模型。

2.2.1 电弧数学模型

在电力系统中，电弧模型分为两种：一是由故障引起的，出现在故障发生到故障相断路器断开前的一次电弧；二是在故障相断路器断开后，由非故障相与故障相之间相互耦合而引起并维持的二次电弧。本书只分析一次电弧模型。

弧光接地与金属性接地及经过渡电阻接地不同，流过故障接地点的电流与电压之间的关系不是线性的，故可将电弧看作是一个非线性导体，用非线性微分方程描述。

从能量平衡理论可得

$$\frac{\mathrm{d}q}{\mathrm{d}t}=ei-P_{\mathrm{loss}} \tag{2-26}$$

式中：e 为弧柱的电场强度，V/m；i 为电弧电流，A；ei 为单位弧长电弧的输入功率，W/m；P_{loss} 为单位弧长电弧的耗散功率，W/m；$\mathrm{d}q/\mathrm{d}t$ 为单位弧长电弧弧柱储存的能量的变化量，W。

由于电弧电阻值很小，可以把模型表示为电导形式，则式（2-26）可转化为

$$\frac{\mathrm{d}q}{\mathrm{d}g}\times\frac{\mathrm{d}g}{\mathrm{d}t}=P_{\mathrm{loss}}\left(\frac{ge^2}{P_{\mathrm{loss}}}-1\right) \tag{2-27}$$

$$\frac{1}{g}\times\frac{\mathrm{d}g}{\mathrm{d}t}=\frac{P_{\mathrm{loss}}}{g\times\dfrac{\mathrm{d}q}{\mathrm{d}g}}\left(\frac{ge^2}{P_{\mathrm{loss}}}-1\right) \tag{2-28}$$

$$P_{\mathrm{loss}}=gu^2 \tag{2-29}$$

式中：g 为单位弧长电弧的电导，S/m；u 为电弧电压，V。

令电弧模型的时间常数为

$$\tau_{\mathrm{arc}}=f\left(g,P_{\mathrm{loss}},\frac{\mathrm{d}q}{\mathrm{d}g}\right)=\frac{g\times\dfrac{\mathrm{d}q}{\mathrm{d}g}}{P_{\mathrm{loss}}} \tag{2-30}$$

则

$$\frac{1}{g}\times\frac{\mathrm{d}g}{\mathrm{d}t}=\frac{1}{\tau_{\mathrm{arc}}}\left(\frac{ge^2}{P_{\mathrm{loss}}}-1\right)=\frac{1}{\tau_{\mathrm{arc}}}\left(\frac{ei}{P_{\mathrm{loss}}}-1\right) \tag{2-31}$$

设电弧的长度为 L，则式（2-31）进一步转化为

$$\frac{1}{g}\times\frac{\mathrm{d}g}{\mathrm{d}t}=\frac{1}{\tau_{\mathrm{arc}}}\times\left(\frac{Lei}{LP_{\mathrm{loss}}}-1\right) \tag{2-32}$$

$$\frac{1}{g}\times\frac{\mathrm{d}g}{\mathrm{d}t}=\frac{1}{\tau_{\mathrm{arc}}}\times\left(\frac{ui}{LP_{\mathrm{loss}}}-1\right) \tag{2-33}$$

式（2-33）为用微分方程描述的体现非线性的确定性电弧模型，显然这是

关于电弧动态导纳的微分方程，它以能量守恒理论为基础，体现了电弧的主要物理特性。

根据不同的假定条件，推导出其普遍数学式中相应的电弧时间常数 τ_{arc} 和耗散功率 P_{loss}，可得到各种实用的电弧模型，如经典的 Mayr 电弧模型、Cassie 电弧模型、基于 Mayr 模型改进的 Schwarz 模型以及控制论模型。

(1) Mayr 电弧模型是基于热游离、热惯性和热平衡等三种原理建立的一种动态电弧模型，具有较明确的物理意义，适用于小电流电弧的特性仿真。其电弧模型方程如式 (2-34)，模型中的时间常数 τ_M 和耗散功率 P_{loss} 均为固定值。

$$\frac{1}{g}\times\frac{\mathrm{d}g}{\mathrm{d}t}=\frac{1}{\tau_M}\left(\frac{ei}{P_{loss}}-1\right) \tag{2-34}$$

式中：τ_M 为 Mayr 电弧模型的时间常数，s。

(2) Cassie 电弧模型是一种基于对流散热效应的电弧模型。假设从电极散出的能量和弧柱变化过程造成能量的扩散可以忽略不计，且随着能量的变化弧柱截面积越大，能量扩散速度越大。其模型的方程式为

$$\frac{1}{R_C}\left(\frac{\mathrm{d}R_C}{\mathrm{d}t}\right)=\frac{1}{\tau_C}\left(1-\frac{u^2}{E_0^2}\right) \tag{2-35}$$

式中：E_0 为电弧电压常数，V；R_C 为 Cassie 电弧模型的动态电阻，Ω；τ_C 为 Cassie 电弧模型的时间常数，s。

(3) Schwarz 电弧模型是一种基于电弧时间常数 τ_S 和耗散功率 P_{loss} 不断变化的改进 Mayr 模型，认为 τ_S 和 P_{loss} 是关于电导 g 的函数，其模型方程[1]如下

$$\frac{1}{g}\left(\frac{\mathrm{d}g}{\mathrm{d}t}\right)=\frac{\mathrm{d}\ln g}{\mathrm{d}t}=\frac{1}{\tau_S}\left(\frac{ui}{P_{loss}}-1\right) \tag{2-36}$$

$$\begin{aligned}\tau_S&=\tau_p g^b\\ P_{loss}&=p_s g^a\end{aligned} \tag{2-37}$$

式中：τ_p、b、p_s、a 四个参数为常数，可通过实验获得。

(4) 控制论电弧模型是一种在 Mayr 模型的基础上引入电弧长度 L_K 的电弧模型，此时电弧电压 $u=eL_K$；整个电弧的功率损失 $P_0=P_{loss}L_K$；令 G_K 为稳态电导，可得 $P_0=i^2/G_K$，则控制论电弧模型方程如下：

$$\frac{\mathrm{d}g}{\mathrm{d}t}=\frac{1}{\tau_K}(G_K-g) \tag{2-38}$$

$$\tau_K=\beta\times\frac{I_K}{L_K} \tag{2-39}$$

$$G_K=\frac{|i|}{V_K L_K} \tag{2-40}$$

式中：β 为常量系数；I_K 为电弧电流的峰值，kA；V_K 为弧柱中稳态弧隙每厘米的

压降，近似为常数，V/cm；τ_K 为控制论电弧模型的时间常数，s。

控制论模型可以通过控制弧长直观地描述电弧的发展过程，打破了 Mayr 模型对于电弧功率损失恒定的假设，更接近于实际燃弧情况。

2.2.2 电弧模型参数的确定

对于电弧模型参数的确定，国内外学者做了大量细致的研究工作，多是通过实验得到描述一次电弧的参数，进而用其描述电弧特性。本节仅介绍常用于谐振接地系统单相接地故障模拟的控制论模型的参数的确定。

对于式（2-38）～式（2-40）的控制论电弧模型，其中的系数 β 取经验值 2.85×10^{-5}；I_K 为电弧电流的峰值，近似为谐振接地系统发生单相金属性接地故障时流过故障点的电流峰值，单位为 kA；电弧长度 L_K 根据仿真需要进行调整设置；对电弧的伏安特性作近似线性化考虑，则一次电弧电压在一个周期内基本保持不变，其值基本上不受电弧电流值变化的影响，故可取电弧的电位梯度近似为一个定值。实验结果表明在 1.4～24kA 的电弧电流范围内，弧柱中稳态弧隙每厘米的压降 V_K 约为 15V/cm。

本节介绍了常用电弧模型的数学方程和参数设置，各模型有如下特点：

（1）从数学方程来看，Mayr、Schwarz、控制论三种电弧模型适合描述电流较小的电弧的特征，适用于谐振接地系统单相弧光接地故障建模，Cassie 电弧模型适用于大电流燃弧的情况。Schwarz 模型和控制论模型本质上是改进的 Mayr 模型。

（2）Schwarz 模型或控制论模型都可设置电弧长度参数，控制论模型可直接设置电弧长度，Schwarz 模型需通过 τ_p、b、p_s、a 四个参数调节电弧长度。对比控制论模型和 Schwarz 模型，前者因能直接设置弧长，直观反映配电网线路接地故障拉弧情况，更适用于谐振接地系统单相弧光接地故障仿真研究。

2.3 本 章 小 结

本章分析了谐振接地系统发生单相接地故障后的暂态过程。首先对暂态电压进行分析，接着重点应用微分方程推导配电网在小接地电阻和大接地电阻两种情况下的暂态电容电流、暂态电感电流以及暂态故障电流，分析了接地电阻对暂态接地电流的影响，并通过对暂态零序电流波形特征分析，得出故障线路与非故障线路间暂态零序电流的差异远比非故障线路间的大的结论，因此可利用故障线路与非故障线路暂态零序电流波形间的这种机理关系，实现接地故障选线。最后介绍了一次电弧模型，并具体描述了 Mayr 电弧模型、Cassie 电弧模型、Schwarz 电弧模型以及控制论模型的数学形式及常用的控制论模型的参数设置。

本 章 参 考 文 献

[1] 许晔，郭谋发，陈彬，等．配电网单相接地电弧建模及仿真分析研究［J］．电力系统保护与控制，2015，43（7）：57－64.

第3章

配电网单相接地故障电磁暂态仿真

常用的电力系统电磁暂态仿真软件有 ATP-EMTP、PSCAD/EMTDC、MATLAB/Simulink 等。本书采用 PSCAD/EMTDC 进行配电网单相接地故障建模仿真，给出了软件的使用方法、参数设置、仿真模型搭建步骤及仿真实例。利用实例仿真典型的配电网单相接地故障，并对得到的仿真波形的特征进行分析，同时对电弧故障进行了仿真分析。

3.1 PSCAD/EMTDC 仿真软件

3.1.1 PSCAD/EMTDC 简介

PSCAD/EMTDC 是一种常用的电磁暂态分析软件包，主要用来研究电力系统的暂态过程。EMTDC（Electromagnetic Transients Including DC）是该软件的仿真计算核心，它采用时域分析求解完整的电力系统微分方程，PSCAD（Power Systems Computer Aided Design）为 EMTDC 提供图形操作界面。用户在图形环境下建立电路模型，进行仿真分析。在仿真的同时，可改变控制参数，直观地观察测量结果和参数曲线。PSCAD/EMTDC 内包含了电路、电力电子、电机等电气工程学科常用的元件模型，并整合成以下几类元件库：

（1）无源元件（Passive Elements）：集中参数电阻、电感、电容，时变电阻、电感、电容，滤波器，负载等。

（2）电源（Sources Models）：电压源，电流源，多谐波电流源，三相电源等。

（3）测量仪器（Meters）：单相电压表，电流表，三相电压表，有功、无功功率表，频率表，相位表等。

（4）输入、输出模块（I/O Devices）：开关，按钮，输出示波器等。

（5）变压器模块（Transformer Models）：单相变压器，三相变压器等。

（6）断路器/故障（Breakers/Faults）：单相断路器，三相断路器，故障模块等。

（7）架空线（Tlines）：架空线路模块等。

（8）电缆线（Cables）：电缆线路模块等。

(9) π 型电路（PI Sections)：单端口 π 型模块，二端口 π 型模块等。

(10) 电机（Machines)：电动机，发电机等。

(11) 高压直流输电和柔性交流输电模块（HVDC/FACTS)：二极管，晶闸管，IGBT，单相全桥/半桥，三相桥式逆变等。

(12) 控制系统建模模块（CSMF)：PI 模块，PLL 模块等交直流控制模块，数字、模拟控制模块等。

(13) 逻辑电路（Logical)：多输入单输出逻辑门，迟滞缓冲器，触发器等。

此外，PSCAD/EMTDC 具有自定义功能，用户可根据自己的需求创建具有特定功能的模块。其自带的范例包含了各种典型的研究对象，为用户提供参考。为了方便读者学习配电网单相接地故障的 PSCAD/EMTDC 建模仿真，本章电气图形符号和单位沿用了 PSCAD/EMTDC 软件自带的符号和单位。

PSCAD/EMTDC 的软件主界面如图 3-1 所示，由五部分构成，分别是菜单栏、工具栏、工程列表、电路窗口、输出窗口。电路窗口用于搭建用户所需的电路和数学模型，输出窗口显示 PSCAD/EMTDC 的输出、编译信息。

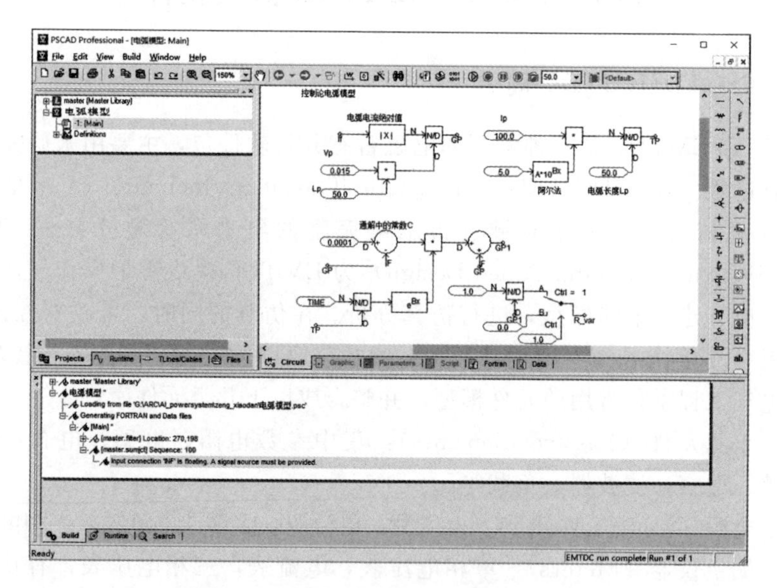

图 3-1 PSCAD/EMTDC 软件主界面

3.1.2 仿真建模步骤

1. 工作区设置

启动 PSCAD/EMTDC 软件后，在仿真建模前，需对工作区（Workspace)

的参数进行设置，这些需设置的参数包含在工作区的设置对话框内，从主菜单“Edit/Workspace Settings...”调出参数设置对话框，如图 3-2 所示，所设置的参数将影响整个工作区内的所有加载程序。

工作区设置对话框内包含各类参数设置选项卡，分别是项目（Projects）、视图（Views）、运行时间（Runtime）、Fortran、Matlab、关联（Associations）、许可证（License）等。在这些选项卡中，用户可以根据需要设置工作区的参数。工作区设置对话框如图 3-3 所示。

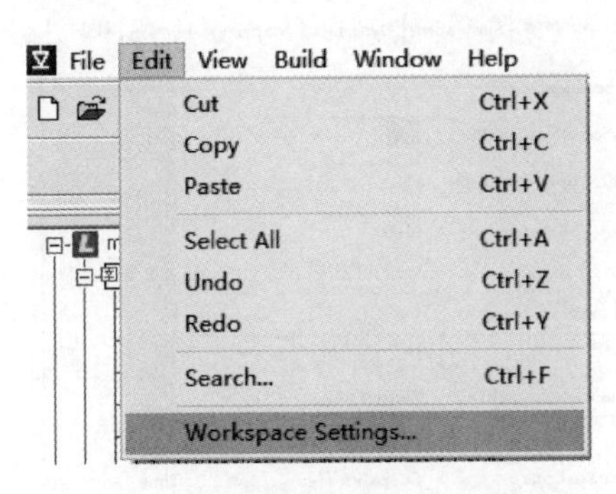

图 3-2 PSCAD/EMTDC 工作区设置的调用

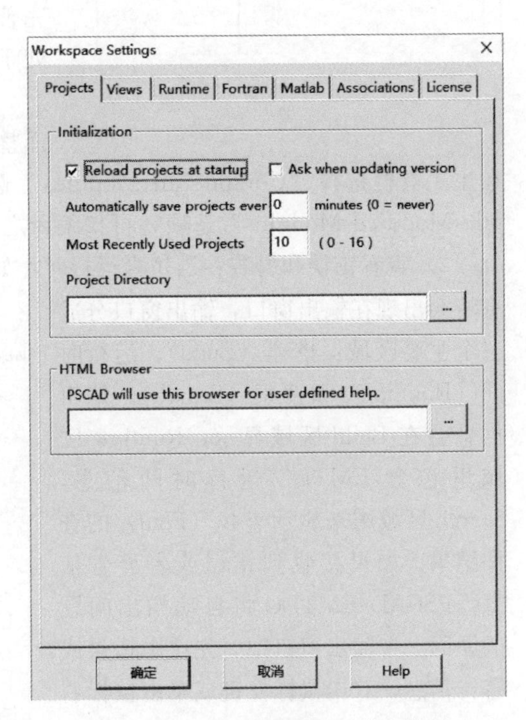

图 3-3 PSCAD/EMTDC 的工作区设置对话框

2. 建模步骤

(1) 创建新工程。工程是仿真模型的基本单位。点击主菜单的菜单项“File”，在出现的下拉菜单中选择“New”，将出现两个并列选项：库（Library）和案例（Case），如图 3-4 所示。选择“Case”，新建一个工程，工作区窗口中将出现名为“noname”的新工程。创建新工程也可通过单击工具栏的创建新工程按钮，或键入“Ctrl+N”来完成。点击主菜单的菜单项“File”，在出现的下拉菜单中选择加载工程“Load Project”，可打开对话框，加载已保存的工程。

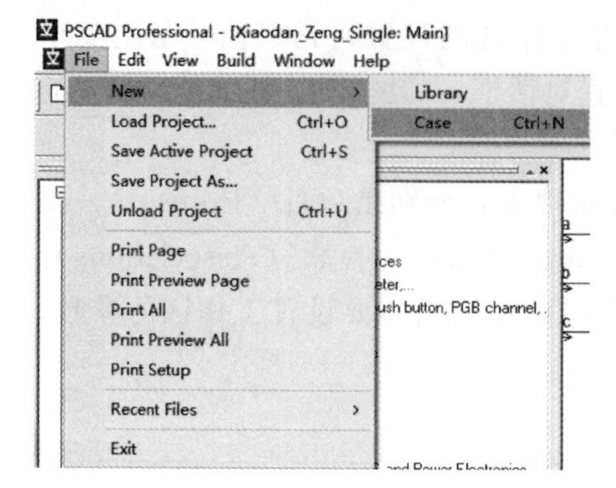

图 3-4　新建 PSCAD/EMTDC 工程

（2）设置激活工程。PSCAD/EMTDC 只能同时运行一个工程。如果有多个工程文件同时被打开，当需要进行仿真时，应对需要仿真的工程进行激活。在工作区窗口中，单击鼠标右键要激活的工程，选择“Set as Active”。

（3）编译并完善一个工程。在编译并完善一个工程之前，必须使待编译的工程处于激活状态。

1）编译：在编译工程时可以选择编译整个工程，或者是只编译修改的模块。在主工具栏选择“Compile all Modules”选项，可编译全部模块。选择“Compile Modified Modules”选项，可仅编译之前修改过的模块。

2）查看错误和警告：当仿真运行时，如果检测到问题，所有的错误和警告信息将会出现在输出窗口，输出窗口分成三个主要区域：搭建（Build）、运行时间（Runtime）和搜索（Search）。编辑信息会在 Build 区域显示，Runtime 区域里包含 EMTDC 运行时间信息，Search 区域用来显示查找（Find）的查询结果。如果接收到错误或者警告信息，PSCAD/EMTDC 将自动指出问题的原因。在输出窗口中，先选中错误或警告信息，双击鼠标左键或单击鼠标右键选择“Point to Message Source”可完成该信息的定位。PSCAD/EMTDC 会在电路窗口中指出错误发生的位置，用户可根据提示信息修改工程。

3）改变运行参数：在工作区窗口用鼠标右键单击要编辑的工程，选择“Project Settings...”，或者在电路窗口的空白处单击鼠标右键，并从弹出的菜单里选择“Project Settings...”，将弹出如图 3-5 所示的对话框，可进

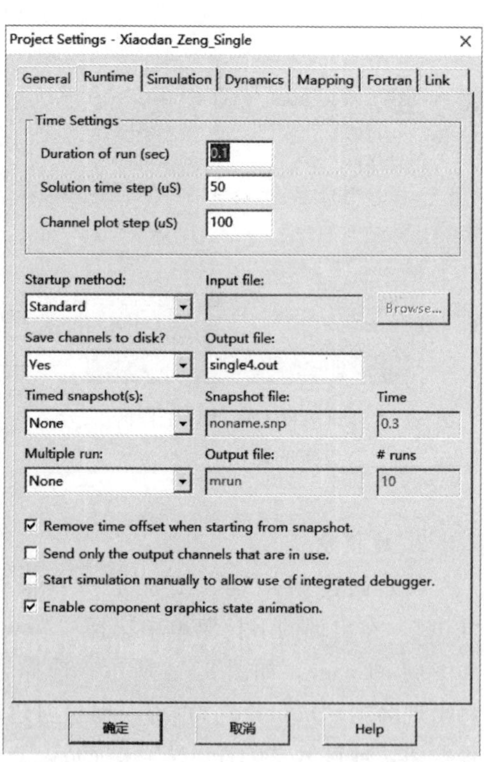

图 3-5　PSCAD/EMTDC 工程设置菜单

行仿真时间、仿真步长、作图步长等运行参数的设置。在对应的输入框内输入一个新的数值，确认后，即可改变这些运行参数。

3. 模型的搭建

(1) 加载元件到工程。把元件加载到工程，主要有以下几种方法。在加载前，需确保已经打开了工程，且处于电路窗口中。

1) 手动复制/粘贴：打开主库并寻找所要复制的部分，鼠标右键单击元件，从弹出的菜单里选择“Copy”，或者按 Ctrl+C 键，打开要添加元件的电路窗口，在空白处单击右键，从弹出的菜单里选择“Paste”，或直接按 Ctrl+V 键实现元件粘贴。

2) 右击菜单：在页面空白处单击鼠标右键，并从弹出的菜单里选择“Add Component”，将出现大部分主库常用元件的二级菜单，选择元件，将元件添加到工程。

3) 库弹出菜单：在页面空白部分，按 Ctrl+鼠标右键，调用库菜单，选择元件，将元件添加到工程。

(2) 连接元件。

1) 导线可以将模块端点与其他模块的端点连接，导线的任一端点都是有效的连接点。连接元件时需区分模拟量信号和数字量信号，只有属于同类型信号的元件才能连接。导线既可以传递数字信号，也可以直接连接电气节点传输模拟量信号，但将数字信号与模拟信号直接相连是错误的。

2) 当两个需要连接的节点相距较远或者处在不同的区域时，可采用电气标签连接。电气标签的位置位于 PSCAD/EMTDC 右侧“Control Palette”工具栏中，名为“Data Label（数字量标签)”或者“Note Label（模拟量标签)”，可用鼠标左键单击工具栏选取两个电气标签，分别将它们放置在所需连接的两个节点处，而后修改电气标签的名称，标签名称相同的节点将被连接在一起。

(3) 设置元件参数。若要设置元件的参数，可双击元件或者右键单击元件，从弹出的菜单选择“Edit Parameters”，打开属性对话框，可设置特定参数。PSCAD/EMTDC 的单相变压器模块的参数设置对话框如图 3-6 所示。

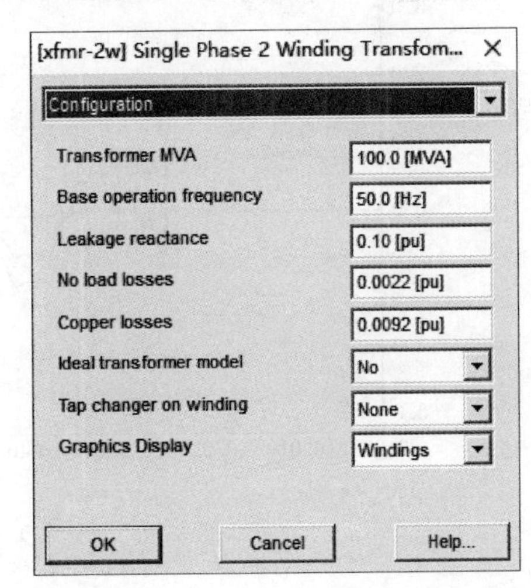

图 3-6 PSCAD/EMTDC 元件参数设置对话框

（4）运行。当模型搭建完成后，应先保存模型，在运行之前，需按要求设置仿真时间、仿真步长、作图步长等参数，且使该工程处于激活状态。同时，应对修改后的工程进行编译，当编译完成且工程不存在错误后，才可以运行，否则PSCAD/EMTDC将报错。运行操作位于PSCAD/EMTDC主菜单栏里的“Bulid”，用户也可点击“Runtime Bar”工具栏的“Run”按钮实现运行操作。

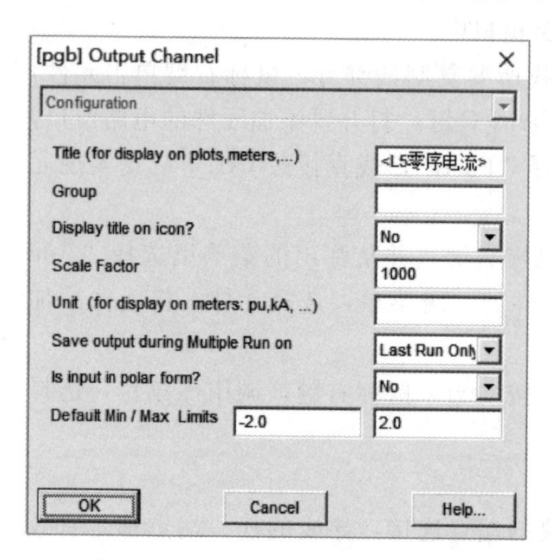

图3-7　PSCAD/EMTDC输出通道设置对话框

4. 查看波形或者数据

若需查看波形，需添加“Graph Frame”模块来显示波形，在页面空白处点击鼠标右键，从弹出的菜单里选择“Add Component→Channels”。双击Channels模块可对其参数进行编辑，如图3-7所示。

右键单击Channels模块，弹出“Input/Output References”，在下拉列表中选择“Add Overlay Graph with Signal”，弹出如图3-8所示的波形显示图框。

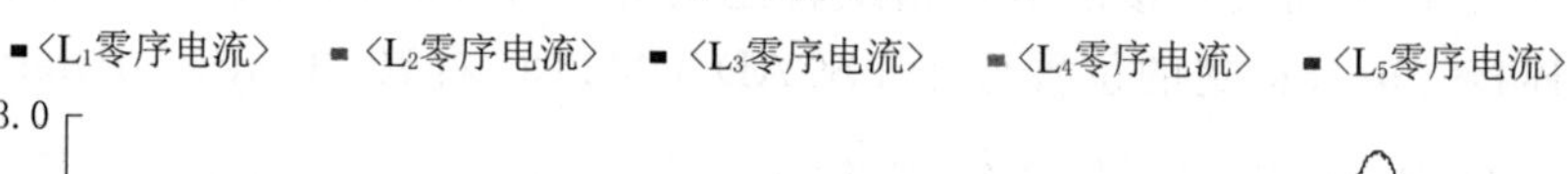

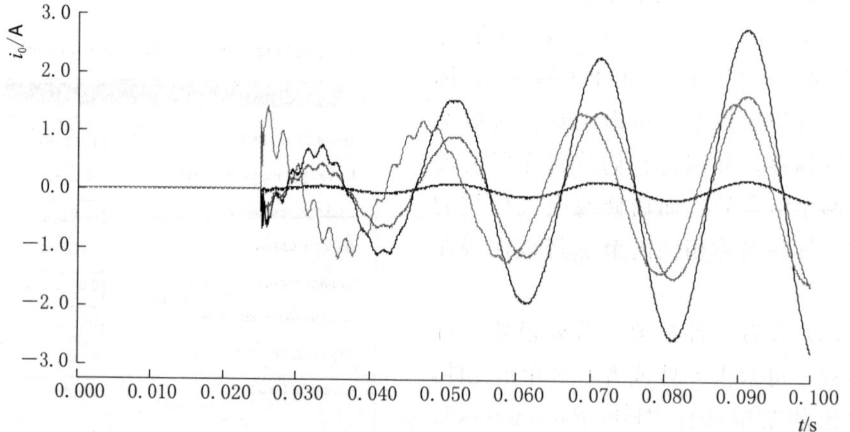

图3-8　PSCAD/EMTDC波形显示图框

工程运行后，Channels模块所连接的信号的波形将在图框中显示。为了方便观察波形，用户可以调整该图框的大小，也可单击图框的标题栏，使网格出现或者消失。

5. 输出数据

仿真结束后，常需将仿真数据导入MATLAB或其他数据分析软件中。PSCAD/EMTDC可以选择输出一个文本格式的文件，该文件保存的是仿真模型的波形窗口所采集波形的数据。如图3-9所示，文件的第一列为仿真时间，该仿真时间逐行递增，即仿真程序每运行一个步长就会采集一组数据并保存。除第一列外，该文件的其他列为波形数据。

图3-9 数据保存格式

在“Project Settings...”对话框中可设置文件的输出格式，如图3-5所示。每个输出文件最多包含11列，如果一个项目有超过11列的输出通道，将自动创建多个输出文件；例如有一项目具有23个输出通道，则将自动创建3个输出文件。多个输出文件命名与“.out”文件相同，只是追加一个序列号码作为后缀。

3.2 谐振接地系统建模仿真

3.2.1 仿真模型

本节利用PSCAD/EMTDC搭建10kV谐振接地系统仿真模型，模型包含5条线路（L_1～L_5），如图3-10所示。线路的类型包含架空线路、电缆线路、架空电缆混合线路。图中，S为内阻为零的无穷大电源，表示主电网，T1为主变压器，L为消弧线圈。线路中，CL表示电缆线路，OL表示架空线路。主变参数见表3-1，线路参数见表3-4和表3-5。标签“Fault”为故障发生的位置。

谐振接地系统仿真模型的故障发生模块如图3-11所示。通过分拨开关控制故障发生模块可使谐振接地系统发生不同类型的故障，不同的数字输入对应不同的故障类型，共有5种故障类型，分别为A相接地、三相短路、相间短路接地、相间短路、正常运行。

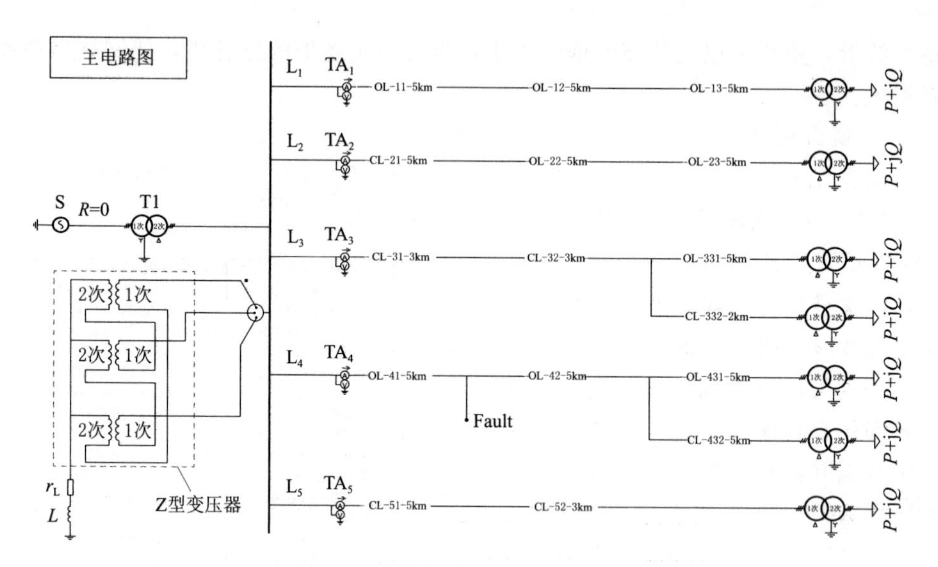

图 3-10 谐振接地系统仿真模型

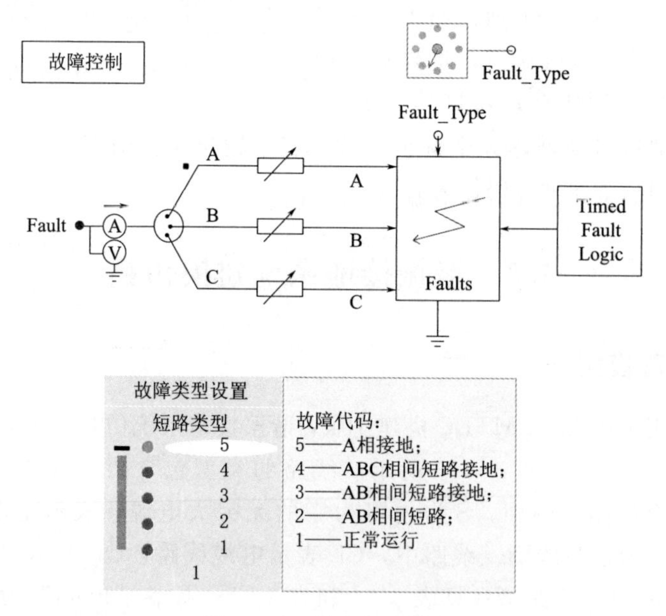

图 3-11 故障发生模块

3.2.2 各元件建模

1. 电源模块

仿真模型中的电源模块采用 PSCAD/EMTDC 主库"Sources"中的"Three

Phase Voltage Source”，如图 3－12 所示，其具体参数设置如图 3－13 所示。电源电压等级采用 110kV，频率为 50Hz，A 相电压相角为 30°，则 B 相电压相角为－90°，C 相电压相角为 150°。

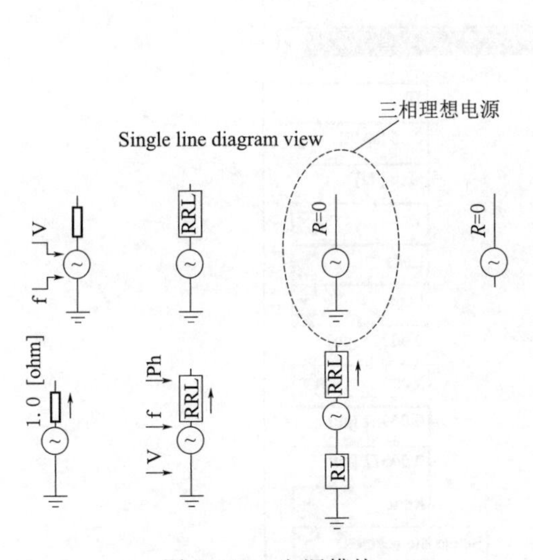

图 3－12　电源模块

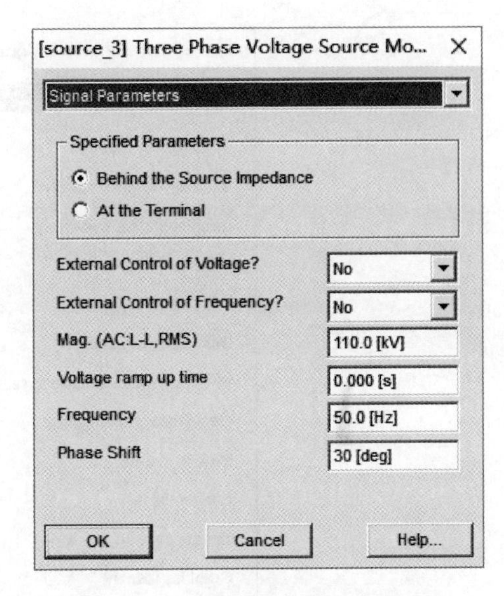

图 3－13　电源模块参数设置对话框

电源模块的参数设置包括电源类型的选择、相数的选择、相角单位、相角设置、频率设置、幅值设置等。

2. 变压器模块

工程中，变压器一般采用 Γ 型等值电路，忽略励磁支路，则其简化模型如图 3－14 所示。

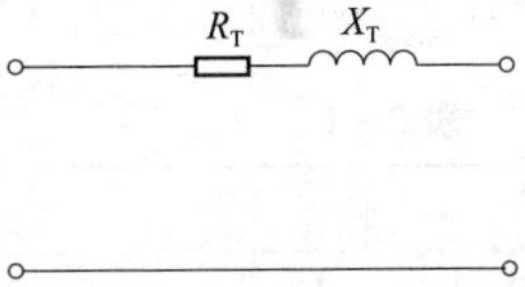

图 3－14　变压器 Γ 型等值电路图

其中的电阻 R_T、漏电抗 X_T 由式（3－1）计算得到[1]。

$$R_T=\frac{\Delta P_k U_N^2}{1000 S_N^2}$$
$$X_T=\frac{U_k\% U_N^2}{100 S_N} \tag{3-1}$$

式中：R_T、X_T 单位为 Ω；S_N 为额定视在功率，MVA；ΔP_k 为短路损耗，kW；U_N 为额定电压，kV；$U_k\%$为短路电压百分数。

（1）主变压器。主变压器的型号为 SZ－31500/110/10，如图 3－15 所示。主变压器的连接组别为 Yd11，一次侧额定电压 V_{rp}＝110kV，二次侧额定电压 V_{rs}＝10.5kV，变压器空载损耗 ΔP_0＝19.5kW，短路损耗 ΔP_k＝118.9kW，空载

电流百分数 $I_0\%=0.12$，短路电压百分数 $U_k\%=14.99$。算得其参数见表 3-1，表中的 R_P 为一次侧电阻，L_P 为一次侧漏感，R_S 为二次侧电阻，L_S 为二次侧漏感。

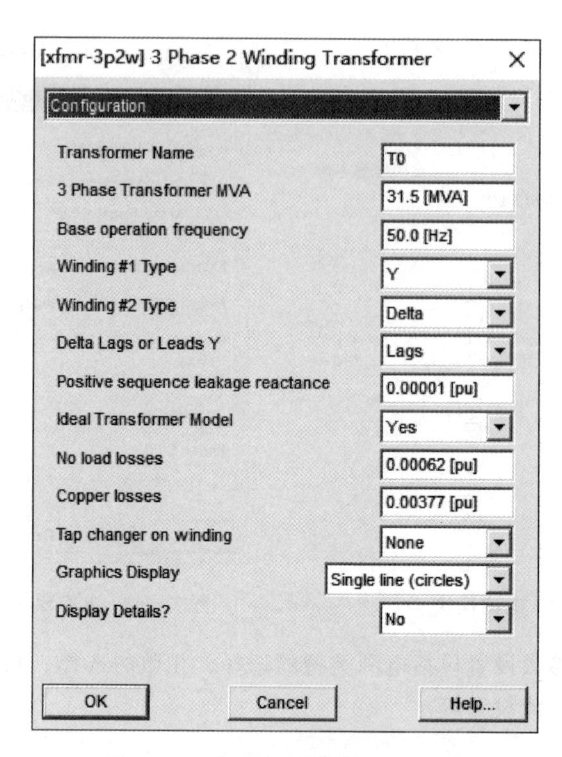

图 3-15　主变压器参数设置对话框

表 3-1　　110kV 主变压器参数

	一次侧				二次侧			
S/kVA	V_{rp}/kV	R_P/Ω	L_P/mH	连接方式	V_{rs}/kV	R_S/Ω	L_S/mH	连接方式
31500	110	0.725	91.69	Y	10.5	0.007	0.835	d11

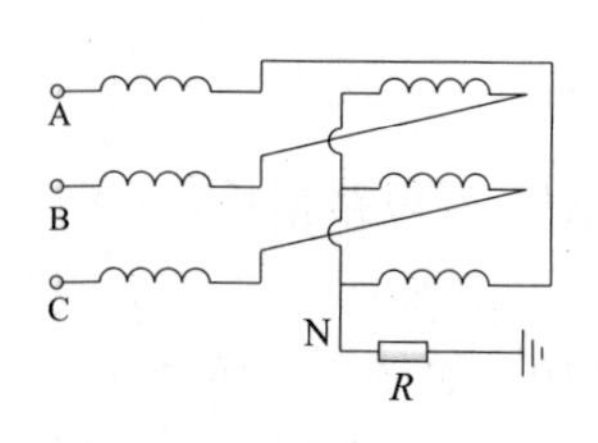

图 3-16　Z 型变压器原理接线图

(2) Z 型接地变压器。10kV 配电网中，主变压器二次侧一般采用三角形接法，需要利用 Z 型变压器人为制造一个中性点。Z 型变压器在构造上与普通三相芯式变压器相同，每相铁芯分为上下匝数相等的两部分，接成曲折型连接，其原理接线图如图 3-16 所示。

Z 型接地变压器的额定容量应与消弧线圈的补偿容量相匹配，即 Z 型接地变压器容量 $S_N \geq Q$（Q 为消弧线圈的补偿容量（单位：kVA）。消弧线圈的补偿容量可按式（3－2）计算：

$$Q=kI_C\frac{U_N}{\sqrt{3}} \tag{3-2}$$

式中：k 为补偿系数，消弧线圈过补偿运行时，k 一般取为 1.35；I_C 为配电网的电容电流，A；U_N 为配电网的额定线电压，kV。

以电容电流 I_C 为 24.5951A 为例，可算得谐振接地系统消弧线圈的补偿容量为 $Q=1.35\times24.5951\times(10/\sqrt{3})=191.7$kVA。Z 型变压器的型号选为 JSC－200/10.5/10.5，其容量 $S_N=200$kVA，短路损耗 $\Delta P_k=3.33$kW，空载损耗 $\Delta P_0=0.68$kW，空载电流百分比 $I_0\%=2.2$，短路电压百分比 $U_k\%=2.5$。在计算 Z 型变压器参数时，可以将其看作三个单相变压器，通过计算可以得到每个单相变压器的参数，见表 3－2，表中的 R_P 为一次侧电阻，L_P 为一次侧漏感，R_S 为二次侧电阻，L_S 为二次侧漏感。

表 3－2　　Z 型变压器参数

一次侧			二次侧		
V_{rp}/kV	R_P/Ω	L_P/mH	V_{rs}/kV	R_S/Ω	L_S/mH
10.5	13.77	65.8	10.5	13.77	65.8

Z 型变压器在 PSCAD/EMTDC 中没有现成的模块，需要用户自行搭建。采用三个单相变压器，根据图 3－17 接成曲折型连接，构成 Z 型变压器。

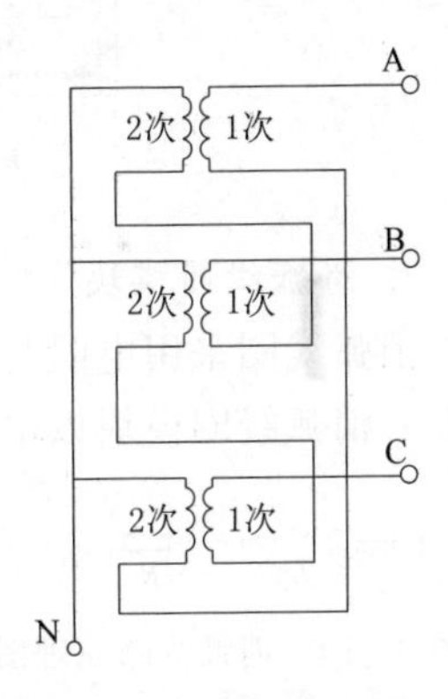

图 3－17　Z 型变压器模型

（3）10kV 配电变压器。10kV 配电变压器的型号选为 S11－MR－1000/10/0.4，连接组别为 Dy11，变压器空载损耗 $\Delta P_0=1.15$kW，短路损耗 $\Delta P_k=10.3$kW，空载电流百分数 $I_0\%=0.7$，短路电压百分数 $U_k\%=4.5$。计算得其参数见表 3－3，表中的 R_P 为一次侧电阻，L_P 为一次侧漏感，R_S 为二次侧电阻，L_S 为二次侧漏感。

表 3－3　　10kV 变压器参数

一次侧				二次侧			
V_{rp}/kV	R_P/Ω	L_P/mH	连接方式	V_{rs}/kV	R_S/Ω	L_S/mH	连接方式
10	0.515	7.1614	D	0.4	0.0008	0.01	y11

配电变压器采用双绕组三相变压器，变比为 10kV/0.4kV，容量按照线路的负荷容量进行选择。如负荷为 0.6MW 的有功负荷，则变压器容量可设置为

1MVA，其设置界面如图 3－18 所示。

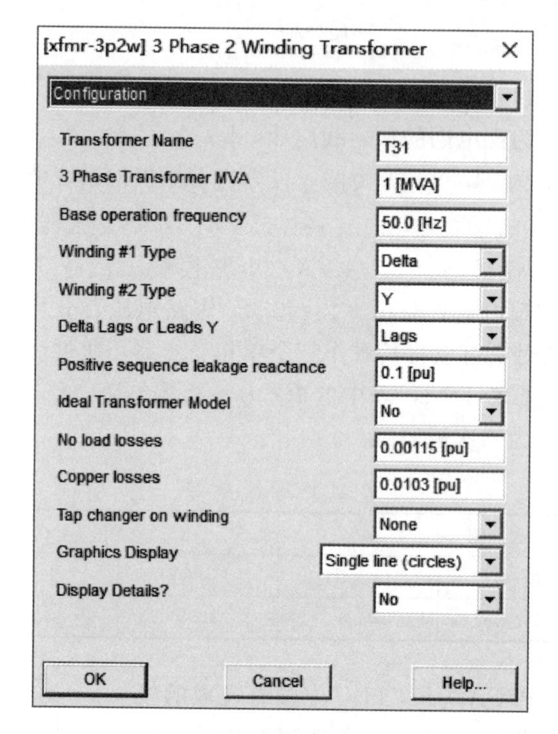

图 3－18　配电变压器参数设置对话框

3. 消弧线圈模块

消弧线圈采用电阻与电感串联的形式，其感值按照配电网电容电流的大小来计算。消弧线圈模块以电感与电阻串联的形式给出，如图 3－19 所示。

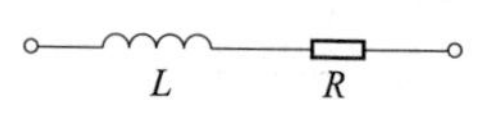

图 3－19　消弧线圈原理图

以谐振接地系统中的架空线路总长度 40km，电缆线路总长度 15km 为例，每公里架空线路和电缆线路的零序电容值分别为 0.008μF 和 0.28μF，则流过单相接地故障点的电容电流为

$$\begin{aligned}I_C &= 3\omega C_\Sigma U_{N\varphi} \\ &= 3\times 2\pi\times 50\times(40\times 0.008+15\times 0.28)\times 10^{-6}\times(10/\sqrt{3})\times 10^3 \\ &= 24.5951\text{A}>20\text{A}\end{aligned} \tag{3-3}$$

式中：C_Σ 为配电网中所有线路的对地电容之和；$U_{N\varphi}$ 为相电压。

根据规程规定，若 10kV 配电网的电容电流 $I_C>20\text{A}$，应装设消弧线圈。取消弧线圈的过补偿度为 5%，则流过单相接地故障点的电感电流为

$$I_L=1.05I_C \tag{3-4}$$

$$I_L = U_{N\varphi}/\omega L \tag{3-5}$$

由式（3-4）、式（3-5）可推出 $L=\frac{1}{1.05}\times\frac{U_{N\varphi}}{\omega I_C}=0.7116\text{H}$。消弧线圈的等效电阻大约为感抗的2.5%～5%，取3%，则消弧线圈的电阻为

$$R=\frac{0.03U_{N\varphi}}{1.05I_C}=\frac{0.03\times(10/\sqrt{3})\times10^3}{1.05\times24.5951}=6.7069\Omega \tag{3-6}$$

4. 配电线路

配电线路采用分布参数的克拉克模型（Distribute/Transposed Line/Clarke），具体参数见表3-4和表3-5。

表3-4　　　　电缆线路参数

参数	电阻 R_0/(Ω/km)	电容 C_0/(μF/km)	电感 L_0/(mH/km)
零序	2.7000	0.2800	1.0190
正序	0.2700	0.3390	0.2550

表3-5　　　　架空线路参数

参数	电阻 R_0/(Ω/km)	电容 C_0/(μF/km)	电感 L_0/(mH/km)
零序	0.2300	0.0080	5.4780
正序	0.1700	0.0097	1.2100

（1）电缆线路。电缆线路在PSCAD/EMTDC中可以采用两种方法来仿真：一种是采用主库中“Tlines→Transmission Line”；另一种是采用主库中“PI _ Sections”的π型等效模块。本书采用更精确的传输线模块Transmission Line。在工程内添加传输线模块的步骤如下：首先，在工程空白处单击鼠标右键，在弹出的菜单里选择“Add Components→Tline→Configuration”，然后将模块放置在工程相应位置中，鼠标左键双击模块进入模块参数设置界面，如图3-20所示。

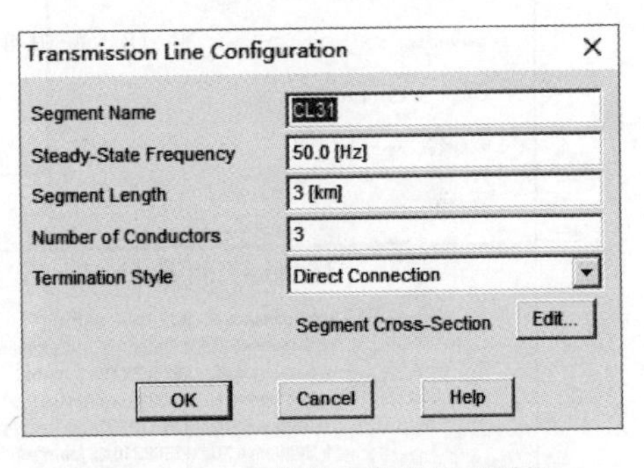

图3-20　传输线参数设置对话框

点击图3-20的“Edit”按钮进入传输线参数设置界面，如图3-21所示。

PSCAD/EMTDC主库为传输线提供了几种常用的模型：一是Bergeron模型，一种基于行波的恒定频率模型，该模型不考虑频率对传输线的影响；二是Frequency Dependent（Phase），即频率响应（相位）模型，该模型使用曲线拟合来模拟线路或电缆的频率响应；三是Frequency Dependent（Model），频率响

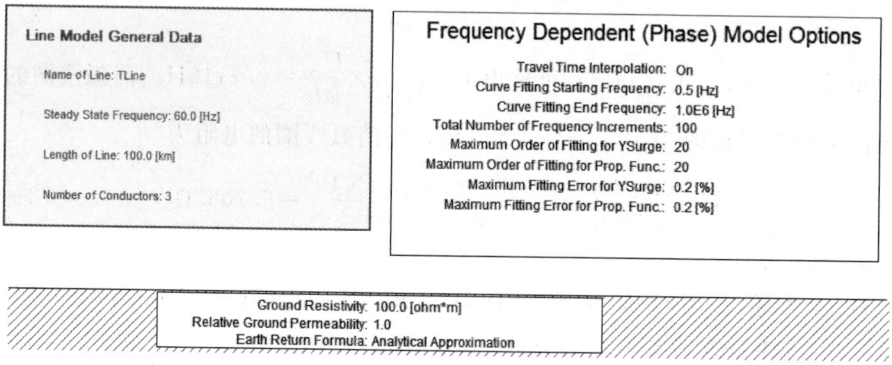

Line Model General Data
Name of Line: TLine
Steady State Frequency: 60.0 [Hz]
Length of Line: 100.0 [km]
Number of Conductors: 3
Frequency Dependent (Phase) Model Options
Travel Time Interpolation: On
Curve Fitting Starting Frequency: 0.5 [Hz]
Curve Fitting End Frequency: 1.0E6 [Hz]
Total Number of Frequency Increments: 100
Maximum Order of Fitting for YSurge: 20
Maximum Order of Fitting for Prop. Func.: 20
Maximum Fitting Error for YSurge: 0.2 [%]
Maximum Fitting Error for Prop. Func.: 0.2 [%]
Ground Resistivity: 100.0 [ohm*m]
Relative Ground Permeability: 1.0
Earth Return Formula: Analytical Approximation

图 3-21　传输线参数设置界面

应（模式）模型，该模型也使用曲线拟合来模拟线路或电缆的频率响应。与频率响应（相位）模型不同的是，该模型将相位与模式转换近似为常数。本书的配电线路的仿真采用 Bergeron 模型，并选择手动输入参数，在传输线参数设置界面中，右击鼠标，在弹出的菜单里选择“Add Tower→TLine/Cable Constants Manual Data Entry”，而后再右击鼠标，在弹出的菜单里选择“Choose Model→Bergeron Model”。设置完成后的界面如图 3-22 所示。

Line Model General Data
Name of Line: CL51
Steady State Frequency: 50.0 [Hz]
Length of Line: 3[km]
Number of Conductors: 3
Bergeron Model Options
Travel Time Interpolation: Off
Reflectionless Line (ie Infinite Length): No
Manual Entry of Y,Z
+ve Sequence R: 0.2700e-3 [ohm/m]
+ve Sequence XL: 8.011061267e-5 [ohm/m]
+ve Sequence XC: 9389672.159 [ohm*m]
0 Sequence R: 2.7000e-3 [ohm/m]
0 Sequence XL: 3.201282914e-4 [ohm/m]
0 Sequence XC: 11368210.22 [ohm*m]

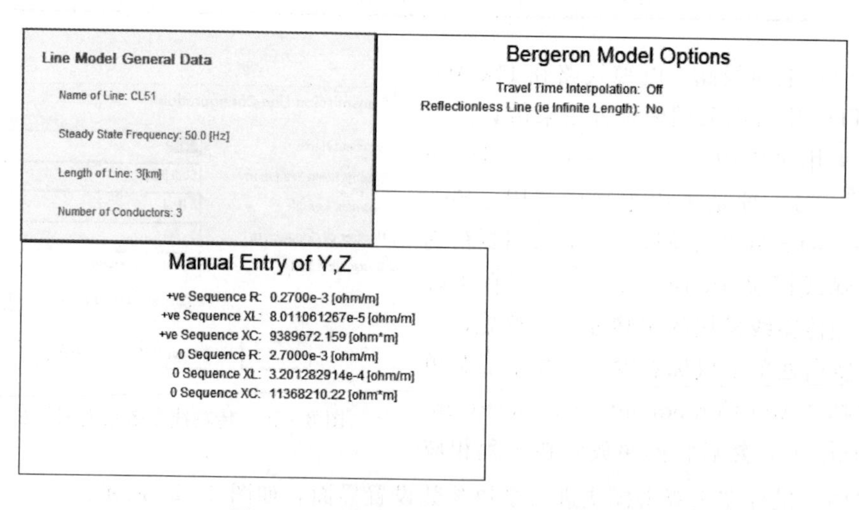

图 3-22　传输线设置成 Bergeron 模型

双击“Manual Entry of Y，Z”，弹出线路参数输入方式设置对话框，如图 3-23 所示。将输入参数方式选择为有名值［R，XL，Xc（ohm）］，在下拉框中选择有名值输入［R，XL，Xc Data Entry（ohms）］，如图 3-24 所示，而后输入线路的参数。电缆线路采用分布参数 π 型等效网络，其参数见表 3-4。

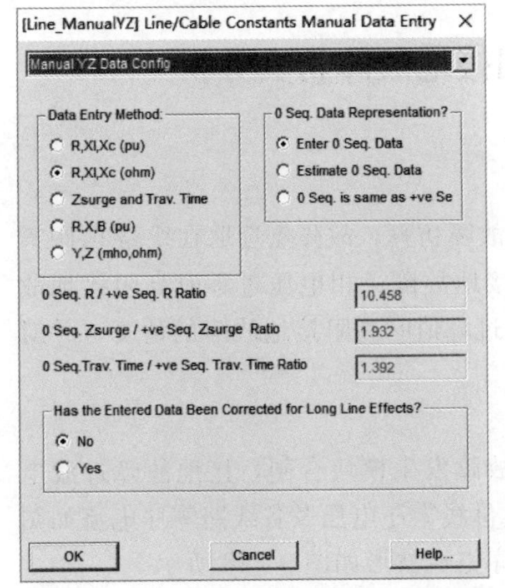

图 3-23　线路参数输入方式设置对话框

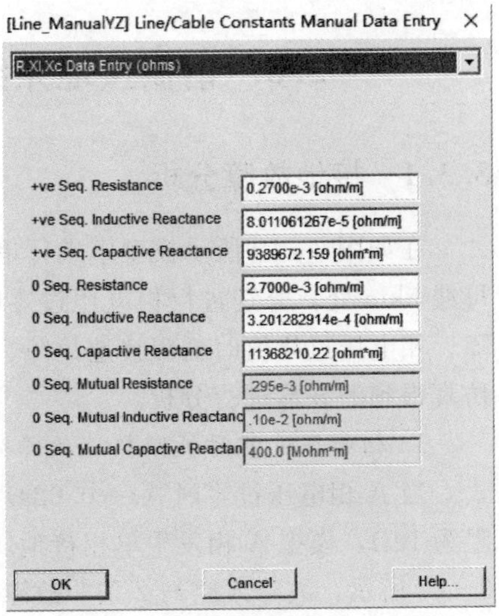

图 3-24　线路参数输入对话框

（2）架空线路。架空线路模块添加到工程中的方式与电缆线路一致，其参数见表 3-5。

5. 故障发生模块

故障发生模块位于 PSCAD/EMTDC 主库的“Breakers&Faults”里，用于在三相交流电路中模拟故障的发生，故障类型包括三相短路、两相接地短路、两相短路、单相接地等。故障发生模块设置界面如图 3-25 所示。

6. 负荷模块

负荷模块采用 PSCAD/EMTDC 自带的恒定负载模块，其位于 PSCAD/EMTDC 主库“Passives”无源元件库中，其参数设置界面如图 3-26 所示。

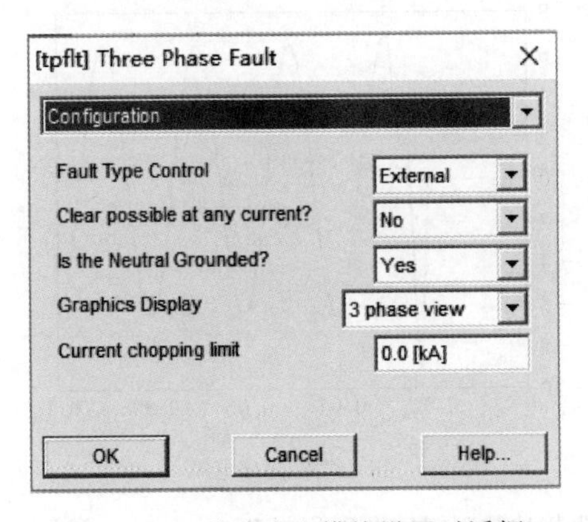

图 3-25　故障发生模块设置对话框

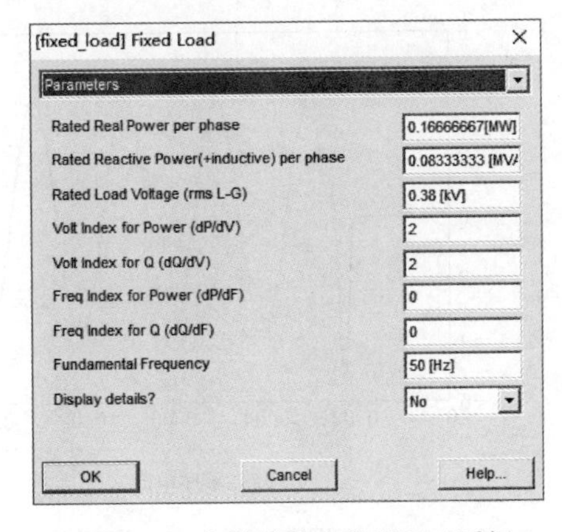

图 3-26　负荷模块参数设置对话框

3.3 谐振接地系统单相接地故障仿真分析

3.3.1 接地故障分析

在如图 3-10 所示模型中进行单相接地故障仿真，故障点选取在线路 L_4 距离母线 5km 处，分别进行相电压过零时低阻接地故障、相电压过零时高阻接地故障、相电压过峰值时低阻接地故障、相电压过峰值时高阻接地故障的仿真，并对仿真得到的波形进行分析。

1. 相电压过零时低阻接地故障分析

当 A 相电压过零时（$t=0.02$s），控制故障发生模块合闸，接地故障过渡电阻为 10Ω，模拟 A 相发生单相接地。故障后母线零序电压及各线路零序电流如图 3-27 所示，故障线路与 2 条非故障线路零序电流波形如图 3-28 所示。

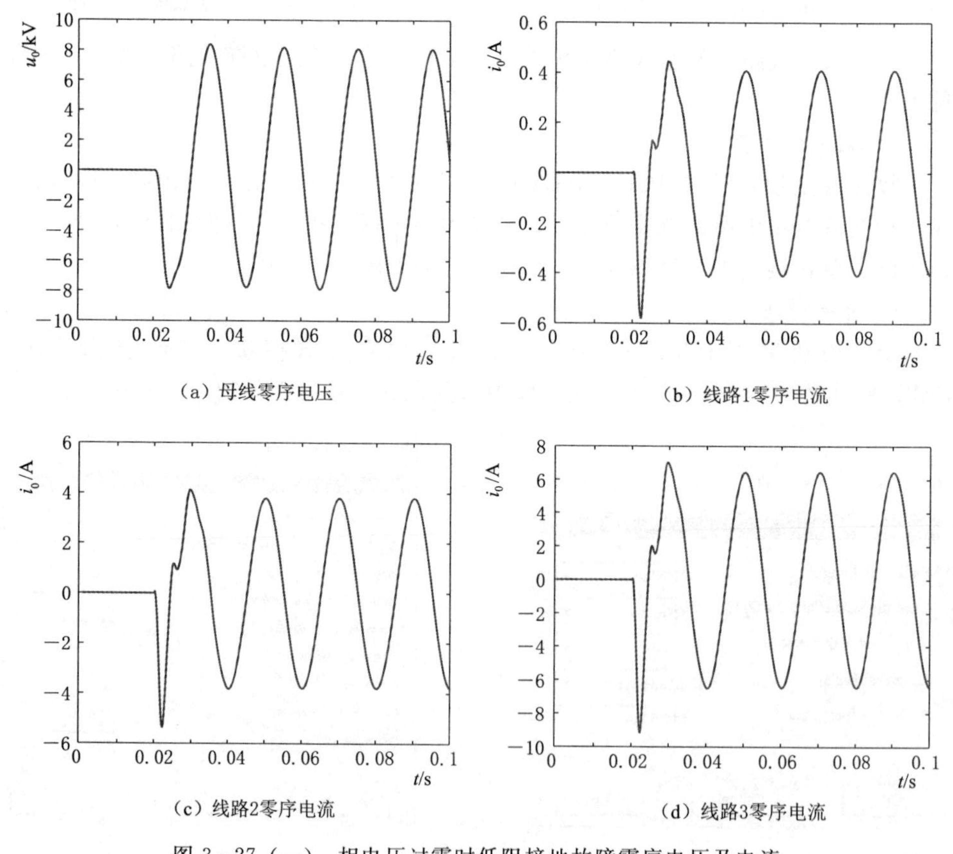

图 3-27（一） 相电压过零时低阻接地故障零序电压及电流

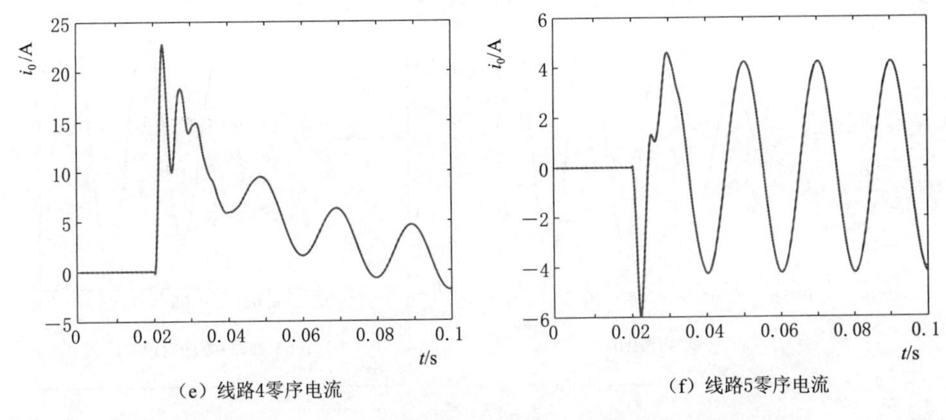

(e) 线路4零序电流　　(f) 线路5零序电流

图 3－27（二）　相电压过零时低阻接地故障零序电压及电流

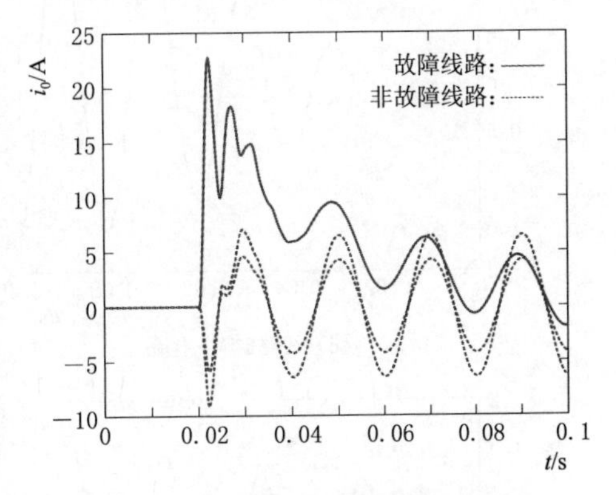

图 3－28　相电压过零时低阻接地故障零序电流

由图 3－27 可以看出，当 A 相发生小电阻接地故障后，零序电压升高为接近 A 相电源电压。低阻接地条件下，对地电容充电回路时间常数较小，零序电压在半周波内即进入稳态。

由图 3－28 可以看出，在电压初相角为 0°时发生小电阻接地故障，故障线路的暂态零序电流出现了一个明显的倒相过程，这是由于在故障初相角为零附近且故障电阻较小时，暂态电容电流很小，暂态接地电流主要为电感电流。受消弧线圈的影响，电感电流中的直流衰减分量较大，此时故障线路的能量主要落在低频段，随着时间的推移，故障线路暂态零序电路的直流分量不断衰减，故障线路与非故障线路会出现极性相同的情况，即故障线路暂态零序电流的倒相。

由图 3－28 可知，发生倒相的情况下，非故障线路间极性相同，幅值因各线路的对地电容的不同而不同，波形总体相似度较大，而故障线路与非故障线路之间的波形相似度小于非故障线路间的波形的相似度。

2. 相电压过零时高阻接地故障分析

当 A 相电压过零时（$t=0.02$s），控制故障发生模块合闸，接地故障过渡电阻为 2000Ω，模拟 A 相发生单相接地。故障后母线零序电压及各线路零序电流波形如图 3－29 所示，故障线路与 2 条非故障线路零序电流波形如图 3－30 所示。

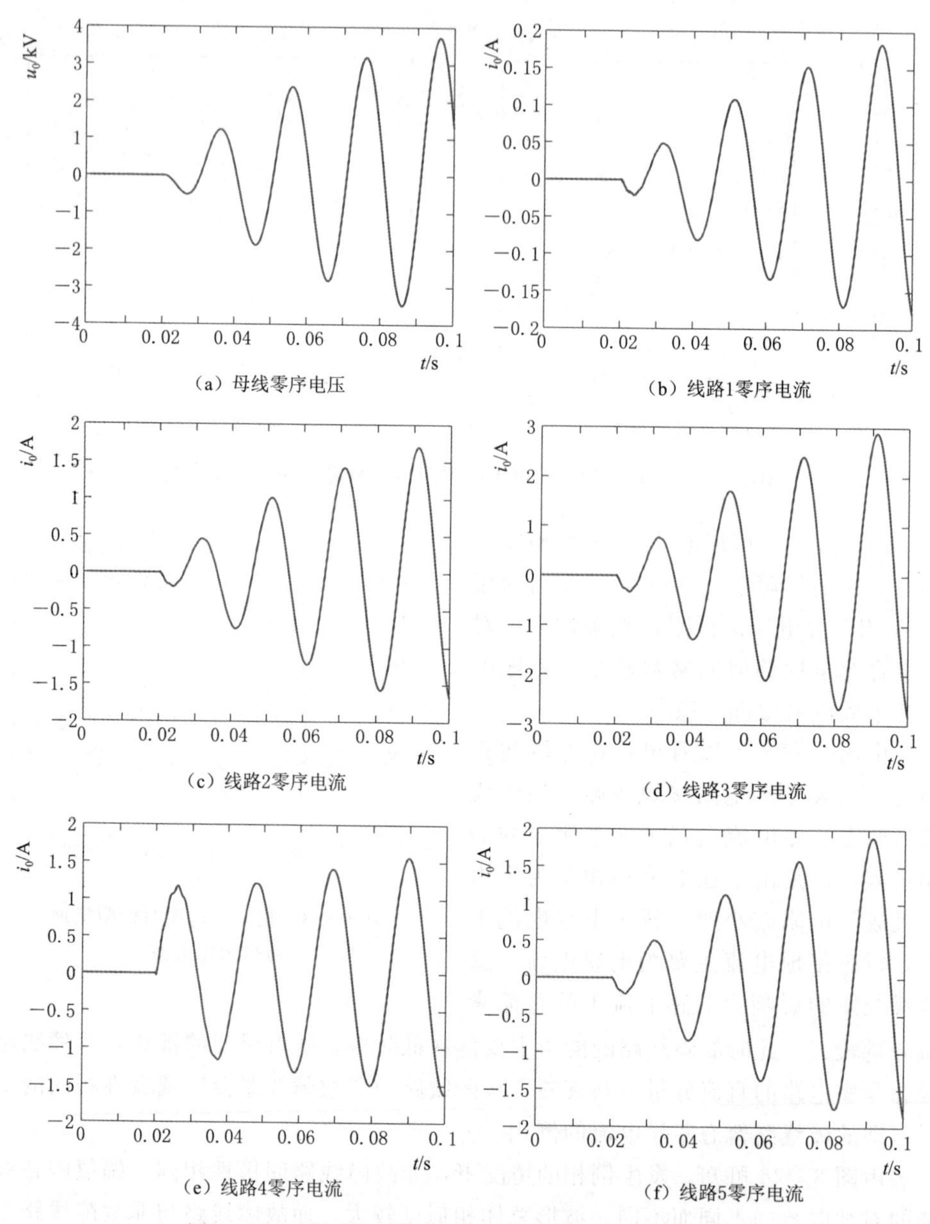

图 3-29　相电压过零时高阻接地故障零序电压及电流

由图 3-29 可知，当接地故障过渡电阻较大时，暂态零序电流幅值小，暂态过程不明显。由于故障过渡电阻大，对地电容充电回路的时间常数也较大，零序电压幅值呈现周期性缓慢上升的特点。零序电流在非周期的振荡衰减后，幅值缓慢上升，进入稳态后，故障线路零序电流幅值可能比非故障线路的小。由于受到大的故障过渡电阻的影响，流过故障线路的暂态零序电流幅值减小，衰减加快，故障线路与非故障线路之间的暂态零序电流不存在倒相现象，但极性相反，而非故障线路间的暂态零序电流极性相同。故非故障线路间的零序电流波形相似度大于故障线路与非故障线路间的零序电流波形相似度，故障线路与非故障线路波形之间存在差异性。

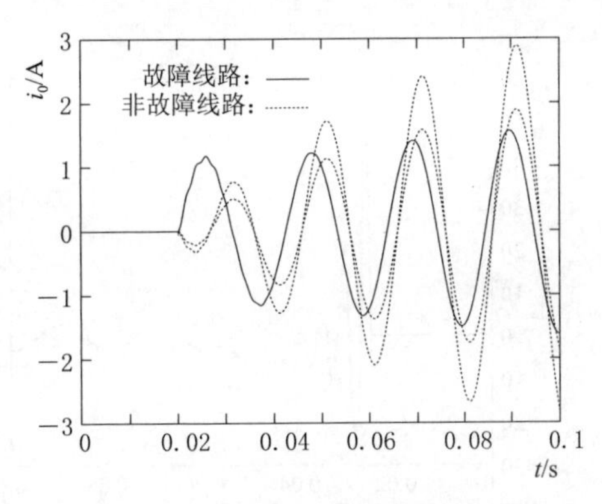

图 3-30 相电压过零时高阻接地故障零序电流

3. 相电压过峰值时低阻接地故障分析

当 A 相电压过峰值时（$t=0.025$s），控制故障发生模块合闸，接地故障过渡电阻为 10Ω，模拟 A 相发生单相接地。故障后母线零序电压及各线路零序电流波形如图 3-31 所示，故障线路与 2 条非故障线路零序电流波形如图 3-32 所示。

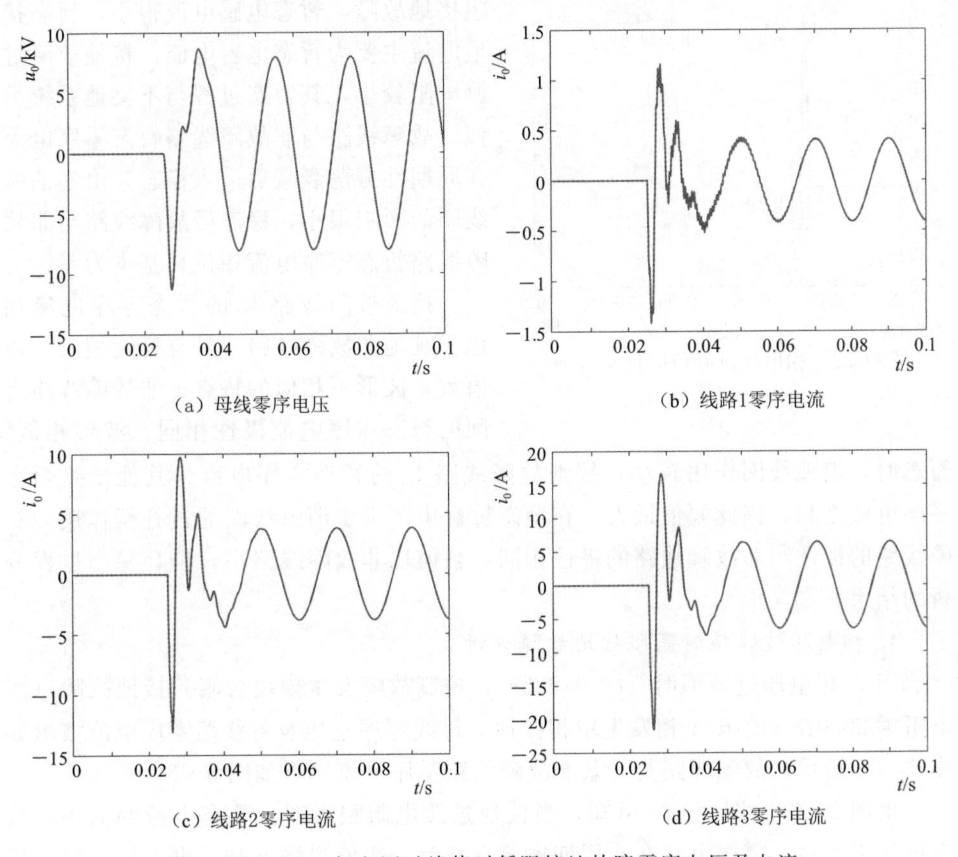

（a）母线零序电压

（b）线路1零序电流

（c）线路2零序电流

（d）线路3零序电流

图 3-31（一） 相电压过峰值时低阻接地故障零序电压及电流

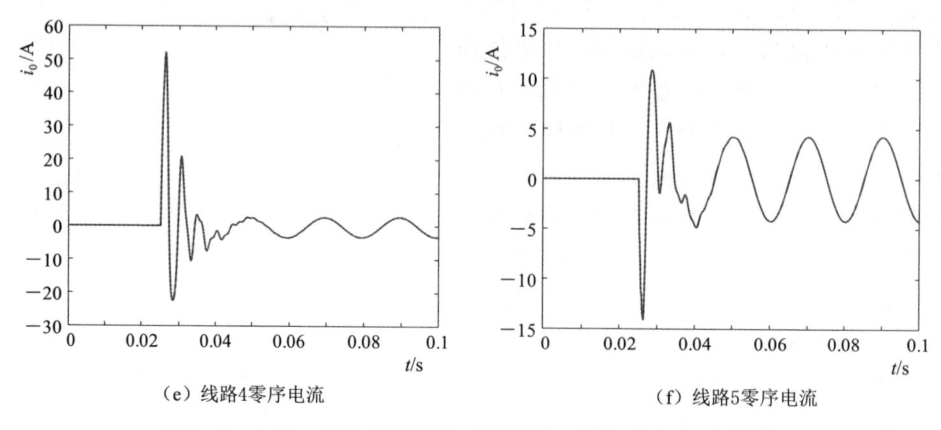

图 3-31（二） 相电压过峰值时低阻接地故障零序电压及电流

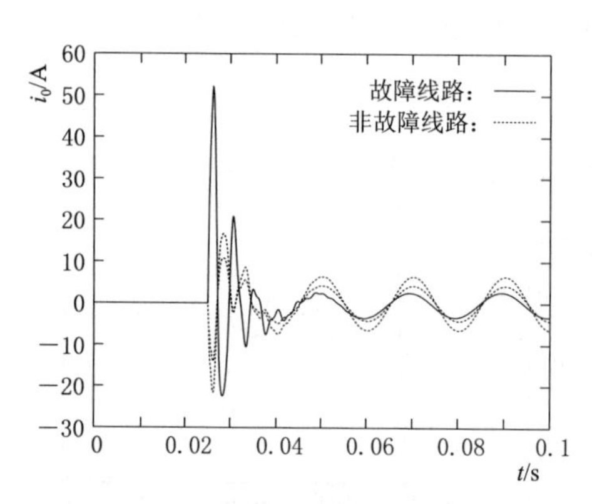

图 3-32 相电压过峰值时低阻接地故障零序电流

线路 L_4 在相电压过峰值时发生小电阻接地故障，暂态电感电流很小，暂态接地电流主要为暂态电容电流。接地故障过渡电阻较小，其暂态过程与不接地系统类似。故障线路与非故障线路暂态零序电流在周期性振荡衰减后进入稳态，由于消弧线圈的影响很小，稳态后故障线路与非故障线路暂态零序电流相位移基本为零。

接地故障线路 L_4 的暂态零序电流相比于其他非故障线路，具有极性相反、幅值大、波形不相似的特点；非故障线路之间的暂态零序电流极性相同、波形相似。暂态时，消弧线圈作用较小，接地故障线路 L_4 的暂态零序电流为其他线路暂态零序电流之和，因此幅值最大。在稳态过程中，由于消弧线圈的过补偿作用，故障线路的极性与非故障线路的极性相同，幅值比非故障线路小，符合稳态过程分析的结果。

4. 相电压过峰值时高阻接地故障分析

当 A 相电压过峰值时（$t=0.025$s），控制故障发生模块合闸，接地故障过渡电阻为 2000Ω，模拟 A 相发生单相接地。母线零序电压及各线路零序电流波形如图 3-33 所示，故障线路与 2 条非故障线路零序电流波形如图 3-34 所示。

由图 3-33、图 3-34 可知，当接地过渡电阻很大时，暂态电流幅值小，暂态过程不明显。零序电流在非周期振荡衰减后，幅值缓慢上升。进入稳态后，故

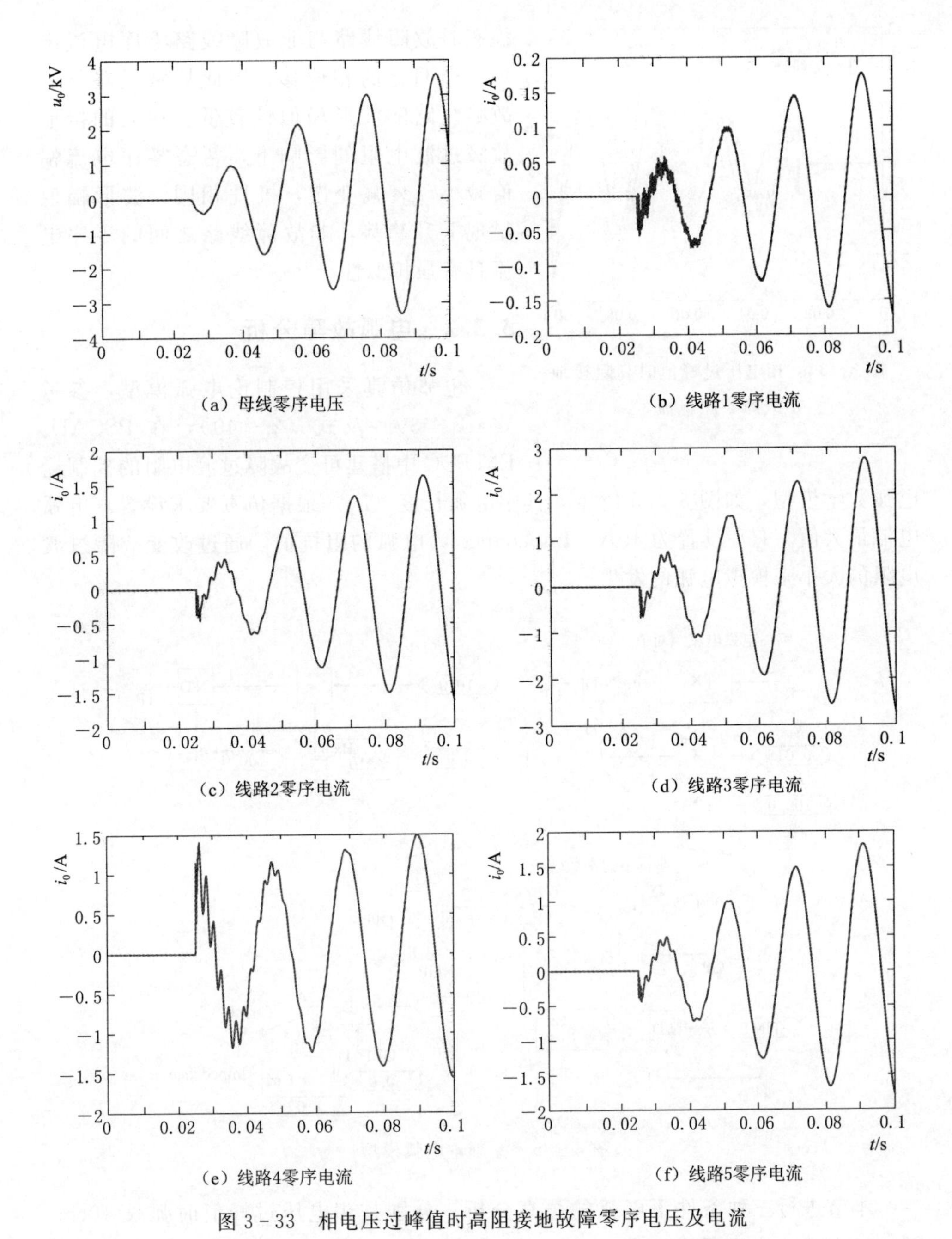

图 3-33　相电压过峰值时高阻接地故障零序电压及电流

障线路零序电流幅值可能比非故障线路小。由时域分析可知，在发生大电阻接地的故障情况下，消弧线圈起的作用较大，过补偿后，故障线路电流呈感性，使得

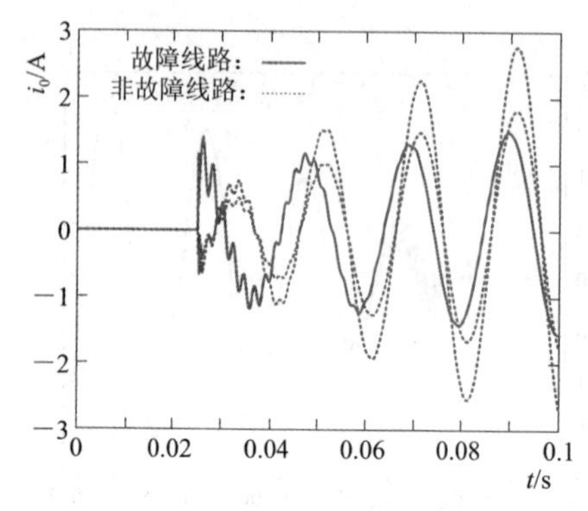

图 3-34　相电压过峰值时高阻接地故障零序电流

稳态时故障线路与非故障线路零序电流出现一个明显的相位移，因此故障线路与非故障线路的波形相似性较低。在大的接地故障过渡电阻的影响下，暂态零序电流幅值减小，衰减变慢，极性相同，波形幅值呈现上升趋势，非故障线路之间的零序电流具有强相似性。

3.3.2　电弧故障分析

电弧仿真采用控制论电弧模型，参考式（2-39）及式（2-40），在 PSCAD/EMTDC 中搭建可变故障过渡电阻的控制论电弧数学模型，如图 3-35 所示，其中电弧长度（L_p）根据仿真要求设置，电弧电流最大值（I_p）设置为 10A。Impedance 为电弧的阻抗值，通过改变故障过渡电阻的大小来模拟电弧的发生。

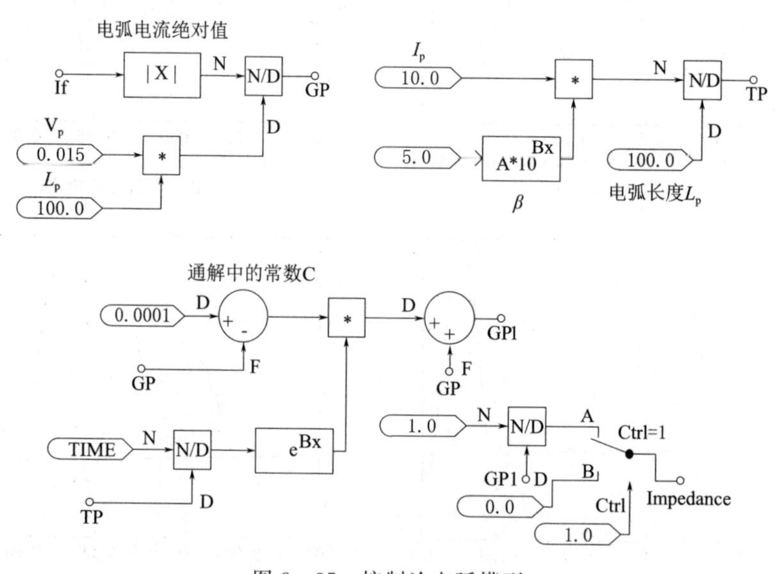

图 3-35　控制论电弧模型

本节进行三种条件下电弧的仿真分析，分别是相电压过峰值时弧长 10cm、50cm、100cm 的电弧。

1. 相电压过峰值时弧长 10cm 的电弧仿真

在图 3-10 配电网仿真模型的线路 L_1 距离母线 5km 处进行 A 相单相接地

电弧仿真，故障时刻为A相电压过峰值时（t=0.045s），进行弧长10cm的电弧仿真。测得接地电弧电流、电弧电压如图3-36所示，电弧电阻如图3-37所示。

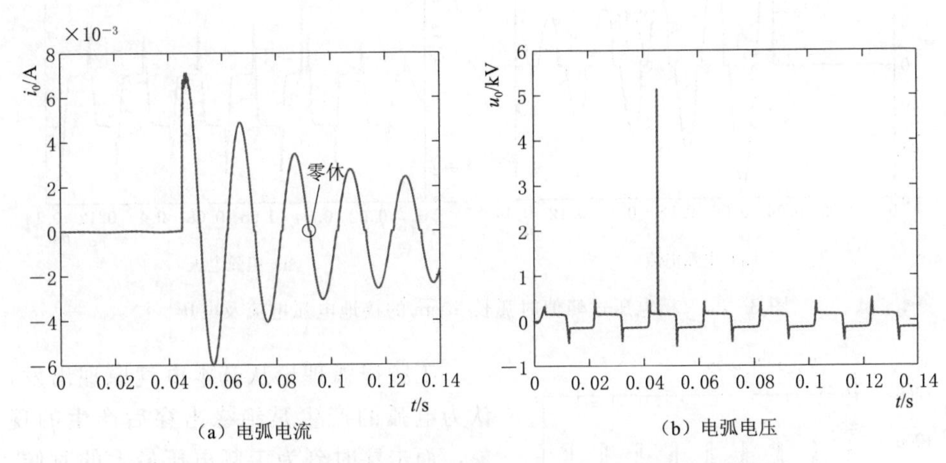

（a）电弧电流　　（b）电弧电压

图3-36　相电压过峰值时弧长10cm的接地电弧电流及电压

2. 相电压过峰值时弧长50cm的电弧仿真

在图3-10配电网仿真模型的线路L_1距离母线5km处进行A相单相接地电弧仿真，故障时刻为A相电压过峰值时（t=0.045s），进行弧长50cm的电弧仿真。测得接地电弧电流、电弧电压如图3-38所示，电弧电阻如图3-39所示。

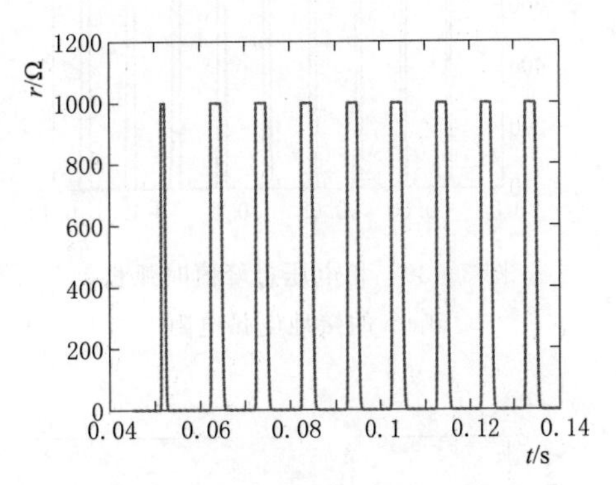

图3-37　相电压过峰值时弧长10cm的接地电弧电阻

3. 相电压过峰值时弧长100cm的电弧仿真

在图3-10配电网仿真模型的线路L_1距离母线5km处进行A相单相接地电弧仿真，故障时刻为A相电压过峰值时（t=0.045s），进行弧长100cm的电弧试验。测得接地电弧电流、电弧电压如图3-40所示，电弧电阻如图3-41所示。

主要有4种比较成熟的理论常用于接地电弧的研究中，分别为工频熄弧理论、高频熄弧理论、介质恢复理论以及电流过零理论，当前多用工频熄弧理论。

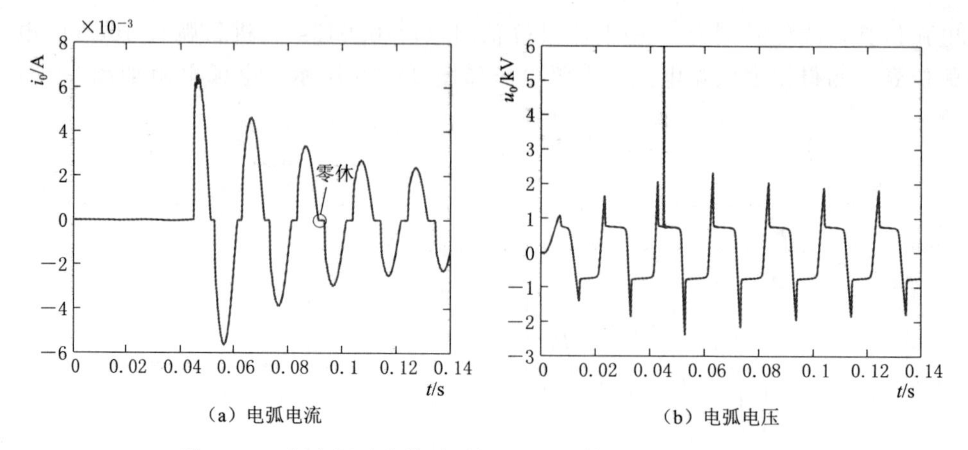

（a）电弧电流　　　（b）电弧电压

图 3-38　相电压过峰值时弧长 50cm 的接地电弧电流及电压

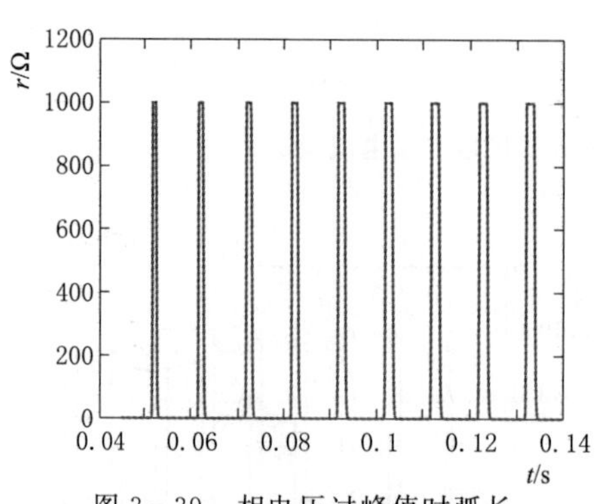

图 3-39　相电压过峰值时弧长 50cm 的接地电弧电阻

工频熄弧理论从基本电气原理出发，认为电弧的产生是绝缘击穿后产生的现象，而击穿时刻为工频电压最大的时候。工频电流经过零点的时候，电弧不能维持燃烧状态，发生熄弧。基于该理论建立的仿真模型，一般通过控制开关的开闭时刻来对电弧的重燃与熄灭现象进行模拟。仿真根据工频熄弧理论模拟 A 相在相电压的最大值时（0.045s）接地，随后在电弧电流过零点时（0.050s）熄灭，之后第二次发生的燃弧时刻为 0.060s，再经过半个

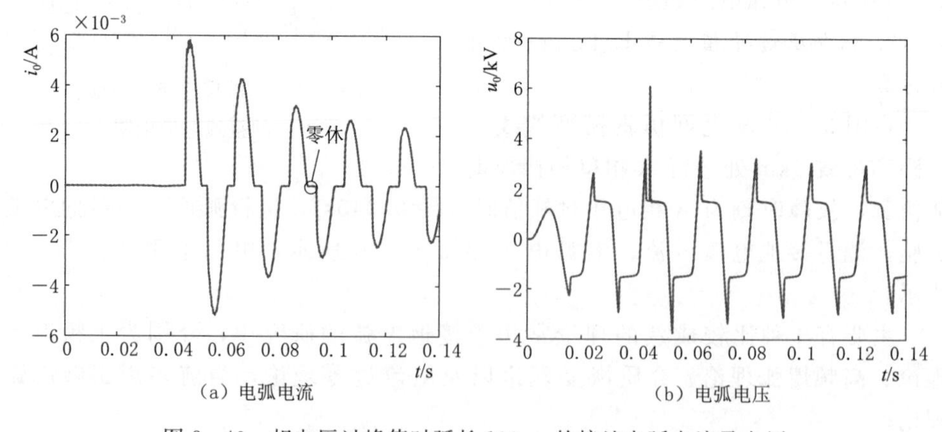

（a）电弧电流　　　（b）电弧电压

图 3-40　相电压过峰值时弧长 100cm 的接地电弧电流及电压

周波在 0.070s 时电弧第二次熄灭，之后在 0.80s 时发生第三次电弧的重燃，直至故障仿真结束时刻的稳定性电弧接地故障。

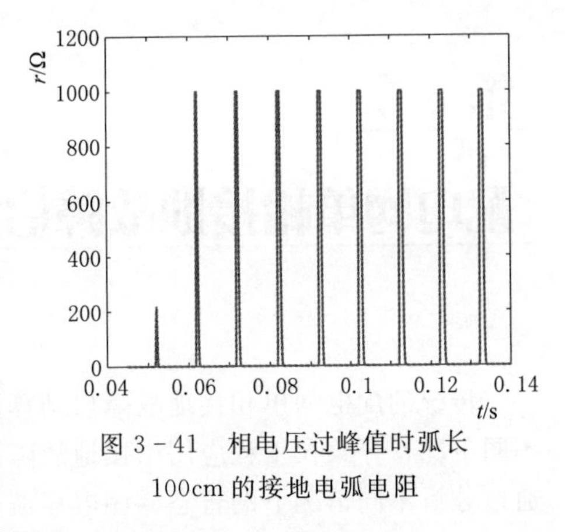

图 3-41　相电压过峰值时弧长 100cm 的接地电弧电阻

由图 3-36、图 3-38 和图 3-40 可知，在小电流接地系统中发生单相电弧接地故障，电弧电压和电弧电流均发生了不同程度的畸变。其中电弧电流近似正弦波，但在过零前后的一小段时间内，电流已近似等于零，这段时间为“零休”时间。由于电流中叠加有燃弧引起的暂态分量，故每半个周波的起始时刻，可观察到暂态电弧电流波峰。电弧电压在零休期间变化剧烈，在稳定燃弧期间几乎维持在一个恒定的水平，形似马鞍形，具有明显的燃弧电压和熄弧电压，且燃弧电压高于熄弧电压。由图 3-37、图 3-39 和图 3-41 可知，故障相 A 相在燃弧时电弧电阻很小，电压幅值低，电弧后半周波呈现的高阻特性，使电弧电流过零点后熄灭。

3.4 本 章 小 结

本章介绍了 PSCAD/EMTDC 电磁暂态仿真软件的建模步骤与方法，搭建 10kV 配电网单相接地故障仿真模型，对典型的单相接地故障和电弧故障进行了仿真分析，以验证单相接地故障暂态过程的数学模型。通过分析若干组典型单相接地故障零序波形，可以得到非故障线路间的暂态零序电流波形的相似度高，而非故障线路与故障线路间的暂态零序电流波形相似度较小的结论，依据该结论，后续章节将提出 3 种基于人工智能的选线方法。

本 章 参 考 文 献

[1]　杨耿杰，郭谋发．电力系统分析［M］．2 版．北京：中国电力出版社，2013.

第4章 配电网单相接地故障启动算法

传统的配电网单相接地故障启动算法需要人为整定启动阈值，难以同时适应不同工况，导致在工程应用中接地故障识别准确率低。为了解决这一问题，本章通过分析不同情况下的暂态零序电压波形，提出了一种基于离散小波变换（Discrete Wavelet Transform，简称 DWT）的接地故障启动算法。该方法可根据历史数据实时构造自适应阈值，以此取代固定阈值，使算法可适应配电网的不同工况。此外，带载线路或补偿电容器组投切时，零序电压暂态分量的衰减速度远快于发生接地故障时的衰减速度，故扰动持续时间也被纳为判据之一，从而实现对接地故障的可靠识别。

4.1 启动算法

4.1.1 小波变换基本原理

小波变换（Wavelet Transform，简称 WT）是一种在傅里叶变换（Fourier Transform，简称 FT）基础上加以改进后得到的时频分解算法。它可以对输入数据进行多层分解，从而得到原始信号的分频带波形。分别利用尺度因子 a 和位移因子 b 对所选择的母小波函数 $\psi(t)$ 进行拉伸和平移操作，即可得到一组小波基函数[1]：

$$\psi_{a,b}(t)=\frac{1}{\sqrt{|a|}}\psi\left(\frac{t-b}{a}\right) \tag{4-1}$$

将连续的小波基函数 $\psi_{a,b}(t)$ 作用于连续信号 $f(t)\in L^2(R)$，即为连续小波变换（Continuous Wavelet Transform，简称 CWT），其定义为

$$W_{\mathrm{f}}(a,b)=\frac{1}{\sqrt{a}}\int_{\mathrm{R}}f(t)\overline{\psi}\left(\frac{t-b}{a}\right)\mathrm{d}t \tag{4-2}$$

式中：$\overline{\psi}$ 为 ψ 的复共轭；W_{f} 为小波系数。

小波系数给信号 $f(t)$ 提供了一个时间—频率窗上的局部信息，即小波变换具有时—频局部化特性。小波系数表示小波基函数与输入信号相似的程度，并且

不同的尺度因子 a 对应着不同的时间窗和频率窗。如图 4-1 所示，当 a 较小时，时间窗较窄，而频率窗向高频端扩展，利于提取信号中的高频率成分；当 a 较大时，时间窗变宽，而频率窗向低频端扩展，利于提取信号中的低频率成分，从而实现了时间—频率窗的自适应调节。

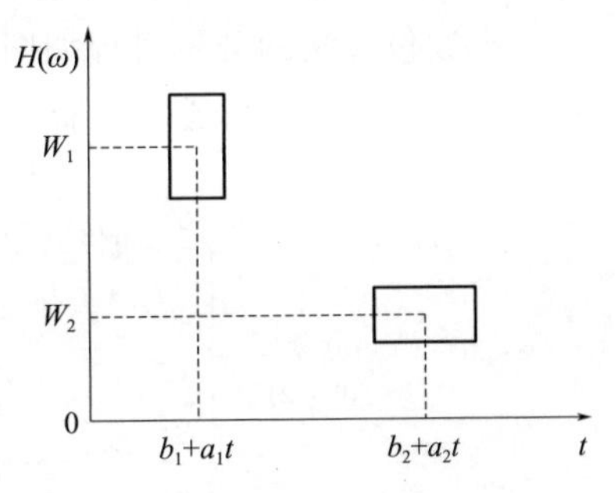

图 4-1 小波变换的时间—频率窗

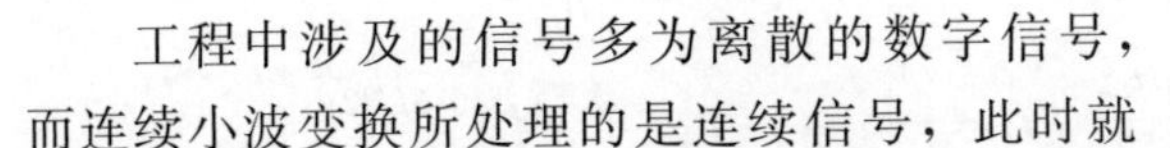

工程中涉及的信号多为离散的数字信号，而连续小波变换所处理的是连续信号，此时就需要对连续小波变换进行离散化处理。同时，将尺度因子 a 和位移因子 b 离散化，也有助于消除各点小波变换的相关性。取 $a=2^j$、$b=2^jk$（j，$k\in Z$），则式（4-2）的连续小波变换就转换为离散小波变换，其定义为

$$W_x(j,k)=\frac{1}{\sqrt{2^j}}\int_R x(t)\overline{\psi}\left(\frac{t}{2^j}-k\right)\mathrm{d}t \tag{4-3}$$

4.1.2 Mallat 小波包变换算法

多分辨率分析可以有效保留和解析信号的局部信息，其基本原理是利用正交小波基将信号分解为不同尺度下的多个分量，相当于使用多级滤波器，先将原信号分解为一组高频细节分量和低频近似分量，再继续将低频分量分解为下一级高频细节分量和低频近似分量，如此逐层分解下去即可获得原始信号的各尺度小波系数。将小波变换与多分辨率分析结合，在此基础上提出常用于信号分析处理领域的 Mallat 算法。通过运用该算法，仅需获取滤波器系数即可实现对离散信号的小波分解，既保留了小波变换强大的时频分解能力，也简化了小波变换的计算过程，计算量小且易于应用，其递推公式见式（4-4）和式（4-5）。

$$\left.\begin{aligned}S_{2^j}^{(2p)}f(n)&=\sum_{k=-1}^{2}h_kS_{2^{j-1}}^{(p)}f(n-2^{j-1}k)\\W_{2^j}^{(2p+1)}f(n)&=\sum_{k=0}^{1}g_kS_{2^{j-1}}^{(p)}f(n-2^{j-1}k)\end{aligned}\right\}(p\text{ 为偶数},j>0) \tag{4-4}$$

$$\left.\begin{aligned}S_{2^j}^{(2p)}f(n)&=\sum_{k=-1}^{2}h_kW_{2^{j-1}}^{(p)}f(n-2^{j-1}k)\\W_{2^j}^{(2p+1)}f(n)&=\sum_{k=0}^{1}g_kW_{2^{j-1}}^{(p)}f(n-2^{j-1}k)\end{aligned}\right\}(p\text{ 为奇数},j>0) \tag{4-5}$$

式中：S_{2^j} 为第 j 尺度的近似分量；W_{2^j} 为第 j 尺度的细节分量；h_k 为低通滤波器系数；g_k 为高通滤波器系数。

小波包算法的分解过程如图 4-2 所示，分解层数为 4 层，其中 G_i 和 H_i 分别对应第 i 尺度的高通滤波器和低通滤波器，f_s 为选线装置的采样频率。

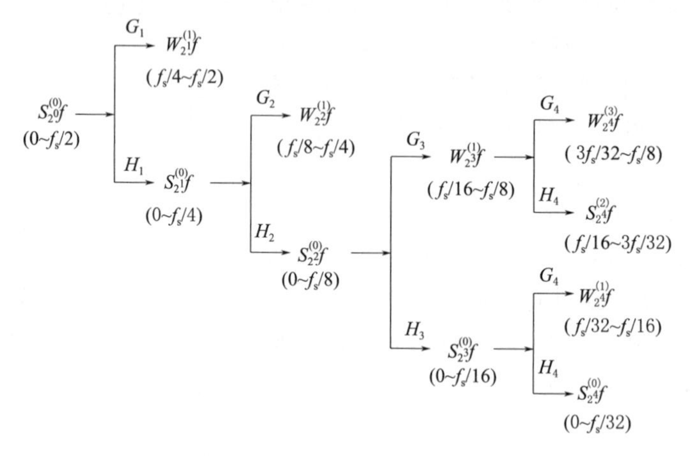

图 4-2　小波包分解过程图

本章使用三次 B 样条函数的导函数作为母小波函数。与其他母小波函数相比，其具有对称性等优良特性，可保证相应滤波器的线性相位，避免相位畸变。此外，多尺度三次 B 样条分解可以有效消除高频噪声对细节分量的干扰。其所对应的滤波器系数的数值见表 4-1。

表 4-1　　滤波器系数

系数	h_{-1}	h_0	h_1	h_2	g_0	g_1
数值	0.125	0.375	0.375	0.125	−2.000	2.000

4.1.3　接地故障启动算法

配电网发生单相接地故障时，各线路的零序电流和母线处的零序电压均会发生突变，但当发生的接地故障的类型为高阻接地故障时，零序电流中的故障特征远不如零序电压的明显。因此，以母线处测得的零序电压作为启动算法的输入量，并利用 Mallat 算法对输入波形进行处理。设图 3-10 中的线路 L_1 距离母线 5km 处发生 A 相接地故障，过渡电阻为 0Ω，故障初相角为 90°，采样率为 10kHz，以故障前 20ms 和故障后 80ms 的零序电压数据为例，利用 Mallat 算法对其进行 4 层分解，原始信号以及分解得到的各尺度细节分量的波形如图 4-3 所示，其中 u_0 表示原始信号，$d_1 \sim d_4$ 分别表示第一至第四尺度的细节分量。

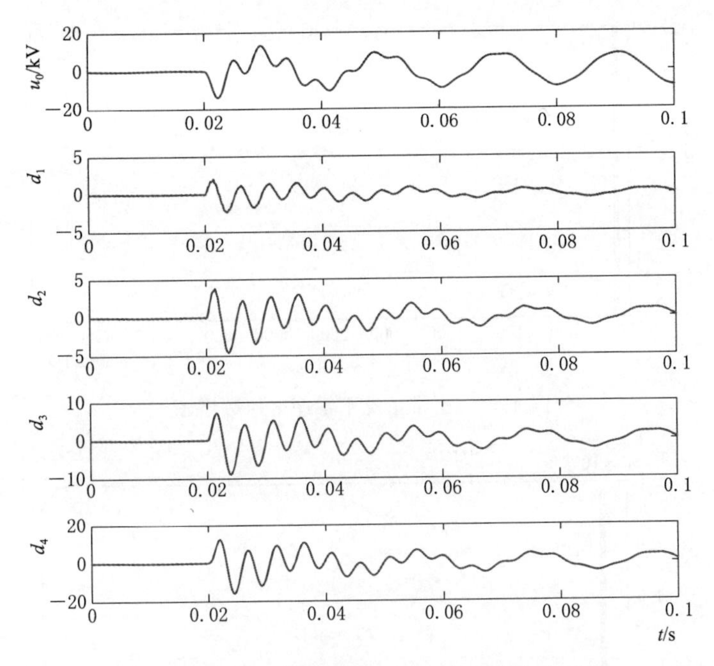

图 4－3　零序电压原始波形以及各尺度细节分量

由图 4－3 可知，各尺度细节分量在故障发生时刻均出现明显突增。为了突出故障特征，启动算法将当前时刻的细节分量与数个基波周期前的细节分量相减，从而获取其周期变化量 Δ_d。根据第 2 章的分析可知，在故障初相角为 0°时，暂态零序电压中的高频电容分量将降到最低，如果启动算法仅使用细节分量的周期变化量 Δ_d 作为判断的依据，当故障初相角为 0°或在 0°附近时，启动算法将难以对接地故障做出响应。考虑零序电压波形中的低频分量的变化趋势不易受故障初相角的影响，故可令启动算法同时监测零序电压的高频分量的周期变化量 Δ_d 和低频分量的周期变化量 Δ_c，从而实现对单相接地故障的准确监测。为了确定最佳分解层数，利用快速傅里叶变换算法对零序电压波形进行频谱分解，图4－4 展示了正常情况下，测得零序电压的各谐波分量的含有率，图 4－5（a）和图 4－5（b）分别为发生接地故障后和投入补偿电容器组后，零序电压中各谐波分量的变化率。

为了确保启动算法能够准确区分接地故障和带载线路或电容器组的投切操作，须选用两种工况下变化量差别较大的信号分量作为监测对象。通过大量的仿真实验可知，频率低于 200Hz 的低频分量和频率在 650Hz 和 1400Hz 之间的高频分量能够满足这一要求。此外，为了确保启动算法的处理速度，分解层数不宜取得过高。因此，分解层数设为 4 层，并选用 $W_{2^4}^{(3)} f$ 和 $S_{2^4}^{(0)} f$ 两个分量的周期变化量作为监测对象，其中，$W_{2^4}^{(3)} f$ 分量所包含的信号的频带范围为 937.5～1250Hz，

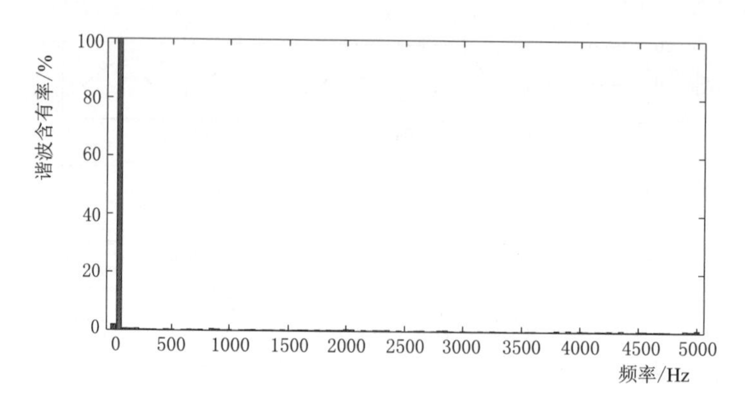

图 4-4 正常情况下零序电压频谱图

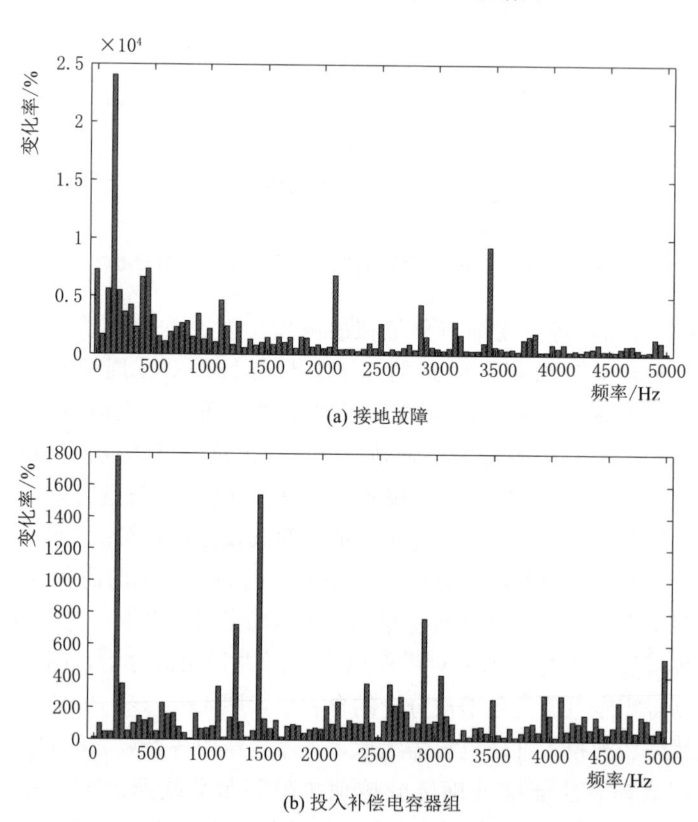

图 4-5 发生扰动时零序电压频谱图

$S_{2^4}^{(0)}f$ 分量所包含的信号的频带范围为 0～312.5Hz。

原始零序电压波形经小波分解得到 $W_{2^4}^{(3)}f$ 分量和 $S_{2^4}^{(0)}f$ 分量后，即可根据式（4-6）计算二者各点的周期变化量。

$$\left.\begin{aligned}\Delta_d(i)=||W_{2^4}^{(3)}f(i)|-|W_{2^4}^{(3)}f(i-n\times L)||\\ \Delta_c(i)=||S_{2^4}^{(0)}f(i)|-|S_{2^4}^{(0)}f(i-n\times L)||\end{aligned}\right\}\tag{4-6}$$

式中：n 为周期数；L 为每个工频周期的采样点数。

由于采样频率为 10kHz，故 $L=200$，若实际配电网中的电压基波频率发生波动，启动算法亦可根据实际测得的基波频率对 L 做出调整。n 的值取为 2。

通过监测 Δ_d 和 Δ_c 波形的突变情况，启动算法可实时监测配电网的运行状态。为了使启动算法免受各种运行工况及干扰的影响，未采用固定阈值，而是根据由零序电压波形分解得到的高、低频分量及其周期变化量构造自适应阈值。

图 4-6 展示了高、低频分量变化量的自适应阈值的计算过程实例，高、低频分量变化量的自适应阈值均包含两个部分，其中一部分由当前时刻前数个周期内的高、低频分量变化量计算得到，见式（4-7）。

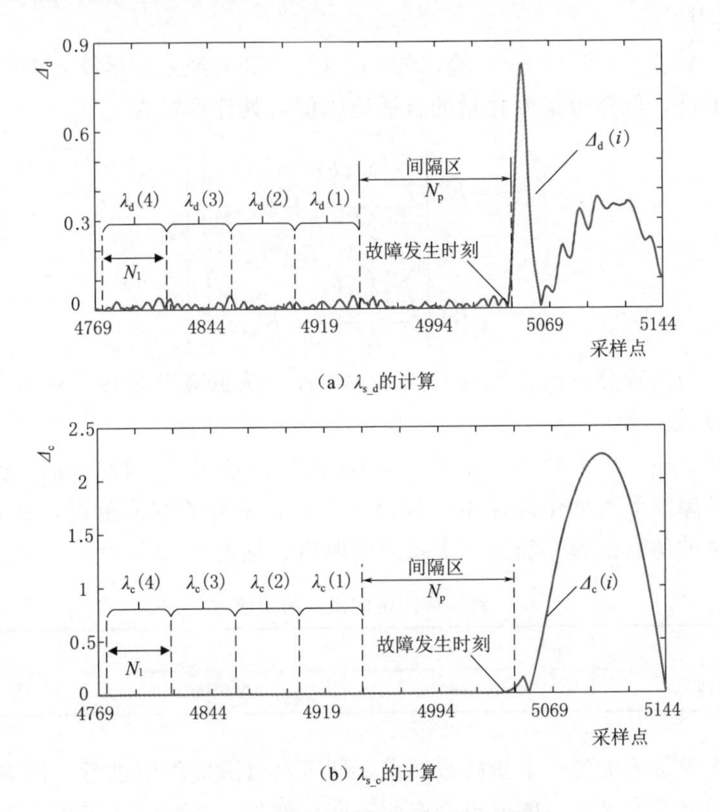

(a) λ_{s_d}的计算

(b) λ_{s_c}的计算

图 4-6　自适应阈值计算过程示意图

$$\left.\begin{aligned}\lambda_d(k)=\max[|\Delta_d(i-N_p-k\times N_1)|,\cdots,|\Delta_d(i-N_p-k\times N_1+N_1-1)|]\\ \lambda_c(k)=\max[|\Delta_c(i-N_p-k\times N_1)|,\cdots,|\Delta_c(i-N_p-k\times N_1+N_1-1)|]\end{aligned}\right\}\tag{4-7}$$

式中：N_l 为历史数据片段的采样数据的点数；N_p 为间隔区的采样数据的点数。

N_l 和 N_p 的值可以根据实际情况在一定范围内选取。为了节省存储空间并提高计算速度，将 N_l 的值定为每个工频周期采样点数的 1/8，向上取整，N_p 的值设为 N_l 的 4 倍。

高频、低频分量变化量的自适应阈值包含的另一部分，由当前时刻前数个周期内的小波系数的最大值计算得到，见式（4－8）。

$$\left.\begin{aligned}\varepsilon_d&=\max[|W_{2^4}^{(3)}f(i-N_p-M\times N_l)|,\cdots,|W_{2^4}^{(3)}f(i-N_p-1)|]\\ \varepsilon_c&=\max[|S_{2^4}^{(0)}f(i-N_p-M\times N_l)|,\cdots,|S_{2^4}^{(0)}f(i-N_p-1)|]\end{aligned}\right\}\tag{4-8}$$

式中：M 为单次计算所需的历史数据片段的个数。

为了使 ε_d 和 ε_c 在正常情况下保持稳定，所需的历史数据的总时间长度应至少为 1/2 工频周期，因此，M 的值最小为 4。为了节省存储空间并提高计算速度，将 M 设置为 4。

由式（4－7）、式（4－8）算得的 λ_d、λ_c、ε_d 和 ε_c 经系数运算，即可得到启动算法所需的高、低频分量变化量的自适应阈值，其计算式为

$$\left.\begin{aligned}\lambda_{s\_d}&=K_\lambda\left(\frac{\sum_{k=1}^{M}\lambda_d(k)}{M}+K_{\varepsilon\_d}\varepsilon_d\right)\\ \lambda_{s\_c}&=K_\lambda\left(\frac{\sum_{k=1}^{M}\lambda_c(k)}{M}+K_{\varepsilon\_c}\varepsilon_c\right)\end{aligned}\right\}\tag{4-9}$$

式中：K_{ε_d} 为高频分量极大值的利用系数；K_{ε_c} 为低频分量极大值的利用系数；K_λ 为修正系数。

考虑到上述三个系数 K_{ε_d}、K_{ε_c}、K_λ 的取值适用于工程实际，先利用几组实际接地故障波形数据作为样本，解得上述三个系数的取值范围，在此基础上，再通过大量的仿真试验，确定三个系数的取值，见表 4－2。

表 4－2　自适应阈值的系数的取值

系数	K_{ε_d}	K_{ε_c}	K_λ
数值	0.0625	0.5000	3.7500

选线装置每采集到一个新的数据点，即可对自适应阈值进行一次更新。在配电网的不同运行工况下，阈值也会有所不同，例如，当配电网三相电压处于不平衡状态时，Δ_d 将始终处于较高水平，自适应阈值也将相应地自动增加，从而可以避免误启动。

除了自适应阈值外，所提启动算法还需要三个额外的参数，即等待时间 T_w、

重置时间 T_r 和越限次数的阈值 δ。当高频分量变化量 Δ_d 和低频分量变化量 Δ_c 中任意一者超过了其所对应的自适应阈值，则认为出现了扰动，所对应的可能的故障时刻以及自适应阈值将被存储。同时，自适应阈值的计算将暂停，直到启动算法的判断流程结束，但选线装置在此期间将继续采集母线零序电压，并计算其高、低频分量的变化量。在等待 T_w 秒后，启动算法将再次开始判断此时的高、低频分量的变化量是否仍高于存储的对应自适应阈值。若在后续的 T_r 秒内，变化量超过对应自适应阈值的次数超过阈值 δ，启动算法将输出启动信号以及故障时刻；反之，所记录的可能故障时刻及自适应阈值将被清除，启动算法回到正常监测状态。

当投切带载线路或补偿电容器组时，Δ_d 曲线会在一个周期内衰减到正常值，而 Δ_c 曲线则不会超过对应的自适应阈值。因此，等待时间 T_w 被设置为一个工频周期，即 0.02s，而重置时间 T_r 则设置为半个工频周期，即 0.01s。阈值 δ 的值被设置为重置时间 T_r 内采样点数的 1/10。启动算法的具体流程图[2] 如图 4-7 所示。

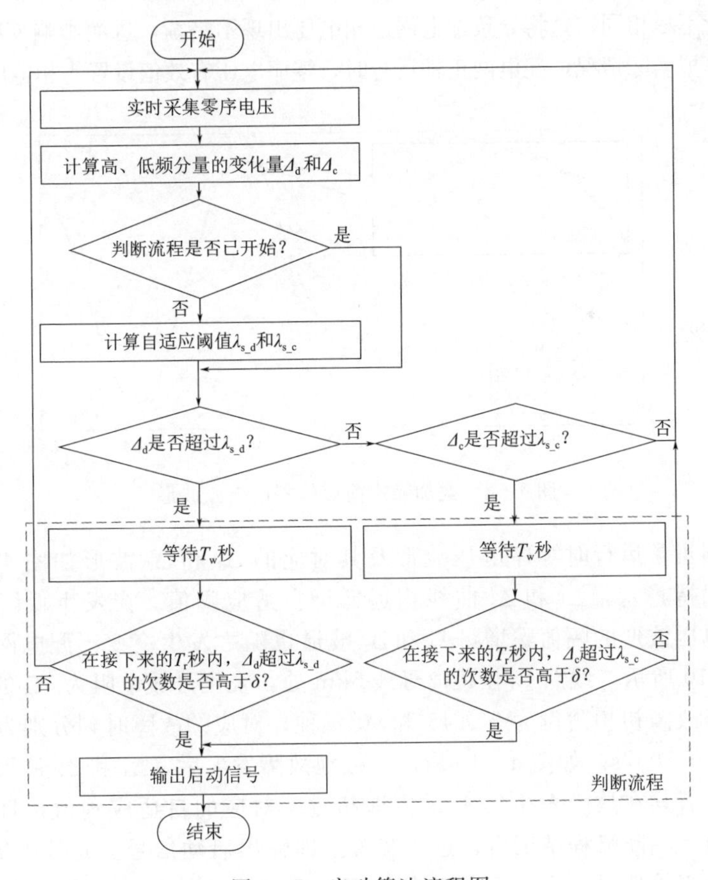

图 4-7 启动算法流程图

4.2 算 法 验 证

4.2.1 仿真数据验证

1. 算法的仿真数据验证

为测试基于小波变换的自适应启动算法的性能，本节利用图 3-10 所示的仿真模型，考虑不同的故障初相角，不同的接地过渡电阻，进行了多种情况下的单相接地故障实验，采样频率设为 10kHz。此外，也对多种情况下投切带载线路和投切补偿电容器组做了仿真，用以测试启动算法的抗扰性能。

实际运行配电网常受外界多种噪声的影响，为了测试启动算法对噪声干扰的适应性，仿真得到的零序电压波形数据均叠加了信噪比为 30dB 的高斯白噪声，叠加噪声前后的零序电压波形如图 4-8 所示。此外，实际运行配电网线路各相参数以及所带负荷不尽相同，这将导致配电网三相电压出现不平衡，进而影响零序电压的幅值。为了模拟实际情况，配电网正常运行时，零序电压有效值设置为相电压的 3%。

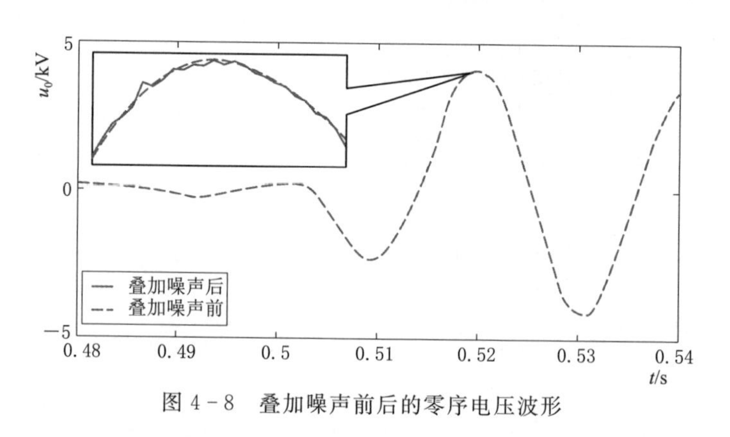

图 4-8 叠加噪声前后的零序电压波形

配电网正常运行时零序电压波形及其对应的 Δ_d 和 Δ_c 波形如图 4-9 所示，零序电压保持稳定，Δ_d 和 Δ_c 曲线均远低于自适应阈值。当发生低阻接地故障时，零序电压波形的幅值骤增，Δ_d 和 Δ_c 波形也随之发生突变。配电网的仿真模型如图 3-10 所示，线路 L_1 在距离母线 5km 处，发生过渡电阻为 5Ω 的低阻单相接地故障，故障初相角设为 0°、45°和 90°三种，对应的故障时刻分别为 0.5017s、0.5042s 和 0.5067s。如图 4-10 所示，接地故障发生后，Δ_d 和 Δ_c 波形出现明显的波动，两者均在故障发生后 1ms 内即超过了对应的自适应阈值，且始终保持较高的幅值。判断流程结束后，选线装置立即输出启动信号。此外，从图 4-10 也可看出，当接地过渡电阻和故障位置不变时，随着故障初相角增大，Δ_d 波形的峰值也会随之上升，而 Δ_c 则基本不受影响。

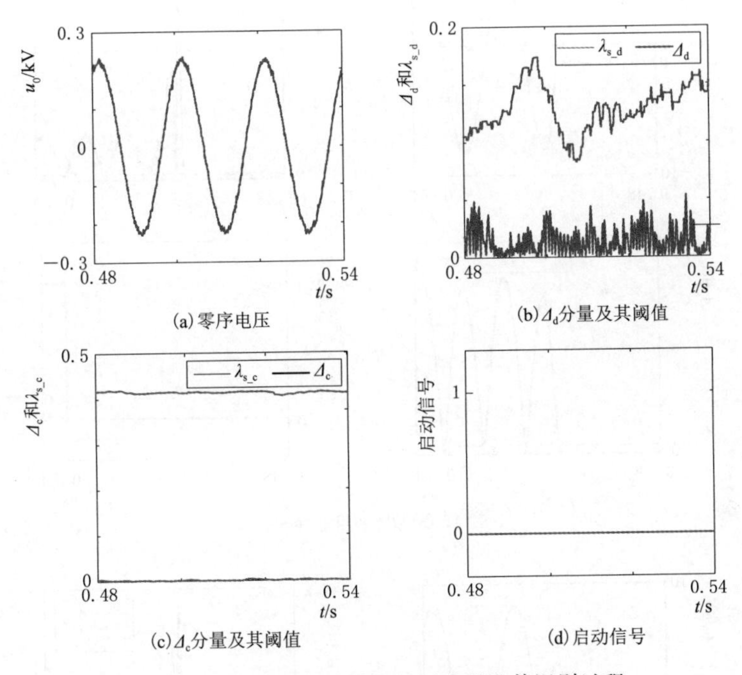

图 4-9　正常运行时零序电压波形及其识别过程

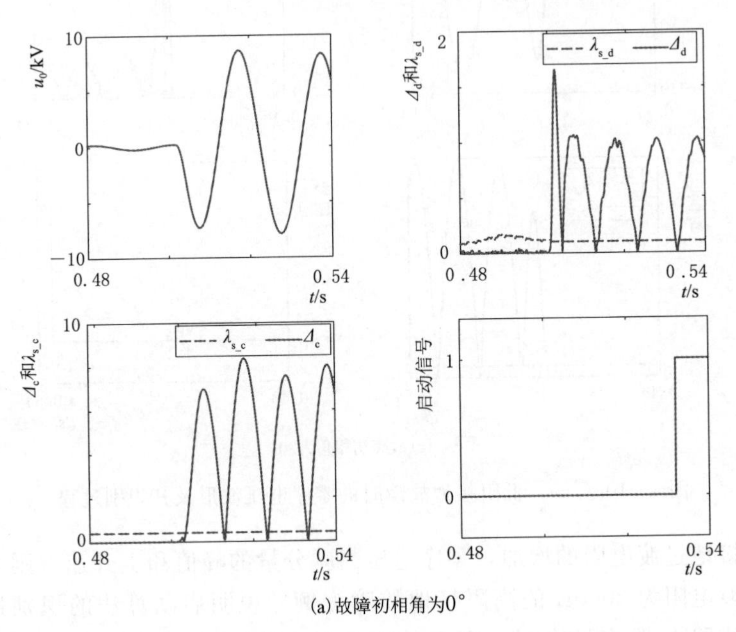

图 4-10（一）　低阻接地故障时的零序电压波形及其识别过程

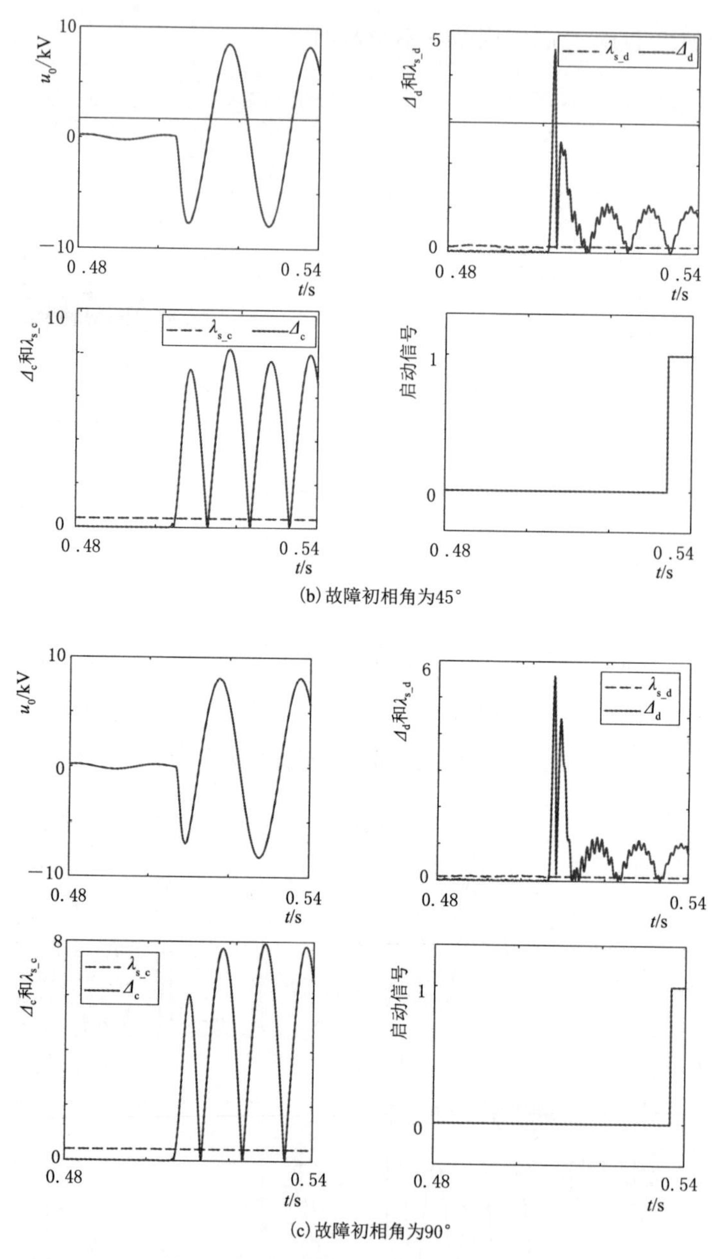

图 4-10（二） 低阻接地故障时的零序电压波形及其识别过程

随着接地过渡电阻的增加，零序电压高频分量的峰值和上升速率则会随之降低。以过渡电阻为 2000Ω 的高阻接地故障为例，说明启动算法的识别过程，故障点位于线路 L_3 距离母线 6km 处，故障初相角设为 0°、45°和 90°三种，对应的故障发生时刻分别为 0.5017s、0.5042s 和 0.5067s。如图 4-11 所示，启动算法均能正确快速给出启动信号。

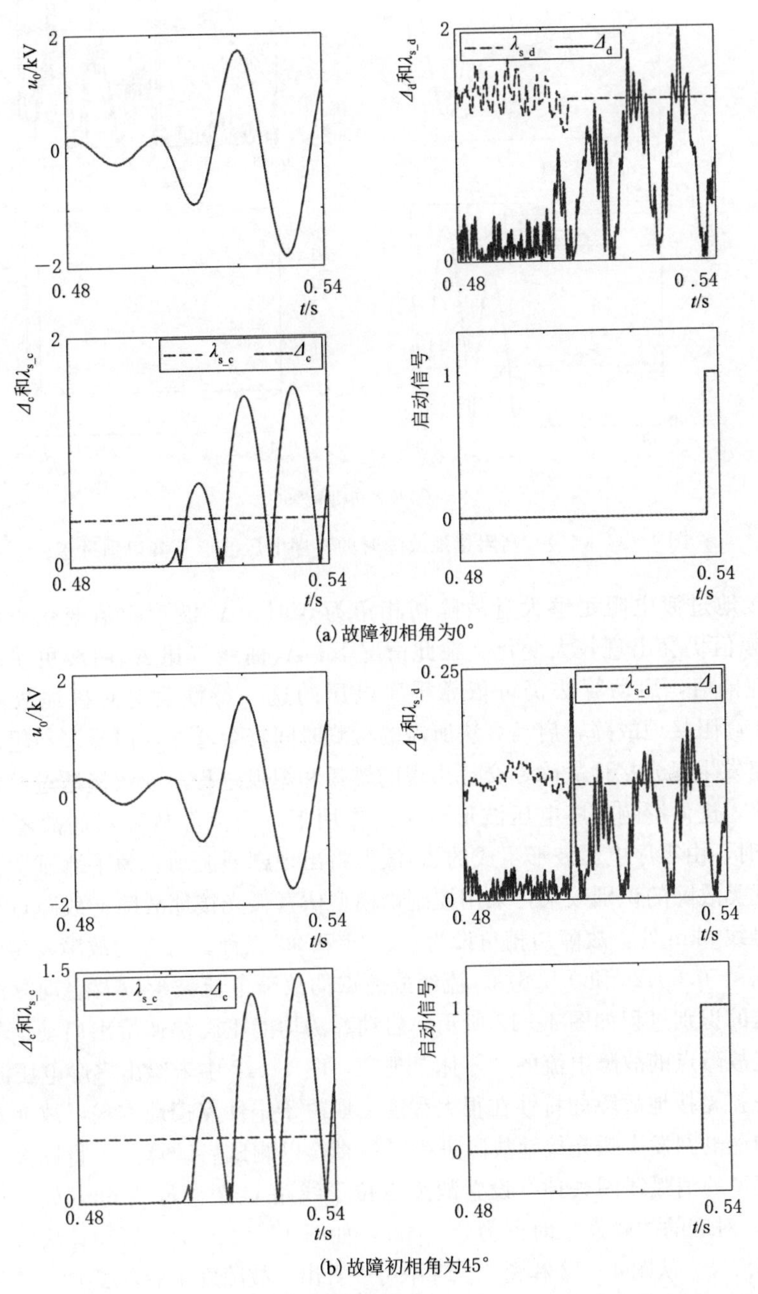

(a) 故障初相角为0°

(b) 故障初相角为45°

图 4-11（一） 高阻接地故障时的零序电压波形及其识别过程

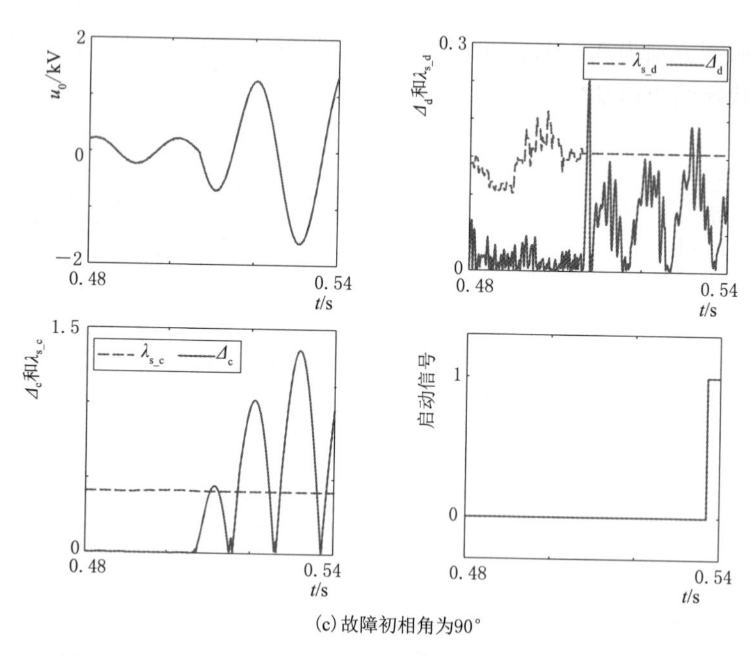

(c)故障初相角为90°

图 4-11（二） 高阻接地故障时的零序电压波形及其识别过程

当接地过渡电阻足够大且故障初相角为 0°时，Δ_d波形幅值变化小而慢，而Δ_c波形幅值仍会出现较大变化。在此情况下，Δ_c曲线将比Δ_d曲线更快越过对应的自适应阈值，启动算法仍可依靠零序电压的这一特性及时对接地故障做出判断。对于高阻接地故障，启动算法所需的检测时间将会增加，但最多不超过 50ms。

线路发生弧光接地故障，交替出现的燃弧和熄弧过程，导致接地过渡电阻阻值不断变化，进而影响零序电压波形。在此作用下，当流经故障点的故障电流出现"零休"时，由零序电压波形生成的Δ_d波形将出现剧烈波动。为了测试所提启动算法对于此类故障的识别效果，采用控制论模型仿真弧光接地故障，故障点位于线路L_3距离母线 6km 处，故障初相角设为 0°、45°和 90°三种，对应的故障发生时刻分别为 0.5017s、0.5042s 和 0.5067s。流经故障点的故障电流波形以及启动算法对母线零序电压的识别过程如图 4-12 所示，启动算法均能正确快速给出启动信号，为了说明流经故障点的故障电流的"零休"现象，图 4-12 中未给出零序电压波形。

考虑弧光接地故障的特性在很大程度上取决于中性点接地方式，故亦对中性点不接地的配电网发生弧光接地故障进行了仿真，以测试启动算法，将图 3-10 所示配电网模型的消弧线圈去掉，设置故障点位于线路L_3距离母线 6km 处，故障初相角为 45°，对应的故障发生时刻为 0.5042s，如图 4-13 所示，启动算法可正确快速给出启动信号。从图 4-12 和图 4-13 中可以看出，故障发生后，Δ_d曲线立即越过了对应的自适应阈值，从故障发生到选线装置输出启动信号之间的时间不超过 50ms。

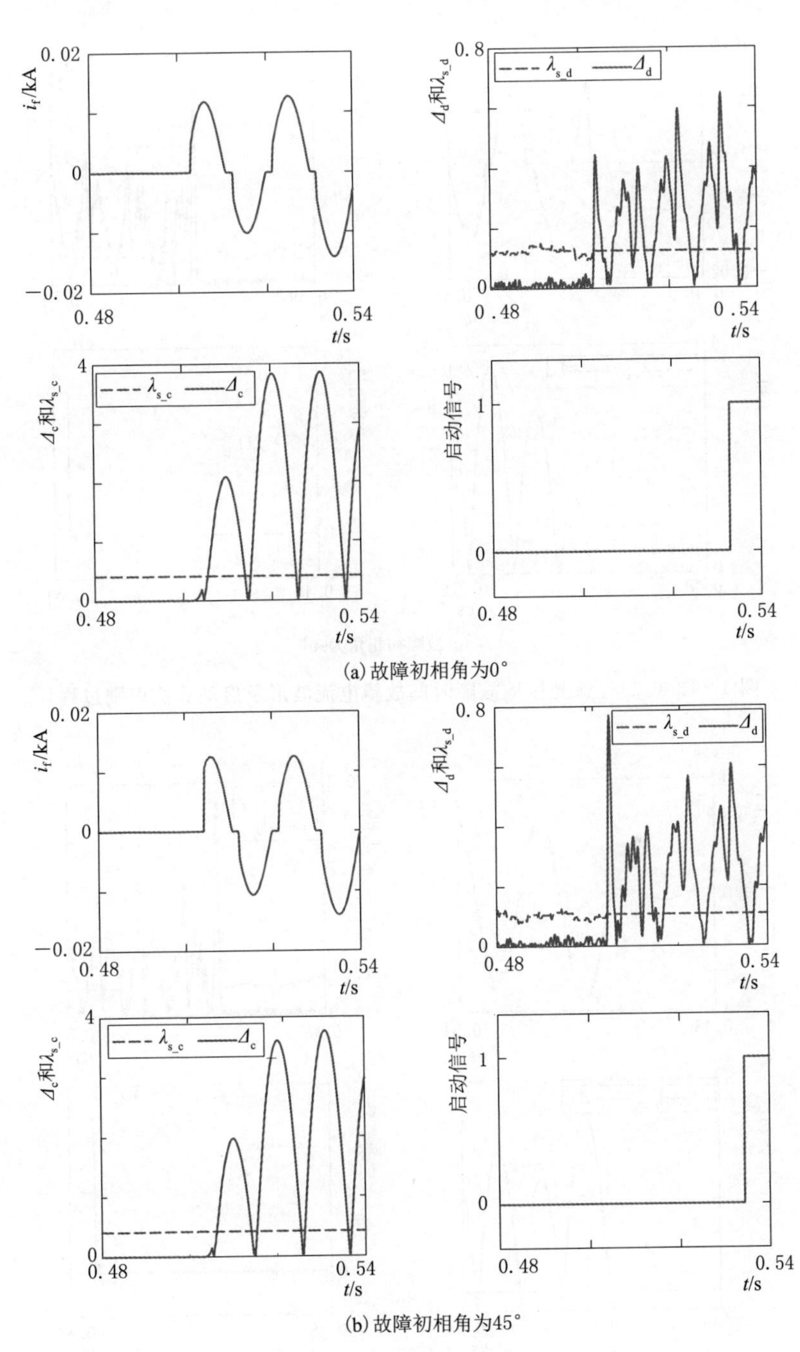

(a) 故障初相角为0°

(b) 故障初相角为45°

图 4-12（一） 弧光接地故障时的故障电流波形及启动算法识别过程

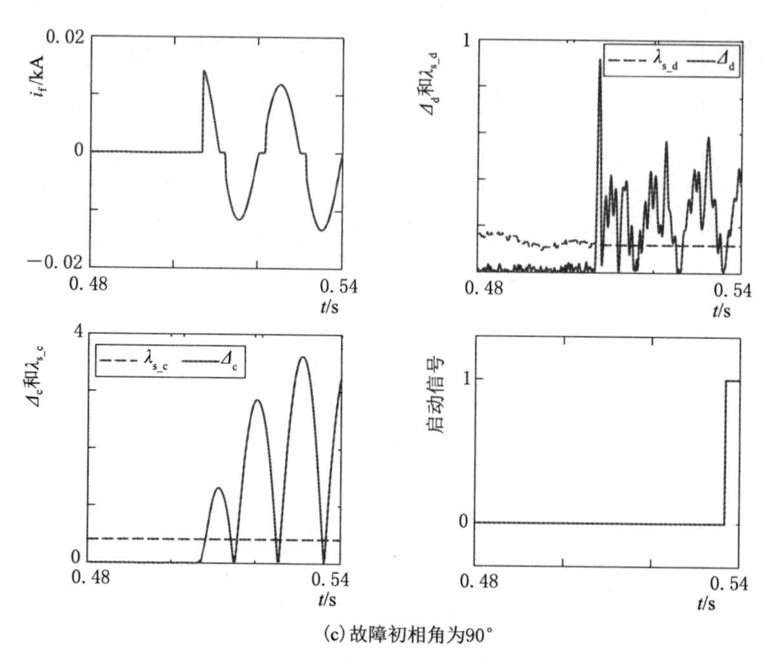

(c)故障初相角为90°

图 4－12（二） 弧光接地故障时的故障电流波形及启动算法识别过程

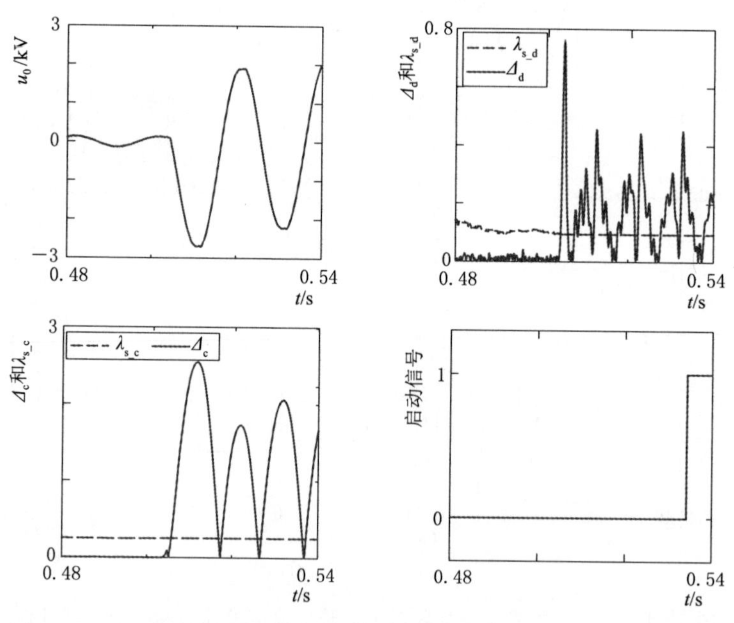

图 4－13 不接地配电网弧光接地故障时的零序电压波形及其识别过程

在配电网中，带载线路和补偿电容器组的投切操作也会导致零序电压波形发生波动，为了避免选线装置误动，启动算法必须能够正确区分接地故障和投切操作，并只对接地故障给出启动信号。利用图 3-10 所示的仿真模型，对带载线路的投切以及补偿电容器组的投切进行仿真，带载线路的投切开关位于线路 L_3 距离母线 6km 处，投切负载大小为 1MW；补偿电容器组安装于变电站内，投切电容器的容量为 3.6Mvar；投切的初相角分别设为 0°、45°和 90°三种，对应投切时刻 0.5017s、0.5042s 和 0.5067s。投入、切除带载线路及投入补偿电容器组的零序电压仿真波形以及识别过程分别如图 4-14、图 4-15 及图 4-16 所示。由于扰动持续时间均只有数毫秒，未能达到启动的时间条件，所以启动算法不会对投切操作给出启动信号。

2. 算法对比

常见的接地故障启动算法有变化量启动法、小波系数启动法等。其中，变化量启动法利用发生接地故障时，零序电压会发生突变的特性，通过监测母线上的零序电压周期变化量是否超过所设定的阈值，判断配电网是否发生接地故障。其启动条件见式（4-10）。$\Delta U_{s.set}$的值取为相电压额定值的 2/5，N 的值取为 200。

$$|u(n)-u(n-N)|-|u(n-N)-u(n-2N)|\geqslant\Delta U_{s.set} \tag{4-10}$$

式中：$\Delta U_{s.set}$为电压变化量阈值；N 为每个工频周期的采样点数。

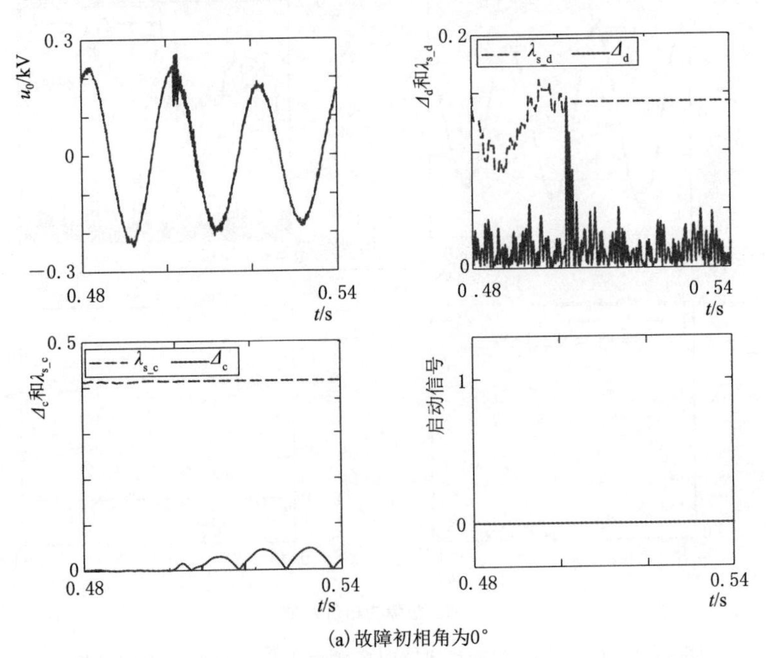

(a) 故障初相角为0°

图 4-14（一） 投入带载线路时的零序电压波形及其识别过程

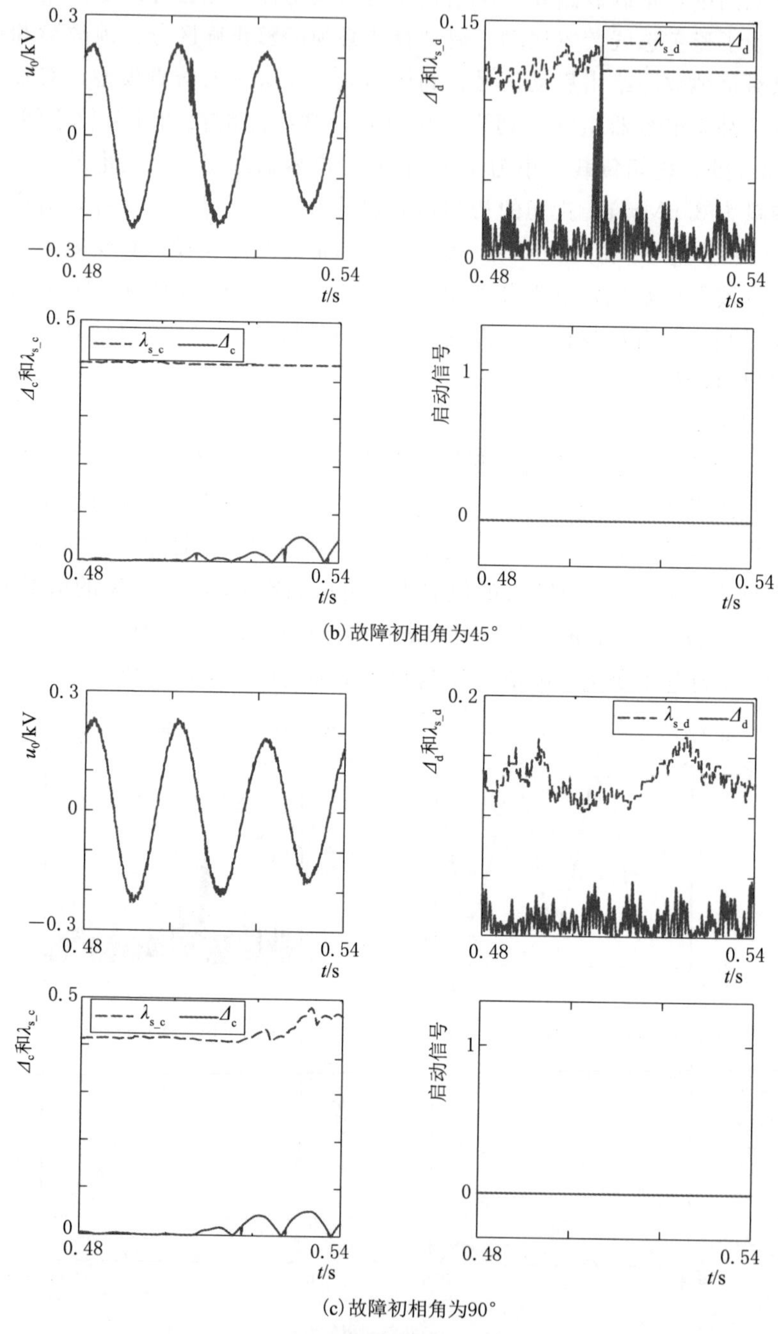

(b) 故障初相角为45°

(c) 故障初相角为90°

图 4-14（二） 投入带载线路时的零序电压波形及其识别过程

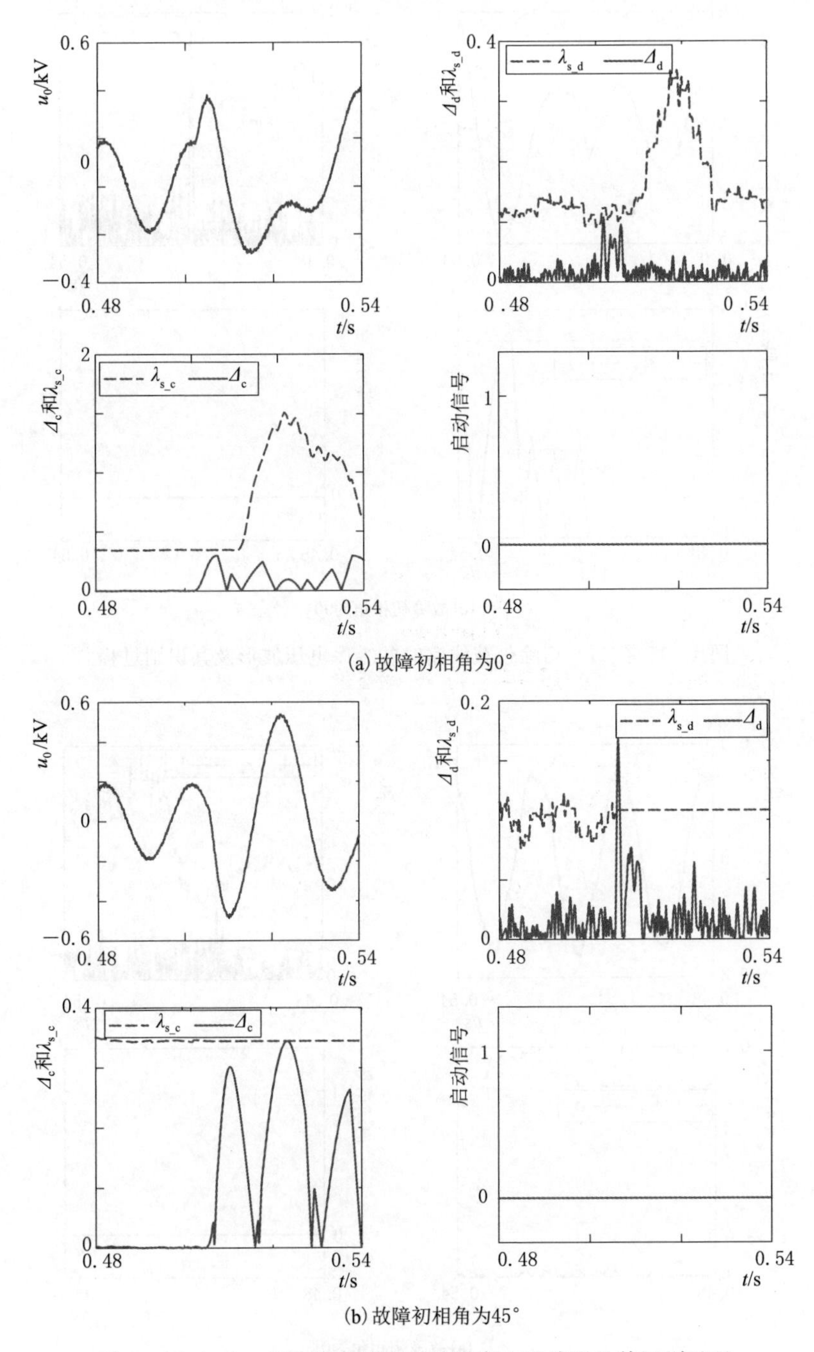

图 4-15（一） 切除带载线路时的零序电压波形及其识别过程

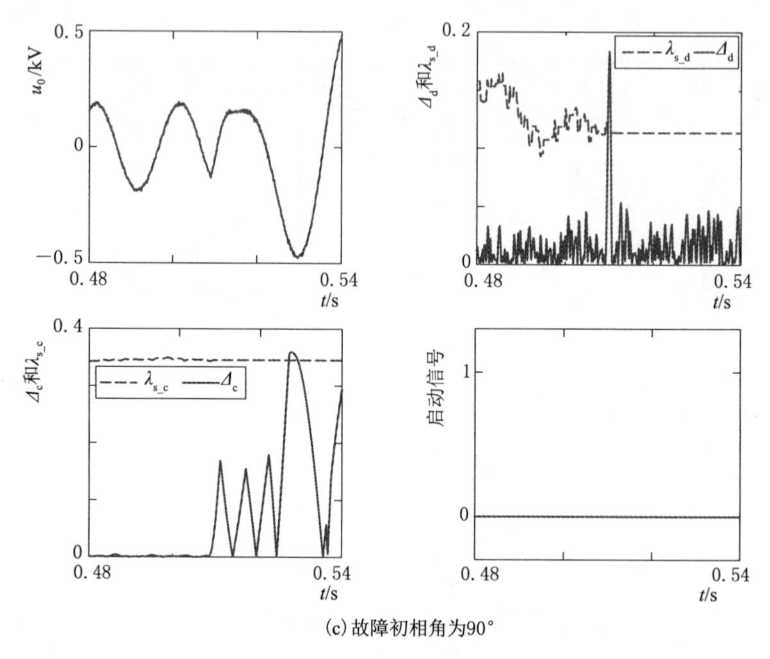

(c)故障初相角为90°

图 4-15（二） 切除带载线路时的零序电压波形及其识别过程

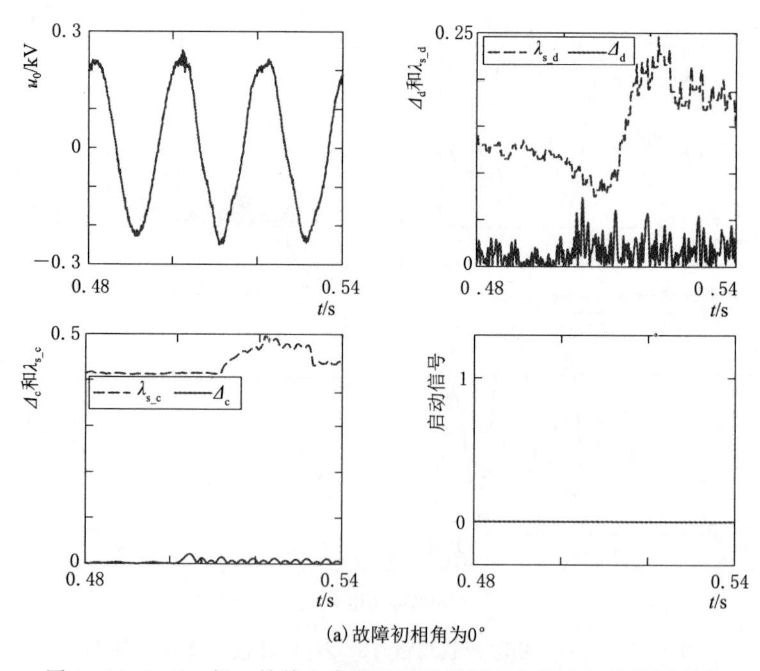

(a)故障初相角为0°

图 4-16（一） 投入补偿电容器组时的零序电压波形及其识别过程

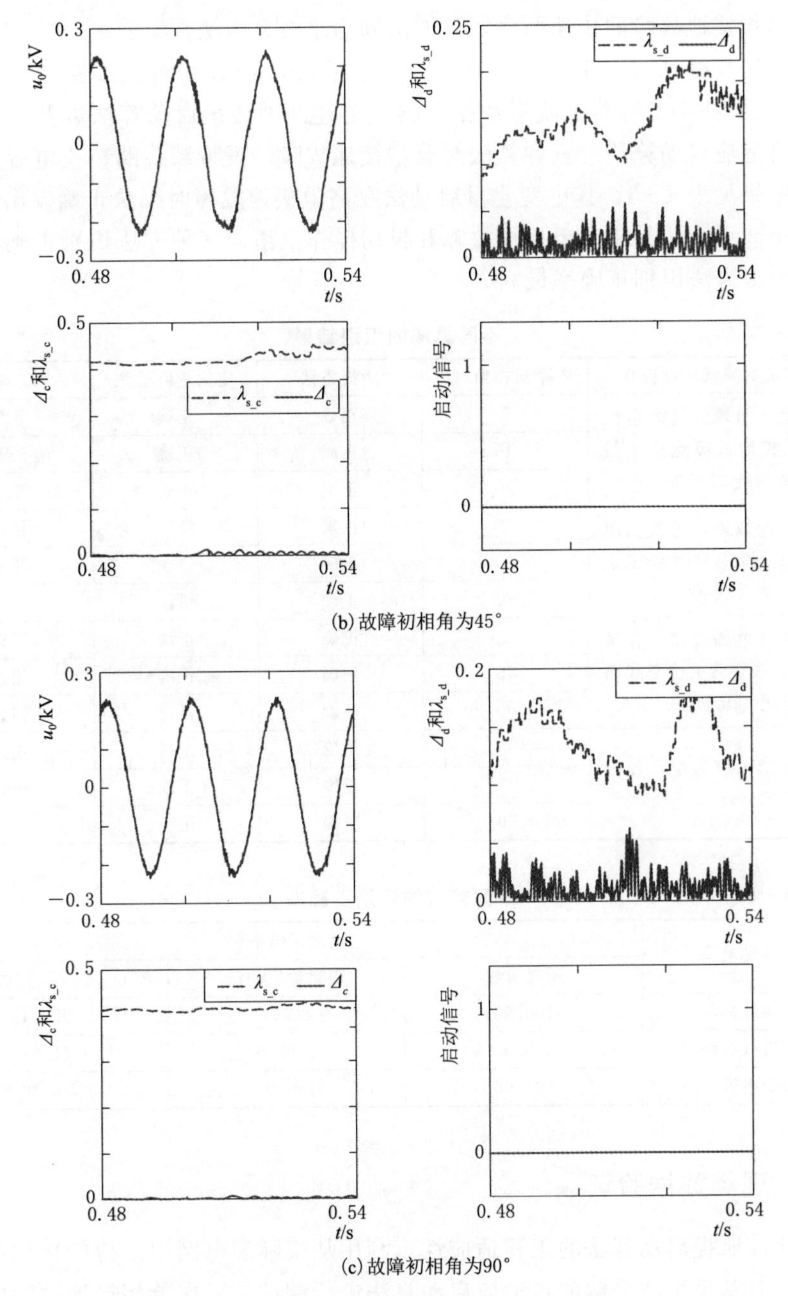

图 4-16（二） 投入补偿电容器组时的零序电压波形及其识别过程

配电网发生单相接地故障时，暂态零序电压的高频分量有较大的突变。利用小波变换算法从原始波形中提取出特定频带的高频分量，并监测其是否越限，亦可实现单相接地故障的快速监测，该方法即为小波系数法。

利用仿真得到的105组接地故障波形数据、60组投切带载线路波形数据以及12组投切补偿电容器组波形数据，测试上述两种传统启动算法以及基于小波变换的自适应启动算法。三种算法对典型接地故障、投带载线路、投电容器组等的识别结果见表4-3，其中变化量启动法在高阻接地故障时无法正确发出启动信号，而小波系数法易将高阻接地故障和投切操作混淆。三种方法识别正确率见表4-4，所提方法识别正确率最高。

表4-3　　不同算法的识别结果

典型接地故障或运行操作	故障初相角/(°)	所提方法	变化量启动法	小波系数法
低阻接地故障，过渡电阻为50Ω，接地故障点位于线路L_1距离母线5km处	0	正确	正确	正确
	45	正确	正确	正确
	90	正确	正确	正确
高阻接地故障，过渡电阻为2000Ω，接地故障点位于线路L_3距离母线3km处	0	正确	错误	错误
	45	正确	错误	正确
	90	正确	错误	正确
投入带载电缆线路，容量为1MW，投切开关位于线路L_3距离母线3km处	0	正确	正确	正确
	45	正确	正确	错误
	90	正确	正确	错误
投入补偿电容器组，补偿容量为3.6Mvar	0	正确	正确	正确
	45	正确	正确	正确
	90	正确	正确	正确

表4-4　　不同算法的识别正确率

扰动类型	识别正确率/%		
	所提方法	变化量启动法	小波系数法
单相接地故障	100.00	85.71	95.24
投切带载线路	100.00	100.00	71.67
投切补偿电容器组	100.00	100.00	100.00

4.2.2　现场数据验证

为验证所提启动算法的工程适应性，利用从实际配电网中录得的接地故障波形数据，对基于小波分解的自适应启动算法进行测试。三次单相接地故障的零序电压原始波形及其识别过程，如图4-17所示。当发生低阻或中阻接地故障时，Δ_d曲线比Δ_c曲线更快越过对应的自适应阈值；而发生弧光高阻接地故障时，由于零序电压幅值变化较小，所以Δ_c曲线的波动幅度较小，而Δ_d曲线则会出现明显增大并快速越过对应的自适应阈值。接地故障过渡电阻为低阻、中阻或高阻的情况下，所提方法均能在50ms内正确识别并给出启动信号。

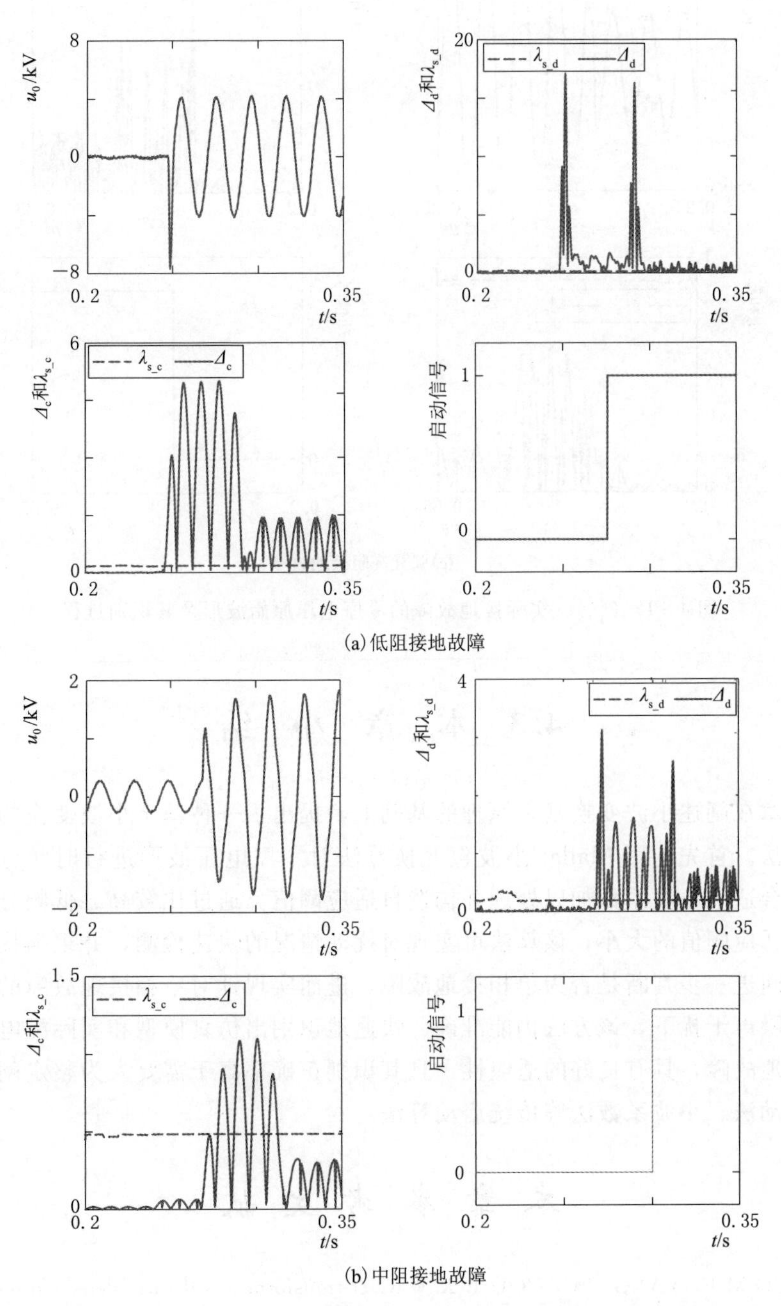

图4-17（一） 实际接地故障的零序电压原始波形及其识别过程

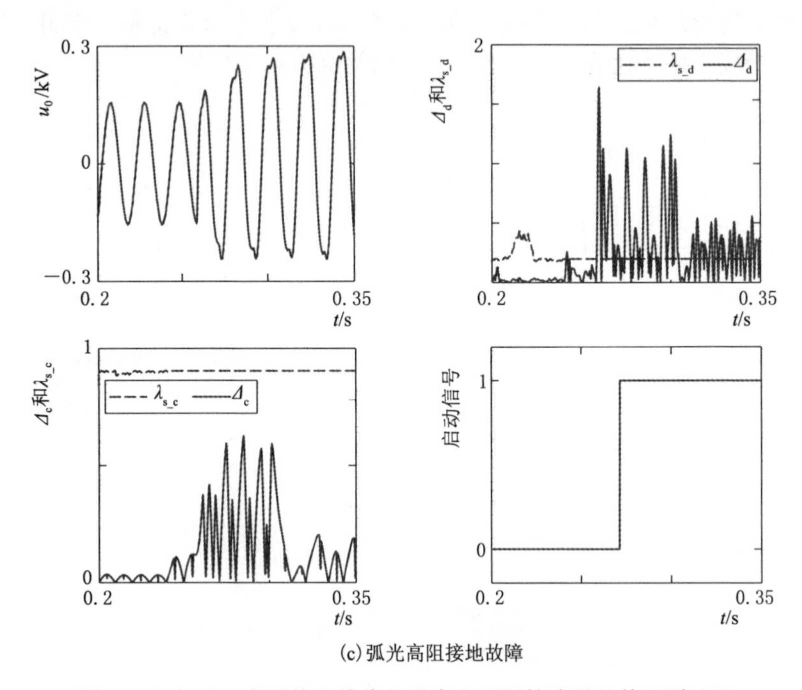

(c)弧光高阻接地故障

图 4－17（二） 实际接地故障的零序电压原始波形及其识别过程

4.3 本 章 小 结

本章在阐述小波变换基本原理的基础上，提出了一种基于小波变换的自适应启动算法。首先利用 Mallat 小波包变换算法对零序电压波形进行时频分解，从中选择合适的小波系数加以处理并构造自适应阈值。通过比较高、低频分量变化量与自适应阈值的大小，该算法可实现对扰动情况的快速检测，并根据扰动所持续的时间进一步判断是否为单相接地故障，进而实现针对单相接地故障的准确识别。在噪声干扰下，该方法仍能准确、快速地识别出仿真模型和实际配电网中的单相接地故障，具有良好的适应性，且其识别正确率高于需要人为整定阈值的变化量启动法、小波系数法等传统启动算法。

本 章 参 考 文 献

[1] GUO M F，YANG N C，YOU L X. Wavelet-transform based early detection method for short-circuit faults in power distribution networks [J]. International Journal of Electrical

Power and Energy Systems, 2018, 99: 706-721.

[2] LIN C, GAO W, GUO M F. Discrete wavelet transform based triggering method for single-phase earth fault in power distribution systems [J]. IEEE Transactions on Power Delivery, 2019, 34 (5): 2058-2068.

第5章

基于模糊C均值聚类的单相接地故障选线方法

谐振接地系统发生单相接地故障后，故障线路和非故障线路的暂态零序电流波形之间具有较大差异性，求取各波形间的极性及幅值互相关系数，用于描述差异性的大小，并利用模糊聚类算法予以区分，从而实现接地故障选线。当监测到系统发生单相接地故障，则通过改进动态时间弯曲（Dynamic Time Warping，简称 DTW）距离[1]求取各线路暂态零序电流首半波两两之间的幅值互相关系数矩阵（Amplitude Correlation Coefficient Matrix，简称 ACCM），同时构造暂态零序电流波形的极性系数矩阵，并算得极性互相关系数矩阵（Polarity Correlation Coefficient Matrix，简称 PCCM），进而得到表征暂态零序电流幅值和极性信息的综合互相关系数矩阵（Complex Correlation Coefficient Matrix，简称 CCCM），最后利用模糊 C 均值聚类（Fuzzy C-means Clustering，简称 FCM）算法[2]对 CCCM 进行聚类，实现接地故障选线。

5.1 模糊C均值聚类

5.1.1 机器学习与聚类算法

机器学习（Machine Learning，简称 ML）算法构建样本数据的数学模型的过程，称为“训练数据”，以便在没有明确的数学表达公式下实现预测或决策。机器学习可分为三类：监督学习、非监督学习及半监督式学习。聚类算法是“非监督学习”中最常用的一种算法，通过对无标签的样本的非监督学习，将数据集划分成若干个不相交的子集，用以解释数据集的内在性质及规律，为数据的进一步分析提供基础。除此之外，聚类算法也可以作为一个单独的过程，寻找数据内在的分布规律。常用的聚类算法有 K－Means 聚类、模糊 C 均值聚类、密度聚类、层次聚类和谱聚类等。聚类算法的重点是计算样本项之间的相似度，有时也称为样本间的距离。

常见的样本间的距离计算公式主要有：

闵可夫斯基距离（Minkowski Distance）

$$dist(\boldsymbol{X},\boldsymbol{Y}) = (\sum_{i=1}^{n} |x_i - y_i|^p)^{\frac{1}{p}} \tag{5-1}$$

式中：$\boldsymbol{X}$、$\boldsymbol{Y}$ 为 2 个时间序列；x_i、y_i 分别为 $\boldsymbol{X}$、$\boldsymbol{Y}$ 的元素；n 为元素个数。

当 $p=1$ 时，为曼哈顿距离（Manhattan Distance）

$$M\_dist = \sum_{i=1}^{n} |x_i - y_i| \tag{5-2}$$

当 $p=2$ 时，为欧氏距离（Euclidean Distance）

$$E\_dist = (\sum_{i=1}^{n} |x_i - y_i|^2)^{\frac{1}{2}} \tag{5-3}$$

当 p 为无穷大时，为切比雪夫距离（Chebyshev Distance）

$$C\_dist = \max|x_i - y_i| \tag{5-4}$$

5.1.2 模糊 C 均值聚类原理

模糊 C 均值聚类（Fuzzy C-mean Cluster，简称 FCM）是硬 C 均值聚类的推广，硬聚类指一个样本要么属于指定的类，要么不属于该类，两者必居其一，而模糊聚类则是将样本按一定的概率归属于某个指定类。作为非监督动态聚类，FCM 是一种有效的模式识别方法，它将数据点按一定的隶属度归属于某一聚类中心，实现对数据的柔性模糊划分。

设 $\boldsymbol{X}=\{x_1,x_2,\cdots,x_m\}$ 为样本空间，m 为样本容量；每个样本为 n 维向量，即 $\boldsymbol{x}_j=\{x_{j1},x_{j2},\cdots,x_{jn}\}$ $(j=1,2,\cdots,m)$。将 $\boldsymbol{X}$ 分为 c 类 $(2\leqslant c\leqslant m)$，各样本以一定的程度隶属于这 c 个不同的类，以 u_{ij} 表示 $\boldsymbol{X}$ 中第 j 个样本属于第 i 类的隶属度，其满足以下条件

$$\left.\begin{aligned} &\sum_{i=1}^{c} u_{ij} = 1 \\ &u_{ij} \in [0,1] \\ &\sum_{j=1}^{m} u_{ij} \in (0,m) \end{aligned}\right\} \tag{5-5}$$

则 $\boldsymbol{U}_{c\times m}=\{u_{ij}\}$ 称为隶属度矩阵。FCM 聚类采用迭代法使目标函数最小，即

$$\min J_{\mathrm{fcm}}(\boldsymbol{U},\boldsymbol{V}) = \sum_{j=1}^{m}\sum_{i=1}^{c} u_{ij}^{p} \|\boldsymbol{x}_j - \boldsymbol{v}_i\|^2 \tag{5-6}$$

式中：J_{fcm} 为目标函数；$\boldsymbol{U}$ 为隶属度矩阵；$\boldsymbol{V}$ 为聚类中心；$\boldsymbol{v}_i$ 为第 i 类的聚类中心；$p>1$ 为模糊加权指数，一般取 $p=2$；$\|\boldsymbol{x}_j-\boldsymbol{v}_i\|$ 表示样本 $\boldsymbol{x}_j$ 到聚类中心 $\boldsymbol{v}_i$ 的欧氏距离。具体聚类过程如下：

(1) 设定分类数 c、加权指数 p、迭代中止因子 ε 和最大迭代次数 $k_{\max}$，并按约束条件初始化隶属度矩阵 $\boldsymbol{U}^{(k)}$；

（2）计算聚类中心 $\boldsymbol{v}_i$ 为

$$\boldsymbol{v}_i = \frac{\sum_{j=1}^{m} u_{ij}^{p} x_j}{\sum_{j=1}^{m} u_{ij}^{p}}, (i = 1,2,\cdots,c) \tag{5-7}$$

（3）由 $\boldsymbol{v}_i$ 更新隶属度矩阵 $\boldsymbol{U}^{(k+1)}$

$$u_{ij}^{(k+1)} = \left\{ \sum_{l=1}^{c} \left[\frac{(\| x_j - v_i \|^2)^{(k+1)}}{(\| x_j - v_l \|^2)^{(k+1)}} \right]^{1/(p-1)} \right\}^{-1} \tag{5-8}$$

$$(i = 1,2,\cdots,c; j = 1,2,\cdots,m)$$

判断是否达到迭代中止条件，若 $\| \boldsymbol{U}^{(k+1)} - \boldsymbol{U}^{(k)} \| \leqslant \varepsilon$，则停止迭代，聚类过程结束，否则置 $k=k+1$，转到步骤（2）；

（4）迭代收敛后得到 $\boldsymbol{X}$ 的一个最优聚类中心 $\boldsymbol{V}=\{\boldsymbol{v}_i\}$ 和隶属度矩阵 $\boldsymbol{U}=\{u_{ij}\}$。

5.2 动态时间弯曲距离

动态时间弯曲（Dynamic Time Warping，简称 DTW）距离在 20 世纪 60 年代由日本学者提出，并在语音识别领域得到广泛应用。DTW 通过对两个时间序列 $\boldsymbol{X}$ 和 $\boldsymbol{Y}$ 进行相互关系的搜索计算，运用动态规划思想调整两序列之间的对应关系，以此获取一条最优路径，使沿该路径两序列间的距离最小。

序列 $\boldsymbol{X}=[x_1, x_2, \cdots, x_m]$ 和 $\boldsymbol{Y}=[y_1, y_2, \cdots, y_n]$，其中 m 和 n 为序列的长度。如图 5-1 所示，弯曲路径可表示为黑点所形成的路径，即 $\boldsymbol{P}=[p_1, \cdots, p_s, \cdots, p_K]$，其中 p_s 表示该路径第 s 个点的坐标，即 $p_s=(i_s, j_s)$，它表示序列 $\boldsymbol{X}$ 第 i_s 个点与序列 $\boldsymbol{Y}$ 第 j_s 个点相对应，则两点间的距离 $d(p_s)=d(x_{i_s}, y_{j_s})=\|x_{i_s}-y_{j_s}\|$，可得两序列所有对应点间的距离矩阵 $\boldsymbol{D}$ 为

$$\boldsymbol{D}=\begin{bmatrix} d(x_1,y_1) & d(x_1,y_2) & \cdots & d(x_1,y_n) \\ d(x_2,y_1) & d(x_2,y_2) & \cdots & d(x_2,y_n) \\ \vdots & \vdots & \ddots & \vdots \\ d(x_m,y_1) & d(x_m,y_2) & \cdots & d(x_m,y_n) \end{bmatrix} \tag{5-9}$$

DTW 的有效路径须满足以下约束条件：

（1）有界性：$\max(m, n) \leqslant K \leqslant m+n-1$，其中 K 表示路径 P 所走的总步数。

（2）边界条件：起点为（1，1），终点为（m，n）。

（3）连续性：图 5-2 中的 DTW 路径从 p_s 移至下一步 p_{s+1}，须满足 $i_{s+1}-i_s \leqslant 1$、$j_{s+1}-j_s \leqslant 1$。如图 5-2 中的圆圈①所示，为保证连续性，当沿该路径至点 $D(i, j)$ 时，前一步必须经过 $D(i-1, j-1)$、$D(i-1, j)$、$D(i, j-1)$ 中的其

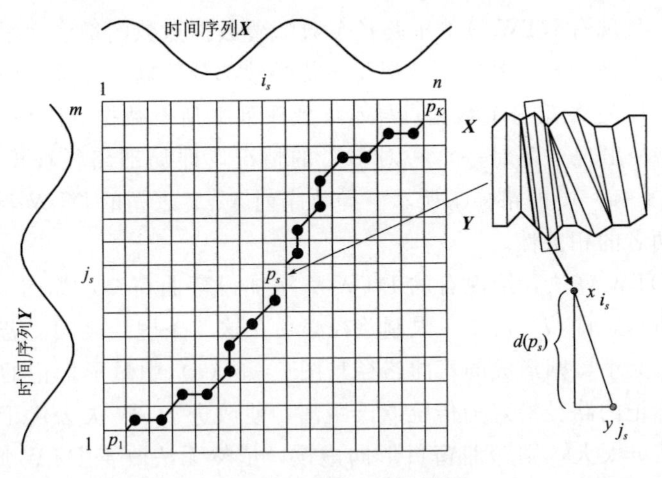

图 5-1　DTW 路径示意图

中一点，不允许 DTW 路径出现局部“跳跃”现象，如图 5-2 中的圆圈②所示。

(4) 单调性：从 p_s 移至下一步 p_{s+1}，满足 $i_s \leqslant i_{s+1}$、$j_s \leqslant j_{s+1}$，不允许 DTW 路径出现时间上“倒退”现象，如图 5-2 中的圆圈③所示。

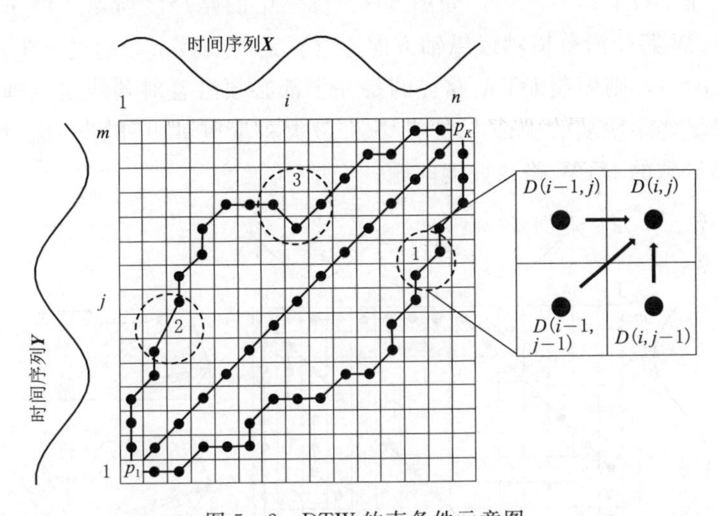

图 5-2　DTW 约束条件示意图

满足约束条件的路径 $\boldsymbol{P}$ 有多条，由所有路径 $\boldsymbol{P}$ 组成路径空间 $\boldsymbol{W}$，其中一条距离最短的路径，即为序列 $\boldsymbol{X}$ 和 $\boldsymbol{Y}$ 之间的 DTW 距离

$$\mathrm{DTW}(\boldsymbol{X},\boldsymbol{Y}) = \min_{\boldsymbol{W}} \sum_{s=1}^{K} d(p_s) \tag{5-10}$$

已有配电网接地故障选线所采用的 DTW 算法存在一定缺陷。其一，波形数

据点数较多，且现有 DTW 算法中路径个数随着数据点数的增多而增加，导致算法运行时间极大地加长；其二，波形受干扰导致部分数据点异常，如图 5-3（b）中的①所示，序列 $\boldsymbol{X}$ 第一个数据点异常导致序列 $\boldsymbol{Y}$ 所有数据点距该点距离最短，从而 DTW 路径出现“多对一，一对多”的情况，即局部路径坡度太陡或太平缓，如图 5-3（a）中的路径①所示。导致序列 $\boldsymbol{X}$、$\boldsymbol{Y}$ 之间的 DTW 与实际偏差较大，降低了两者的相关性。

为改善 DTW 算法，给现有的 DTW 算法加设弯曲窗口，如图 5-3（a）中的 2 条虚线所示，即 $|i-j| \leqslant r$，限制路径必须在这 2 条虚线之间。若弯曲窗口设置太窄，即 r 太小，则形成的弯曲路径与图 5-3（a）中星形标记的路径非常相近，而星形标记的路径恰好为传统欧氏距离，使改进 DTW 失去优于传统欧氏距离的优势。若 r 太大，则弯曲窗口形同虚设，依然无法改善 DTW 原有的缺点。通过反复实验验证，取 $r=20$ 可适应所有可能存在的故障波形，且效果最佳。

如图 5-3（a）中的路径②所示，弯曲窗口的设置还未能完全解决局部路径坡度问题，需做坡度限制。坡度限制表示为 DTW 路径沿着横轴或纵轴方向连续行走的步数不能超过 q 步，若超过 q 步并且第 q 步为 $D(i, j)$，则 $q+1$ 步必须沿着对角线走至 $D(i+1, j+1)$，如图 5-3（a）中的路径③所示。由于弯曲窗口的存在，DTW 路径沿着横轴或纵轴方向连续行走的步数不会超过 r 步，所以，q 小于 r。若 $q=1$，则限制 DTW 路径的每一步都必须沿着对角线走，即为传统欧氏距离路径。经多次实验验证，取 $q=5$ 可最大程度改善由外界干扰因素引起数据点异常而导致的 DTW 路径坡度问题。

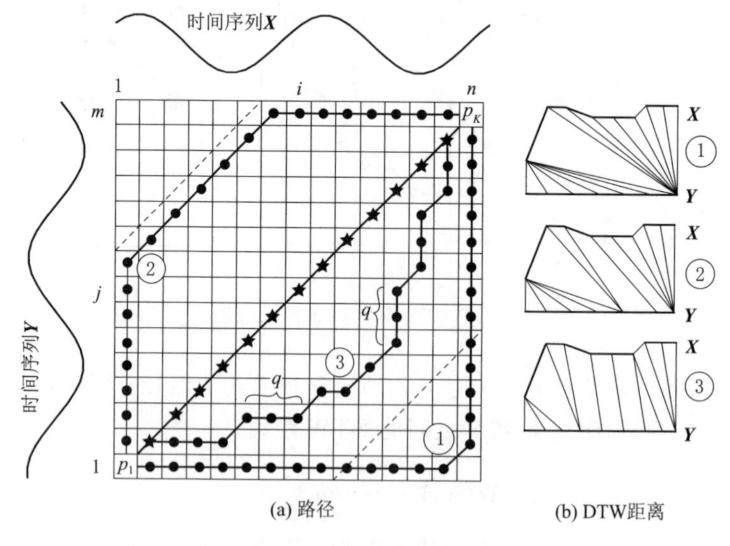

图 5-3　改进 DTW 示意图

对于 2 个长度为 n 的时间序列 $\boldsymbol{X}$ 和 $\boldsymbol{Y}$，两者之间的距离可以定义为 2 个点间的直线距离，称为欧氏距离[3]，即

$$d(\boldsymbol{X},\boldsymbol{Y})=\sqrt{\sum_{i=0}^{n}(x_i-y_i)^2} \tag{5-11}$$

改进 DTW 与欧氏距离的对比如图 5－4 所示。如图 5－4（a）所示，对于 2 个长度相等的时间序列 $\boldsymbol{X}$ 和 $\boldsymbol{Y}$，求取两者之间的欧氏距离时，必须在时间上“一一对应”。若时间序列 $\boldsymbol{X}$ 波形发生部分缺失，将导致欧氏距离计算结果出错，而改进 DTW 可允许 2 个序列在时间上进行“一对多，多对一”的计算，也可适应 2 个不同长度的序列间的计算。

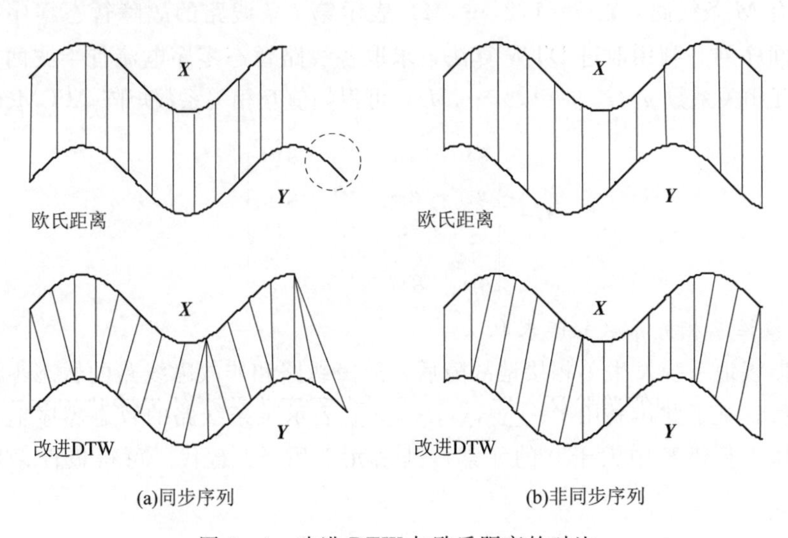

图 5－4　改进 DTW 与欧氏距离的对比

工程应用中，各信号采样不同步的问题往往难于避免，导致图 5－4（a）中“一一对应”的序列 $\boldsymbol{X}$ 和 $\boldsymbol{Y}$ 变成时间上不同步的 2 个序列，如图 5－4（b）所示。

由于不同步问题的影响，图 5－4（b）中两序列之间的欧氏距离极大地增加，削弱了两序列之间的相似程度。改进 DTW 可自动调整 2 组序列之间的对应关系，消除不同步影响。以长度为 50 的时间序列 $\boldsymbol{X}=\sin(100\pi t)$ 和 $\boldsymbol{Y}=\sin(100\pi t+n_{asy}\pi/25)$（$n_{asy}$ 同步误差点数）为例，其改进 DTW 与欧氏距离的对比结果见表 5－1。

表 5－1　改进 DTW 与欧氏距离对比

n_{asy}	0	2	5	8	10
改进 DTW	0	0.7853	3.6187	7.7367	10.6259
欧氏距离	0	8.2329	20.2345	31.5339	38.3953

由表 5－1 可知，改进 DTW 和欧氏距离随着同步误差点数增多而增大。但在同一同步误差下，改进 DTW 均远小于欧氏距离，更接近于无同步误差时两序列间的距离。因此，改进 DTW 优于欧氏距离。

5.3 模糊 C 均值聚类选线

5.3.1 接地故障选线方法

1. 幅值互相关系数矩阵求取

若有 M 条线路，$\boldsymbol{Y}_i(i=1,2,\cdots,M)$ 表示第 i 条线路的故障暂态零序电流波形的时间序列。利用改进 DTW 算法，求取各线路暂态零序电流首半波两两之间的幅值互相关系数 g_{ij}（i，$j=1,2,\cdots,M$），可得幅值互相关系数矩阵 ACCM($\boldsymbol{G}$) 为

$$\boldsymbol{G}=\begin{bmatrix} g_{11} & g_{12} & \cdots & g_{1M} \\ g_{21} & g_{22} & \cdots & g_{2M} \\ \vdots & \vdots & \ddots & \vdots \\ g_{M1} & g_{M2} & \cdots & g_{MM} \end{bmatrix} \tag{5-12}$$

2. 极性互相关系数矩阵求取

谐振接地系统发生单相接地故障后，故障线路和非故障线路的暂态零序电流极性相反。基于此，利用 $\boldsymbol{Y}=[y_1,y_2,\cdots,y_n]$ 表示某条线路的暂态零序电流时间序列。用 1 替代 $\boldsymbol{Y}$ 中大于 0 的元素，其余元素用－1 替代。可得极性系数矩阵 $\boldsymbol{C}$ 为

$$\boldsymbol{C}=[c_1,c_2,\cdots,c_i,\cdots,c_n],\ c_i=\begin{cases} 1, y_i>0 \\ -1, y_i\leqslant 0 \end{cases} \tag{5-13}$$

利用式（5－14）求取各线路暂态零序电流首半波两两之间的极性互相关系数 h_{ij}（i，$j=1$，2，…，M）。

$$h_{ij}=\sum_{k=1}^{n} C_i(k)\,C_j(k)\left[\sum_{k=1}^{n} C_i^2(k)\sum_{k=1}^{n} C_j^2(k)\right]^{-1/2} \tag{5-14}$$

式中：C_i（k）、C_j（k）为第 i、j 条线路暂态零序电流首半波第 k 个点。

得极性互相关系数矩阵 PCCM（$\boldsymbol{H}$）为

$$\boldsymbol{H}=\begin{bmatrix} h_{11} & h_{12} & \cdots & h_{1M} \\ h_{21} & h_{22} & \cdots & h_{2M} \\ \vdots & \vdots & \ddots & \vdots \\ h_{M1} & h_{M2} & \cdots & h_{MM} \end{bmatrix} \tag{5-15}$$

3. 综合互相关系数矩阵求取

利用式（5－16）对 ACCM（$\boldsymbol{G}$）、PCCM（$\boldsymbol{H}$）进行归一化处理，得到 ACCM（$\hat{\boldsymbol{G}}$）、PCCM（$\hat{\boldsymbol{H}}$），从而将矩阵中的元素限在［0，1］范围内。

$$\hat{x}_{ij}=\frac{x_{ij}-\min(\boldsymbol{X})}{\max(\boldsymbol{X})-\min(\boldsymbol{X})} \tag{5-16}$$

式中：$\hat{x}_{ij}$ 为矩阵 $\hat{\boldsymbol{X}}$ 中的元素；x_{ij} 为矩阵 $\boldsymbol{X}$ 中的元素；max（·）和 min（·）分别表示矩阵中的最大元素和最小元素。

将 ACCM（$\hat{\boldsymbol{G}}$）和 PCCM（$\hat{\boldsymbol{H}}$）合并，可得综合互相关系数矩阵 CCCM（$\boldsymbol{Q}$）为

$$\boldsymbol{Q}=\begin{bmatrix} \hat{g}_{11} & \hat{g}_{12} & \cdots & \hat{g}_{1M} & \hat{h}_{11} & \hat{h}_{12} & \cdots & \hat{h}_{1M} \\ \hat{g}_{21} & \hat{g}_{22} & \cdots & \hat{g}_{2M} & \hat{h}_{21} & \hat{h}_{22} & \cdots & \hat{h}_{2M} \\ \vdots & \vdots & \ddots & \vdots & \vdots & \vdots & \ddots & \vdots \\ \hat{g}_{M1} & \hat{g}_{M2} & \cdots & \hat{g}_{MM} & \hat{h}_{M1} & \hat{h}_{M2} & \cdots & \hat{h}_{MM} \end{bmatrix} \tag{5-17}$$

4. FCM 聚类选线

利用 FCM 聚类将各线路的故障暂态零序电流分成 2 类，可得隶属度矩阵 $\boldsymbol{U}$ 为

$$\boldsymbol{U}=\begin{bmatrix} u_{11} & u_{12} & \cdots & u_{1M} \\ u_{21} & u_{22} & \cdots & u_{2M} \end{bmatrix} \tag{5-18}$$

式中：u_{ij} 为第 j 条线路属于第 i 类的隶属度；M 为线路数。通过隶属度矩阵 $\boldsymbol{U}$ 可确定分别隶属于这 2 类的线路，其中故障线路被单独分为一类，则无须设置阈值，即可选出故障线路。

5.3.2 接地选线方法流程

具体选线步骤如下：

（1）监测电压互感器二次侧开口三角形绕组输出的母线零序电压，判断谐振接地系统是否发生单相接地故障。当零序电压经小波变换后得到的高、低频分量的变化量越限时，启动故障选线装置录波。

（2）取各线路故障暂态零序电流首半波数据，分别求取它们的幅值互相关系数矩阵 ACCM 和极性互相关系数矩阵 PCCM，并进行归一化处理，再利用式（5－17）构造综合互相关系数矩阵 CCCM。

（3）对综合互相关系数矩阵进行 FCM 聚类，得到一个模糊隶属度矩阵。因故障线路与非故障线路间的暂态零序电流波形的相似度小于非故障线路间的暂态零序电流波形的相似度，在得到的模糊隶属度矩阵中，故障线路将自成一类，而非故障线路将归属于另一类，实现接地故障免阈值智能选线。

基于 FCM 聚类的谐振接地系统接地故障选线流程如图 5－5 所示。

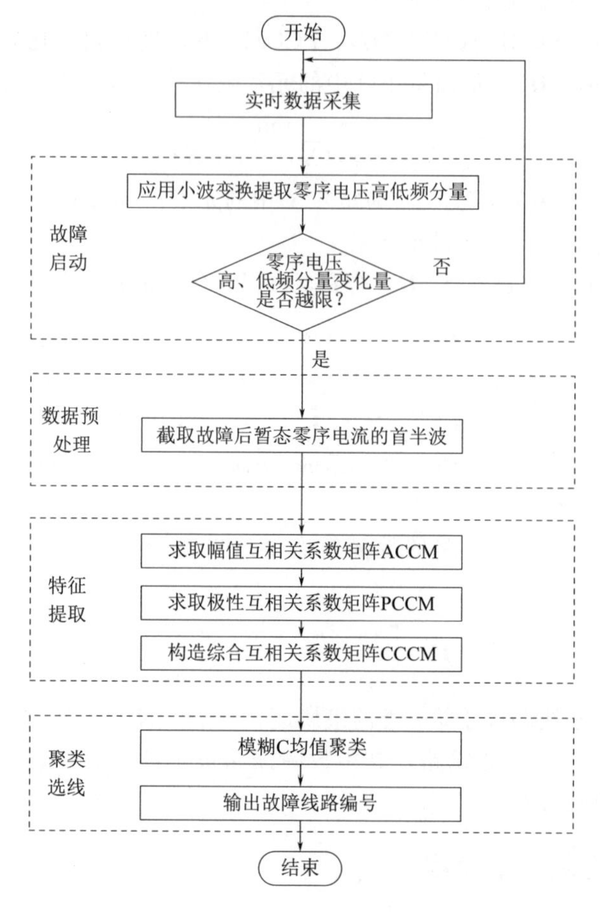

图 5－5　故障选线流程图

5.4　选线方法验证

5.4.1　仿真与现场数据验证

1. 仿真数据

根据第 3 章图 3－10 所示的谐振接地系统的仿真模型，以线路 L_3 距离母线 1km 处发生故障初相角为 60°、接地过渡电阻为 50Ω 的 A 相接地故障为例，说明接地故障选线过程，采样频率为 10kHz。取 5 条线路的故障暂态零序电流的首半波数据，利用改进 DTW 算法求取它们间的幅值互相关系数矩阵 ACCM（$\boldsymbol{G}$），然后用式（5－16）对其做归一化处理后得到 ACCM（$\hat{\boldsymbol{G}}$）。

$$\hat{\boldsymbol{G}}=\begin{bmatrix}0.0000 & 0.4571 & 0.6750 & 0.0664 & 0.3710\\ 0.4571 & 0.0000 & 1 & 0.4252 & 0.2903\\ 0.6750 & 1 & 0.0000 & 0.6660 & 0.7733\\ 0.0664 & 0.4252 & 0.6660 & 0.0000 & 0.3299\\ 0.3710 & 0.2903 & 0.7733 & 0.3299 & 0.0000\end{bmatrix} \tag{5-19}$$

利用5条线路的暂态零序电流的首半波数据，根据式（5-14）求它们间的极性互相关系数矩阵PCCM（$\boldsymbol{H}$），然后利用式进行归一化处理后得到PCCM（$\hat{\boldsymbol{H}}$）。

$$\hat{\boldsymbol{H}}=\begin{bmatrix}1.0000 & 0.4348 & 0.0000 & 0.4058 & 0.2754\\ 0.4348 & 1.0000 & 0.2464 & 0.4493 & 0.5797\\ 0.0000 & 0.2464 & 1.0000 & 0.1594 & 0.0580\\ 0.4058 & 0.4493 & 0.1594 & 1.0000 & 0.3478\\ 0.2754 & 0.5797 & 0.0580 & 0.3478 & 1.0000\end{bmatrix} \tag{5-20}$$

利用式（5-17），将PCCM（$\hat{\boldsymbol{H}}$）和ACCM（$\hat{\boldsymbol{G}}$）合并后得到综合互相关系数矩阵CCCM（$\boldsymbol{Q}$）。

$$\boldsymbol{Q}=\begin{bmatrix}0.0000 & 0.4571 & 0.6750 & 0.0664 & 0.3710 & 1.0000 & 0.4348 & 0.0000 & 0.4058 & 0.2754\\ 0.4571 & 0.0000 & 1 & 0.4252 & 0.2903 & 0.4348 & 1.0000 & 0.2464 & 0.4493 & 0.5797\\ 0.6750 & 1 & 0.0000 & 0.6660 & 0.7733 & 0.0000 & 0.2464 & 1.0000 & 0.1594 & 0.0580\\ 0.0664 & 0.4252 & 0.6660 & 0.0000 & 0.3299 & 0.4058 & 0.4493 & 0.1594 & 1.0000 & 0.3478\\ 0.3710 & 0.2903 & 0.7733 & 0.3299 & 0.0000 & 0.2754 & 0.5797 & 0.0580 & 0.3478 & 1.0000\end{bmatrix} \tag{5-21}$$

将综合互相关系数矩阵CCCM（$\boldsymbol{Q}$）作为FCM聚类的输入，由于接地故障选线只需判别故障与非故障2种状态，设置FCM聚类数$c=2$、加权指数$\gamma=2$、迭代终止因子$\varepsilon=10^{-5}$、最大迭代次数$k=100$，经7次迭代后，目标函数$J_{\mathrm{FCM}}(\boldsymbol{U},\boldsymbol{V})=0.1244$，得到隶属度矩阵：

$$\boldsymbol{U}=\begin{bmatrix}0.1404 & 0.0807 & \underline{0.9972} & 0.1327 & 0.0999\\ \underline{0.8596} & \underline{0.9193} & 0.0028 & \underline{0.8673} & \underline{0.9001}\end{bmatrix} \tag{5-22}$$

隶属度矩阵$\boldsymbol{U}$的行代表状态类别，其1～5列分别对应线路L_1～L_5，每一列的最大元素所在的行即为该线路对应的状态。图5-6为隶属度矩阵$\boldsymbol{U}$的堆叠图，由图可见，线路L_3自成一类，而其他线路均属于另一类，从而判定线路L_3为接地故障线路。

由$\boldsymbol{X}$及算得的$\boldsymbol{U}$，用式（5-7）可算得聚类中心$\boldsymbol{v}_1$和$\boldsymbol{v}_2$，将其与综合互相关系数矩阵CCCM（$\boldsymbol{Q}$）一起用图5-7所示的折线图表示。线路L_3所对应的特征量，即CCCM（$\boldsymbol{Q}$）的第三行中的元素，与聚类中心$\boldsymbol{v}_1$的距离较近，其他线路所对应的特征量与聚类中心$\boldsymbol{v}_2$距离较近，也可判断线路L_3为接地故障线路。

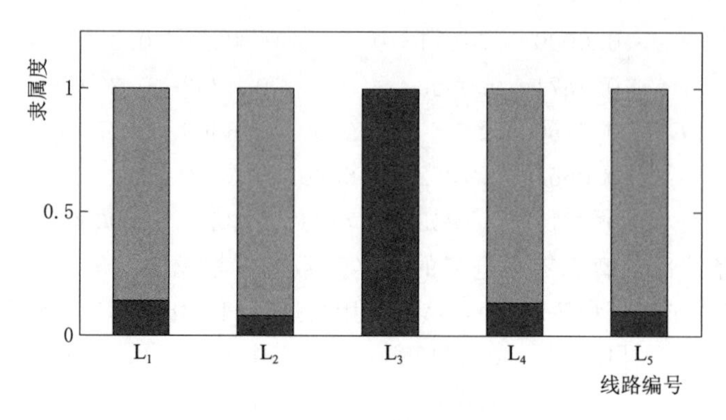

图 5-6　FCM 聚类结果堆叠图

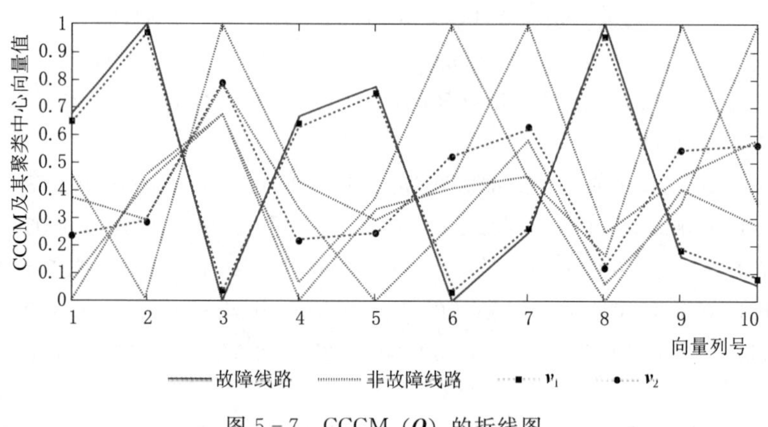

图 5-7　CCCM（$\boldsymbol{Q}$）的折线图

对不同线路、不同故障初相角、不同故障位置、不同接地过渡电阻、不同补偿度等情况下发生的单相接地故障进行软件仿真，其选线结果见表 5-2。表中：L_m为故障线路；θ 为故障初相角；X_f为故障点到母线的距离；R_f为接地过渡电阻；p 为消弧线圈补偿度。

表 5-2　　**接地故障选线结果**

L_m	θ/(°)	X_f/km	R_f/Ω	p/%	隶属度矩阵 $\boldsymbol{U}$	选线结果
2	90	1	1000	10	$\begin{bmatrix} 0.0387 & \underline{0.9987} & 0.0040 & 0.0083 & 0.0012 \\ \underline{0.9613} & 0.0013 & \underline{0.9960} & \underline{0.9988} & \underline{0.9958} \end{bmatrix}$	L_2
	0	7	2	10	$\begin{bmatrix} 0.0337 & \underline{0.9999} & 0.0010 & 0.0066 & 0.0007 \\ \underline{0.9663} & 0.0001 & \underline{0.9990} & \underline{0.9993} & \underline{0.9995} \end{bmatrix}$	L_2
	45	7	500	5	$\begin{bmatrix} 0.0786 & \underline{0.9998} & 0.0013 & 0.0567 & 0.0461 \\ \underline{0.9214} & 0.0002 & \underline{0.9987} & \underline{0.9433} & \underline{0.9964} \end{bmatrix}$	L_2

续表

L_m	$\theta/(^\circ)$	X_f/km	R_f/Ω	p/%	隶属度矩阵 $\boldsymbol{U}$	选线结果
4	90	3	5	10	$\begin{bmatrix} 0.0434 & 0.0123 & 0.0291 & \underline{0.9982} & 0.2376 \\ \underline{0.9566} & \underline{0.9877} & \underline{0.9709} & 0.0018 & \underline{0.7624} \end{bmatrix}$	L_4
	0	11	2000	5	$\begin{bmatrix} 0.0292 & 0.0013 & 0.0057 & \underline{1.0000} & 0.0091 \\ \underline{0.9708} & \underline{0.9987} & \underline{0.9943} & 0.0000 & \underline{0.9909} \end{bmatrix}$	L_4
	60	3	200	5	$\begin{bmatrix} 0.0474 & 0.0017 & 0.0301 & \underline{0.9999} & 0.0594 \\ \underline{0.9526} & \underline{0.9983} & \underline{0.9699} & 0.0001 & \underline{0.9406} \end{bmatrix}$	L_4

2. 现场数据

近年来，带故障录波功能的数字故障指示器已大量使用，利用各线路距离母线最近的数字故障指示器及主站的接地故障选线软件，可构成单相接地故障选线系统。此处利用某地区不同变电站发生的 5 次接地故障实测波形数据验证所提选线方法的有效性。

数字故障指示器采样频率为 4kHz，第一次接地故障发生在线路 L_4，各线路的暂态零序电流首半波如图 5-8 所示。

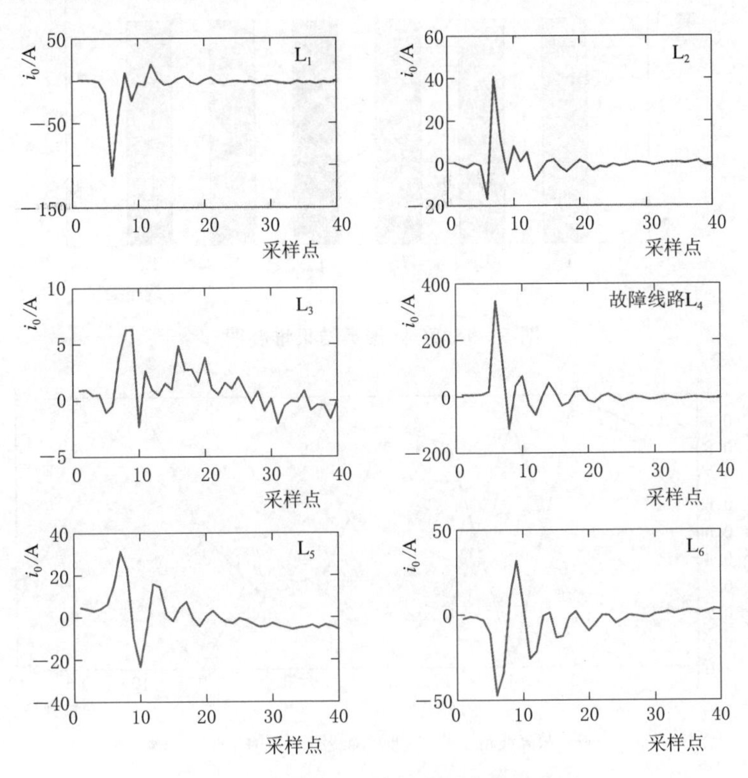

图 5-8　各线路故障暂态零序电流波形

求取各线路故障暂态零序电流首半波的综合互相关系数矩阵 CCCM ($\boldsymbol{Q}$)。

$$
\boldsymbol{Q}=\begin{bmatrix}
0 & 0.2372 & 0.2738 & 0.8862 & 0.2728 & 0.2285 & 1 & 0.4194 & 0.4355 & 0.3548 & 0.6935 & 0.2742 \\
0.2372 & 0 & 0.1060 & 0.8868 & 0.1765 & 0.1694 & 0.4194 & 1 & 0.3065 & 0.2581 & 0.2419 & 0.4677 \\
0.2738 & 0.1060 & 0 & 1 & 0.2008 & 0.2768 & 0.4355 & 0.3065 & 1 & 0.5000 & 0.5484 & 0 \\
0.8862 & 0.8868 & 1 & 0 & 0.8181 & 0.8882 & 0.3548 & 0.2581 & 0.5000 & 1 & 0.6290 & 0.2419 \\
0.2728 & 0.1765 & 0.2008 & 0.8181 & 0 & 0.3122 & 0.6935 & 0.2419 & 0.5484 & 0.6290 & 1 & 0.1935 \\
0.2285 & 0.1694 & 0.2768 & 0.8882 & 0.3122 & 0 & 0.2742 & 0.4977 & 0 & 0.2419 & 0.1935 & 1
\end{bmatrix}
\tag{5-23}
$$

将综合互相关系数矩阵输入 FCM 聚类算法，可算得隶属度矩阵 $\boldsymbol{U}$。

$$
\boldsymbol{U}=\begin{bmatrix}
0.0732 & 0.0914 & 0.1250 & \underline{0.9951} & 0.1240 & 0.1730 \\
\underline{0.9268} & \underline{0.9086} & \underline{0.8750} & 0.0049 & \underline{0.8760} & \underline{0.8270}
\end{bmatrix}
\tag{5-24}
$$

做隶属度矩阵 $\boldsymbol{U}$ 的堆叠图，CCCM ($\boldsymbol{Q}$) 及其聚类中心 $\boldsymbol{v}_1$ 和 $\boldsymbol{v}_2$ 的折线图，分别如图 5-9 和图 5-10 所示，由图可知，线路 L_4 单独聚成一类，其余线路聚为另一类。因此，线路 L_4 为接地故障线路。

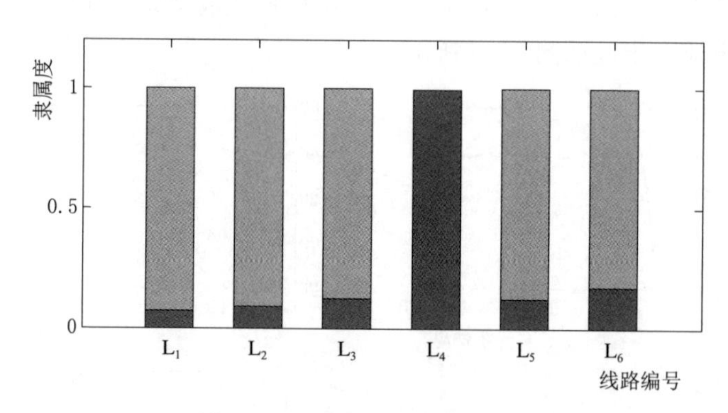

图 5-9　FCM 聚类结果堆叠图

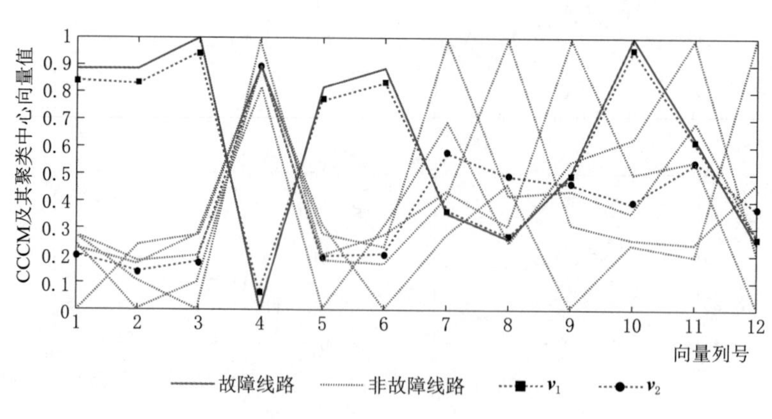

图 5-10　CCCM ($\boldsymbol{Q}$) 的折线图

第二次接地故障发生在线路 L_1，各线路的暂态零序电流首半波如图 5－11 所示。

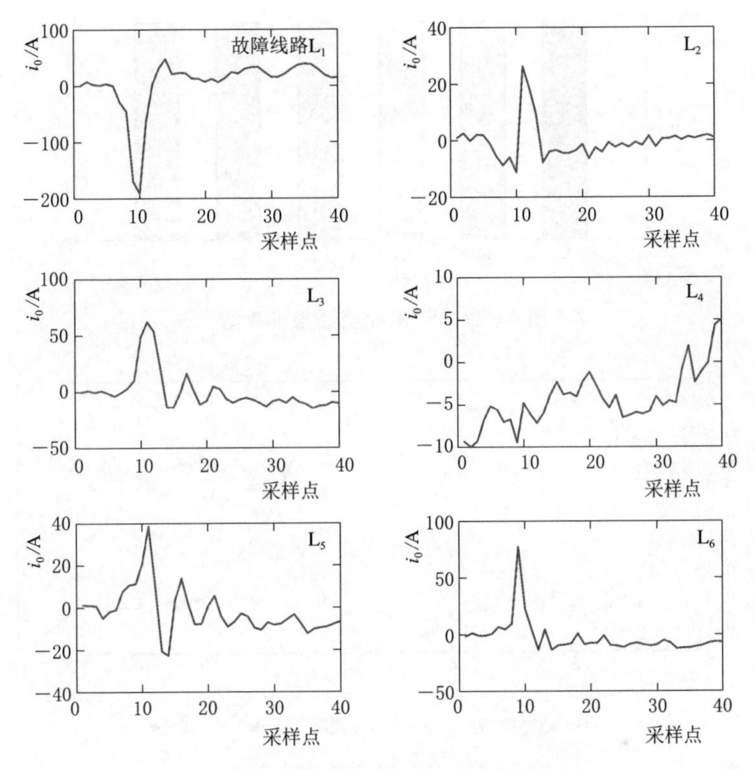

图 5－11　各线路故障暂态零序电流波形

求取各线路故障暂态零序电流首半波的综合互相关系数矩阵 CCCM（$\boldsymbol{Q}$）。

$$\boldsymbol{Q}=\begin{bmatrix} 0 & 0.8051 & 0.9260 & 0.8920 & 0.8906 & 1 & 1 & 0.4722 & 0.1944 & 0.1667 & 0.1667 & 0 \\ 0.8051 & 0 & 0.2565 & 0.1139 & 0.1975 & 0.2316 & 0.4722 & 1 & 0.5000 & 0.6389 & 0.3611 & 0.4722 \\ 0.9260 & 0.2565 & 0 & 0.3298 & 0.1185 & 0.1063 & 0.1944 & 0.5000 & 1 & 0.5278 & 0.7500 & 0.7500 \\ 0.8920 & 0.1139 & 0.3298 & 0 & 0.2471 & 0.2581 & 0.1667 & 0.6389 & 0.5278 & 1 & 0.5000 & 0.6111 \\ 0.8906 & 0.1975 & 0.1185 & 0.2471 & 0 & 0.1038 & 0.1667 & 0.3611 & 0.7500 & 0.5000 & 1 & 0.6667 \\ 1 & 0.2316 & 0.1063 & 0.2581 & 0.1038 & 0 & 0 & 0.4722 & 0.7500 & 0.6111 & 0.6667 & 1 \end{bmatrix} \tag{5-25}$$

将综合互相关系数矩阵输入 FCM 聚类算法，可算得隶属度矩阵 $\boldsymbol{U}$。

$$\boldsymbol{U}=\begin{bmatrix} \underline{0.9998} & 0.1048 & 0.0274 & 0.0533 & 0.0344 & 0.0259 \\ 0.0002 & \underline{0.8952} & \underline{0.9726} & \underline{0.9467} & \underline{0.9656} & \underline{0.9741} \end{bmatrix} \tag{5-26}$$

做隶属度矩阵 $\boldsymbol{U}$ 的堆叠图，CCCM（$\boldsymbol{Q}$）及其聚类中心 $\boldsymbol{v}_1$ 和 $\boldsymbol{v}_2$ 的折线图，分别如图 5－12 和图 5－13 所示，由图可知，线路 L_1 单独聚成一类，其余线路聚为

另一类。因此，线路 L_1 为接地故障线路。

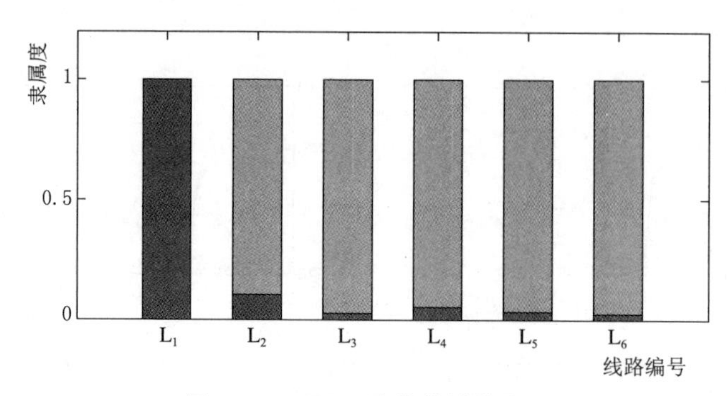

图 5-12　FCM 聚类结果堆叠图

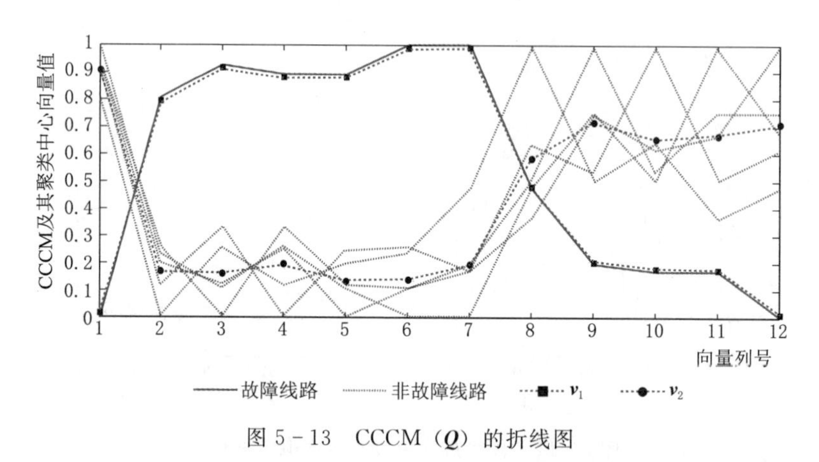

图 5-13　CCCM（$\boldsymbol{Q}$）的折线图

第三次接地故障发生在线路 L_6，各线路的暂态零序电流首半波如图 5-14 所示。

求取各线路故障暂态零序电流首半波的综合互相关系数矩阵 CCCM（$\boldsymbol{Q}$）。

$$\boldsymbol{Q}=\begin{bmatrix} 0 & 0.1141 & 0.1265 & 0.1566 & 0.139 & 1 & 1 & 0.3462 & 0.1154 & 0.1154 & 0.3462 & 0 \\ 0.1141 & 0 & 0.0836 & 0.1146 & 0.1422 & 0.9179 & 0.3462 & 1 & -0.0769 & -0.2308 & 0 & 0.3462 \\ 0.1265 & 0.0836 & 0 & 0.0357 & 0.1026 & 0.9343 & 0.1154 & -0.0769 & 1 & 0.3077 & 0.3077 & 0.2692 \\ 0.1566 & 0.1146 & 0.0357 & 0 & 0.0943 & 0.9297 & 0.1154 & -0.2308 & 0.3077 & 1 & 0.4615 & 0.2692 \\ 0.1399 & 0.1422 & 0.1026 & 0.0943 & 0 & 0.9299 & 0.3462 & 0 & 0.3077 & 0.4615 & 1 & 0.1923 \\ 1 & 0.9179 & 0.9343 & 0.9297 & 0.9299 & 0 & 0 & 0.3462 & 0.2692 & 0.2692 & 0.1923 & 1 \end{bmatrix} \tag{5-27}$$

将综合互相关系数矩阵输入 FCM 聚类算法，可算得隶属度矩阵 $\boldsymbol{U}$。

$$\boldsymbol{U}=\begin{bmatrix} 0.0957 & 0.2274 & 0.1018 & 0.1093 & 0.0623 & \underline{0.9937} \\ \underline{0.9043} & \underline{0.7726} & \underline{0.8982} & \underline{0.8907} & \underline{0.9377} & 0.0063 \end{bmatrix} \tag{5-28}$$

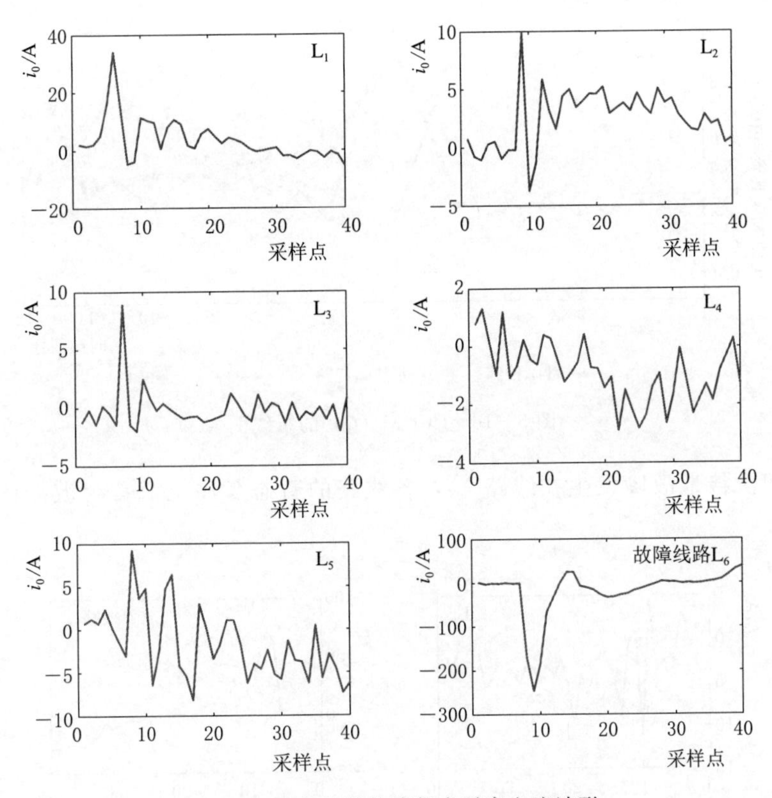

图 5-14　各线路故障暂态零序电流波形

做隶属度矩阵 $\boldsymbol{U}$ 的堆叠图，CCCM（$\boldsymbol{Q}$）及其聚类中心 $\boldsymbol{v}_1$ 和 $\boldsymbol{v}_2$ 的折线图，分别如图 5-15 和图 5-16 所示，由图可知，线路 L_6 单独聚成一类，其余线路聚为另一类。因此，线路 L_6 为接地故障线路。

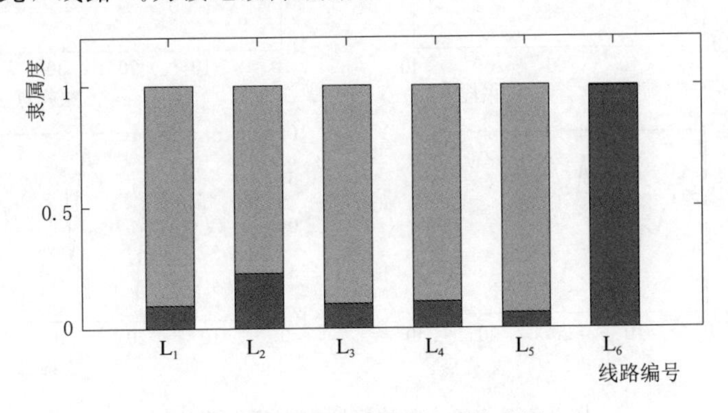

图 5-15　FCM 聚类结果堆叠图

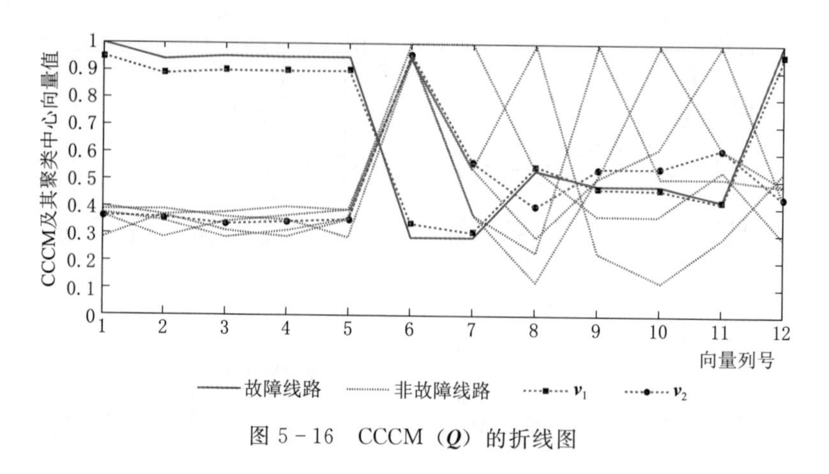

图 5-16　CCCM（$\boldsymbol{Q}$）的折线图

第四次接地故障发生在线路 L_2，各线路的暂态零序电流首半波如图 5-17 所示。

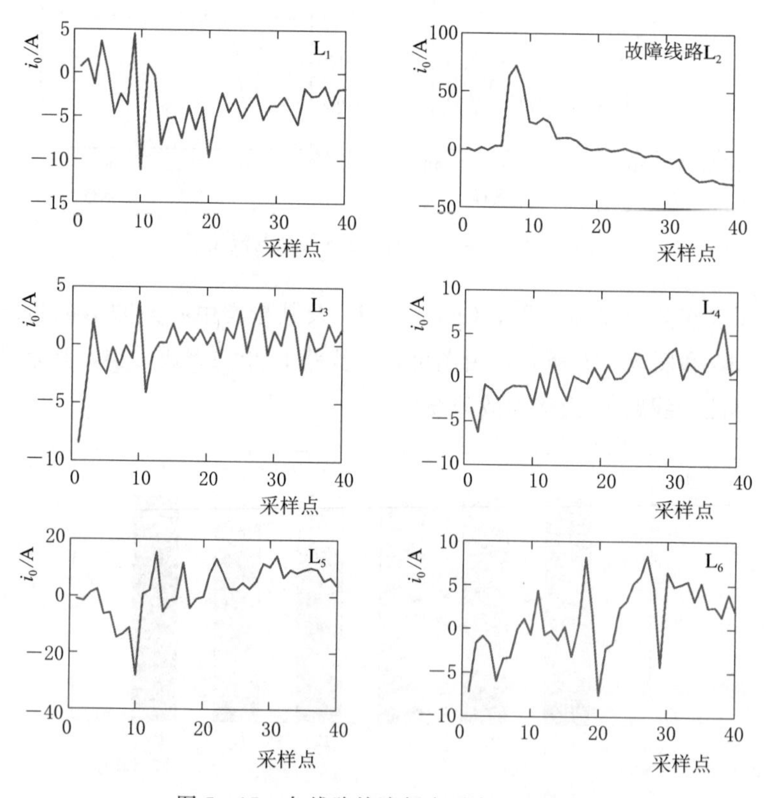

图 5-17　各线路故障暂态零序电流波形

求取各线路故障暂态零序电流首半波的综合互相关系数矩阵 CCCM（$\boldsymbol{Q}$）。

$$
\boldsymbol{Q}=\begin{bmatrix}
0 & 0.7799 & 0.2152 & 0.2353 & 0.4285 & 0.2529 & 1 & 0.3793 & -0.0345 & 0.1034 & 0.0345 & 0.1379 \\
0.7799 & 0 & 0.7955 & 0.8696 & 1 & 0.8321 & 0.3793 & 1 & 0.3103 & -0.0345 & -0.1034 & 0 \\
0.2152 & 0.7955 & 0 & 0.0685 & 0.3447 & 0.1256 & -0.0345 & 0.3103 & 1 & 0.5172 & 0.4483 & 0.5517 \\
0.2353 & 0.8696 & 0.0685 & 0 & 0.2905 & 0.1206 & 0.1034 & -0.0345 & 0.5172 & 1 & 0.7241 & 0.6897 \\
0.4285 & 1 & 0.3447 & 0.2905 & 0 & 0.2393 & 0.0345 & -0.1034 & 0.4483 & 0.7241 & 1 & 0.6207 \\
0.2529 & 0.8321 & 0.1256 & 0.1206 & 0.2393 & 0 & 0.1379 & 0 & 0.5517 & 0.6897 & 0.6207 & 1
\end{bmatrix} \tag{5-29}
$$

将综合互相关系数矩阵输入 FCM 聚类算法，可算得隶属度矩阵 $\boldsymbol{U}$。

$$
\boldsymbol{U}=\begin{bmatrix}
0.3193 & \underline{0.8823} & 0.2234 & 0.2045 & 0.3504 & 0.2135 \\
\underline{0.6807} & 0.1177 & \underline{0.7766} & \underline{0.7955} & \underline{0.6496} & \underline{0.7865}
\end{bmatrix} \tag{5-30}
$$

做隶属度矩阵 $\boldsymbol{U}$ 的堆叠图，CCCM（$\boldsymbol{Q}$）及其聚类中心 $\boldsymbol{v}_1$ 和 $\boldsymbol{v}_2$ 的折线图，分别如图 5－18 和图 5－19 所示，由图可知，线路 L_2 单独聚成一类，其余线路聚为另一类。因此，线路 L_2 为接地故障线路。

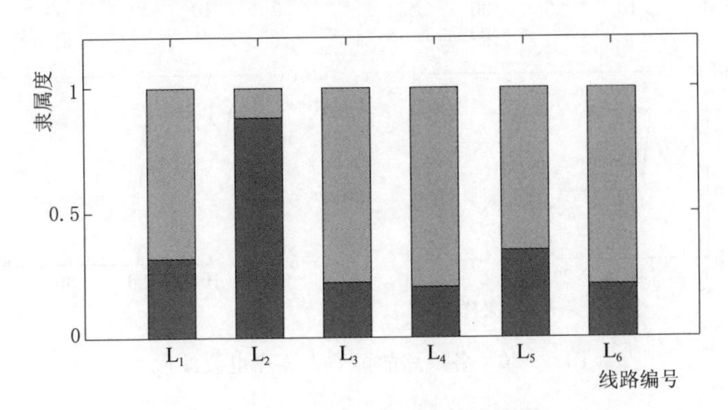

图 5－18　FCM 聚类结果堆叠图

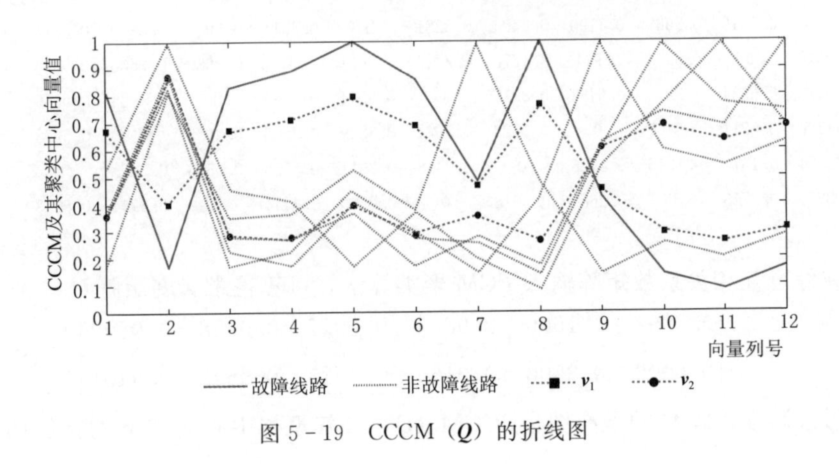

图 5－19　CCCM（$\boldsymbol{Q}$）的折线图

第五次接地故障发生在线路 L_3，各线路的暂态零序电流首半波如图 5－20 所示。

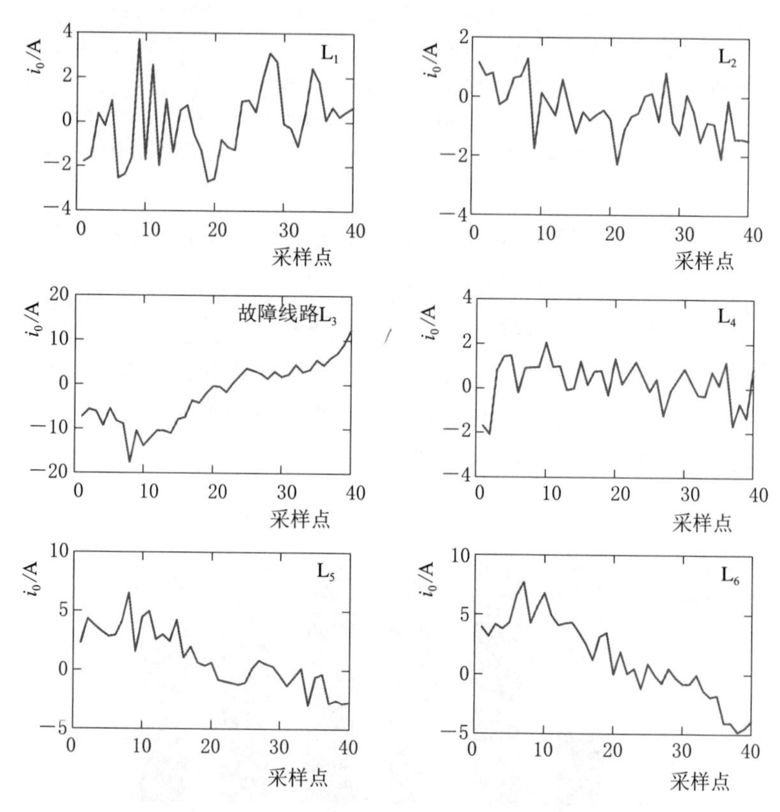

图 5－20　各线路故障暂态零序电流波形

求取各线路故障暂态零序电流首半波的综合互相关系数矩阵 CCCM（$\boldsymbol{Q}$）。

$$\boldsymbol{Q}=\begin{bmatrix} 0 & 0.1316 & 0.5682 & 0.1190 & 0.2494 & 0.3271 & 1 & 0.3611 & 0.6944 & 0.3889 & 0.3611 & 0.2500 \\ 0.1316 & 0 & 0.6934 & 0.911 & 0.1670 & 0.2713 & 0.3611 & 1 & 0.3889 & 0.2500 & 0.5556 & 0.4444 \\ 0.5682 & 0.6934 & 0 & 0.6467 & 0.8815 & 1 & 0.6944 & 0.3889 & 1 & 0.3056 & 0.0556 & 0 \\ 0.1190 & 0.0911 & 0.6467 & 0 & 0.1728 & 0.2684 & 0.3889 & 0.2500 & 0.3056 & 1 & 0.5278 & 0.6944 \\ 0.2494 & 0.1670 & 0.8815 & 0.1728 & 0 & 0.0918 & 0.3611 & 0.5556 & 0.0556 & 0.5278 & 1 & 0.8333 \\ 0.3271 & 0.2713 & 1 & 0.2684 & 0.0918 & 0 & 0.2500 & 0.4444 & 0 & 0.6944 & 0.8333 & 1 \end{bmatrix} \tag{5-31}$$

将综合互相关系数矩阵输入 FCM 聚类算法，可算得隶属度矩阵 $\boldsymbol{U}$。

$$\boldsymbol{U}=\begin{bmatrix} 0.3991 & 0.1500 & \underline{0.9835} & 0.0917 & 0.0358 & 0.0599 \\ \underline{0.6009} & \underline{0.8500} & 0.0165 & \underline{0.9083} & \underline{0.9642} & \underline{0.9401} \end{bmatrix} \tag{5-32}$$

做隶属度矩阵 $\boldsymbol{U}$ 的堆叠图，CCCM（$\boldsymbol{Q}$）及其聚类中心 $\boldsymbol{v}_1$ 和 $\boldsymbol{v}_2$ 的折线图，分

别如图 5-21 和图 5-22 所示，由图可知，线路 L_3 单独聚成一类，其余线路聚为另一类。因此，线路 L_3 为接地故障线路。

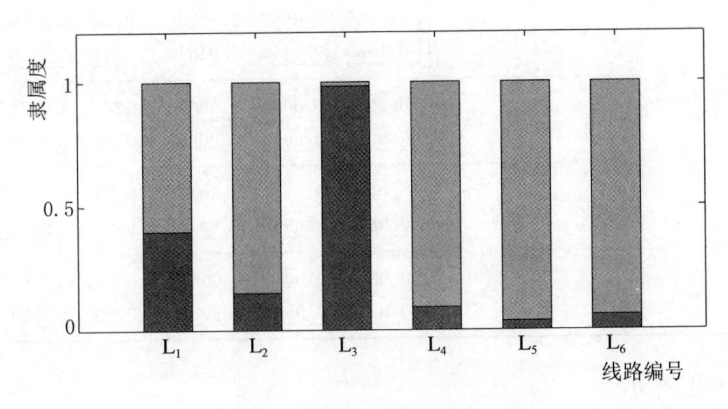

图 5-21 FCM 聚类结果堆叠图

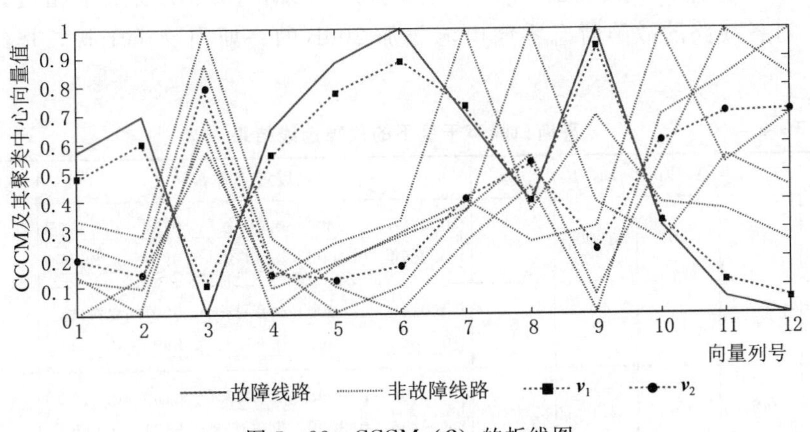

图 5-22 CCCM（$\boldsymbol{Q}$）的折线图

5.4.2 适应性分析

1. 弧光接地故障

弧光接地故障是一个高度非线性的时变过程，其暂态零序电流波形的形态与电弧电流、电弧长度及周围环境息息相关，难于建立准确的数学模型，主要的简化模型有 Cassie 模型、Mayr 模型、Schwarz 模型及控制论模型等。以图 3-10 所示的谐振接地系统仿真模型为基础，采用常用的控制论模型模拟电弧特性，验证所提算法对弧光接地故障选线的可行性。当线路 L_3、L_4 发生弧光接地故障时，选线结果见表 5-3。

表 5-3　　弧光接地故障选线结果

L_m	$\theta/(°)$	X_f/km	p/%	隶属度矩阵 $\boldsymbol{U}$	选线结果
3	90	3	10	$\begin{bmatrix} \underline{0.2620} & 0.0557 & \underline{0.9833} & 0.2746 & 0.0580 \\ \underline{0.7980} & \underline{0.9443} & 0.0167 & \underline{0.7254} & \underline{0.9420} \end{bmatrix}$	L_3
	0	6	5	$\begin{bmatrix} 0.0214 & 0.0051 & \underline{1.0000} & 0.0272 & 0.0072 \\ \underline{0.9786} & \underline{0.9949} & 0.0000 & \underline{0.9728} & \underline{0.9928} \end{bmatrix}$	L_3
4	0	10	5	$\begin{bmatrix} 0.0162 & 0.0012 & 0.0040 & \underline{0.9999} & 0.0027 \\ \underline{0.9838} & \underline{0.9988} & \underline{0.9960} & 0.0001 & \underline{0.9973} \end{bmatrix}$	L_4
	45	5	8	$\begin{bmatrix} 0.0250 & 0.0016 & 0.0061 & \underline{1.0000} & 0.0041 \\ \underline{0.9750} & \underline{0.9984} & \underline{0.9939} & 0.0000 & \underline{0.9959} \end{bmatrix}$	L_4

2. 抗干扰能力

实际配电网运行环境中常常存在电磁噪声，而此类噪声会对线路故障暂态零序电流波形的形态及幅值产生一定影响。以线路 L_2、L_3 发生单相接地故障为例，对各线路的故障暂态零序电流叠加 20dB 的高斯白噪声干扰，选线结果见表 5-4。

表 5-4　　高斯白噪声干扰下的故障选线结果

L_m	$\theta/(°)$	X_f/km	R_f/Ω	p/%	隶属度矩阵 $\boldsymbol{U}$	选线结果
2	45	10	1000	10	$\begin{bmatrix} 0.0326 & \underline{1.0000} & 0.0088 & 0.0132 & 0.0064 \\ \underline{0.9674} & 0.0000 & \underline{0.9912} & \underline{0.9868} & \underline{0.9936} \end{bmatrix}$	L_2
	0	15	0	5	$\begin{bmatrix} 0.0118 & \underline{1.0000} & 0.0023 & 0.0007 & 0.0016 \\ \underline{0.9882} & 0.0000 & \underline{0.9977} & \underline{0.9993} & \underline{0.9984} \end{bmatrix}$	L_2
3	45	6	1000	10	$\begin{bmatrix} 0.0764 & 0.0098 & \underline{1.0000} & 0.0169 & 0.0162 \\ \underline{0.9236} & \underline{0.9902} & 0.0000 & \underline{0.9831} & \underline{0.9838} \end{bmatrix}$	L_3
	0	3	0	5	$\begin{bmatrix} 0.0078 & 0.0040 & \underline{1.0000} & 0.0381 & 0.0051 \\ \underline{0.9922} & \underline{0.9960} & 0.0000 & \underline{0.9619} & \underline{0.9949} \end{bmatrix}$	L_3

3. 信号采样不同步

接地故障选线算法一般考虑所采样的各线路暂态零序电流信号是同步的。实际工程中，由于多种因素的影响，如零序电流互感器存在角度误差、A/D 采样不同步等，使最终获取的各线路故障暂态零序电流信号并不是完全同步，可能影响接地故障选线结果。以线路 L_4、L_5 发生单相接地故障，线路 L_1、L_2、L_3 的零序电流采样时间滞后线路 L_4、L_5 的零序电流采样时间 0.001s 为例，选线结果见表 5-5。

表 5-5　　　　信号采样不同步下的故障选线结果

L_m	$\theta/(°)$	X_f/km	R_f/Ω	p/%	隶属度矩阵 $\boldsymbol{U}$	选线结果
4	30	5	1000	8	$\begin{bmatrix} 0.0387 & 0.0162 & 0.0115 & \underline{1.0000} & 0.0083 \\ \underline{0.9613} & \underline{0.9838} & \underline{0.9885} & 0.0000 & \underline{0.9917} \end{bmatrix}$	L_4
	0	10	0	5	$\begin{bmatrix} 0.0168 & 0.0231 & 0.0065 & \underline{1.0000} & 0.0052 \\ \underline{0.9832} & \underline{0.9769} & \underline{0.9935} & 0.0000 & \underline{0.9948} \end{bmatrix}$	L_4
5	45	8	500	10	$\begin{bmatrix} 0.0759 & 0.0086 & 0.0192 & 0.0113 & \underline{1.0000} \\ \underline{0.9241} & \underline{0.9914} & \underline{0.9808} & \underline{0.9887} & 0.0000 \end{bmatrix}$	L_5
	90	5	0	5	$\begin{bmatrix} 0.1348 & 0.0290 & 0.0412 & 0.1753 & \underline{0.9979} \\ \underline{0.8652} & \underline{0.9710} & \underline{0.9588} & \underline{0.8247} & 0.0021 \end{bmatrix}$	L_5

4. 两点接地故障

当谐振接地系统发生单相弧光接地故障，因电弧引起的过电压，易诱发线路同相两点接地故障。以线路 L_4、L_5 发生单相接地故障为例，分别对同线路的同相不同位置发生两点接地故障，以及不同线路的同相发生两点接地故障进行仿真，选线结果分别见表 5-6 和表 5-7。

表 5-6　　　　同线路同相两点接地故障选线结果

L_m	$\theta/(°)$	X_f/km	R_f/Ω	p/%	隶属度矩阵 $\boldsymbol{U}$	选线结果
4	0	5	2000	10	$\begin{bmatrix} 0.0341 & 0.0015 & 0.0033 & \underline{0.9999} & 0.0064 \\ \underline{0.9659} & \underline{0.9985} & \underline{0.9967} & 0.0001 & \underline{0.9936} \end{bmatrix}$	L_4
	60	8	5			
5	90	3	5	8	$\begin{bmatrix} 0.0414 & 0.0091 & 0.0122 & 0.0511 & \underline{0.9999} \\ \underline{0.9586} & \underline{0.9909} & \underline{0.9878} & \underline{0.9489} & 0.0001 \end{bmatrix}$	L_5
	0	7	2000			

表 5-7　　　　不同线路同相两点接地故障选线结果

L_m	$\theta/(°)$	X_f/km	R_f/Ω	p/%	隶属度矩阵 $\boldsymbol{U}$	选线结果
4	0	5	100	10	$\begin{bmatrix} 0.1098 & 0.0189 & 0.0365 & \underline{0.9833} & \underline{0.9862} \\ \underline{0.8902} & \underline{0.9811} & \underline{0.9635} & 0.0167 & 0.0138 \end{bmatrix}$	L_4、L_5
5	30	3	200			
4	60	5	5	8	$\begin{bmatrix} 0.0700 & 0.0045 & 0.0106 & \underline{0.9169} & \underline{0.9442} \\ \underline{0.9300} & \underline{0.9955} & \underline{0.9894} & 0.0831 & 0.0558 \end{bmatrix}$	L_4、L_5
5	90	3	100			

5.5 本 章 小 结

根据谐振接地系统发生单相接地故障时，故障线路与非故障线路间暂态零序电流的相似程度比非故障线路间暂态零序电流的相似程度小的特点，结合 DTW

距离和构造的极性系数矩阵，求取暂态零序电流波形的幅值互相关系数矩阵和极性互相关系数矩阵，并构造综合互相关矩阵，利用 FCM 聚类算法，可在无须设置阈值的情况下选出接地故障线路。用 PSCAD/EMTDC 软件仿真采样不同步、弧光接地故障、两点接地、噪声干扰等影响因素下的故障情况，仿真结果显示该选线方法均能准确、可靠地选出故障线路。虽然 5 次现场接地故障波形数据也验证了所提选线方法的有效性，将其用于工程实际中，因故障特征量为人为确定并提取，不一定为最佳，因此错误选线的概率仍然存在。

本章参考文献

[1] 邵翔，郭谋发，游林旭．基于改进 DTW 的接地故障波形互相关度聚类选线方法 [J]. 电力自动化设备，2018，38 (11)：63 - 71.

[2] GUO M F，YANG N C. Features-clustering-based earth fault detection using singular-value decomposition and fuzzy c-means in resonant grounding distribution systems [J]. International Journal of Electrical Power & Energy Systems，2017，93：97 - 108.

[3] 郭谋发，刘世丹，杨耿杰．采用 Hilbert 谱带通滤波和暂态波形识别的谐振接地系统故障选线新方法 [J]. 电工电能新技术，2013，32 (3)：67 - 74.

第6章

基于卷积神经网络的单相接地故障选线方法

卷积神经网络（Convolutional Neural Network，简称CNN）可自适应提取图像特征并实现自动分类，避免了传统分类方法所需的特征量和分类器的人工选取，且其对平移、缩放等变形具有高度适应性，广泛应用于图像识别领域。将配电网单相接地故障暂态零序电流波形视为“图像”，利用一维卷积神经网络（One-Dimension Convolutional Neural Network，简称1-D CNN）进行识别并选出接地故障线路。配电网发生单相接地故障，其故障线路与非故障线路的暂态零序电流波形之间存在较大的差异，利用波形拼接方法，将各线路的暂态零序电流波形两两进行首尾拼接，从而获得表征两线路暂态零序电流间的关系的一维拼接波形，经归一化后，将其视为“图像”，作为已训练好的1-D CNN算法的输入，实现拼接波形的智能分类，进而识别出接地故障线路。

6.1 卷积神经网络基本原理

卷积神经网络通是一种由输入层、隐含层和输出层构成的多层深度学习网络，如图6-1所示。其中的隐含层往往包含多个卷积层和池化层，两者交替排列于网络中，每层包含多个由相互独立的神经元构成的二维特征平面。上一层的输出作为下一层的输入，实现对输入数据的分层特征表达，其对输入数据的平移、倾斜、缩放等形变具有高度适应性，并可实现对输入数据的特征的自适应提取和分类。稀疏连接和权值共享是卷积神经网络的两个关键操作。

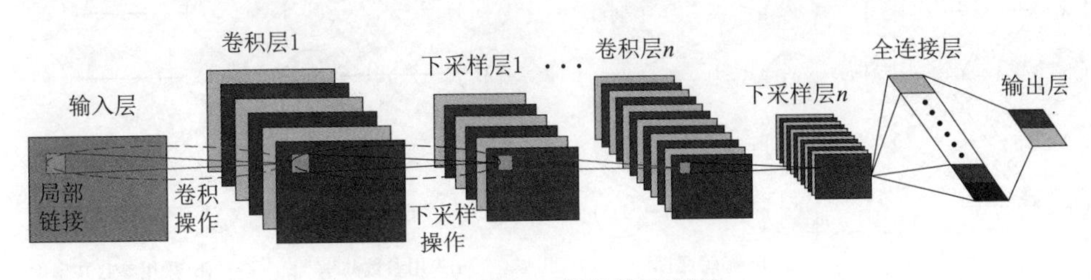

图6-1　CNN的结构示意图

6.1.1 关键操作

1. 稀疏连接

传统人工神经网络中，通过矩阵乘法来建立输入与输出神经元之间的连接关系，称为全连接方式。其中，每个神经元与后一层所有神经元之间均存在权连接。因此，全连接网络中存在大量待定参数，网络训练过程的计算量大。卷积神经网络具有稀疏连接的特性，每个神经元仅需建立与后一层部分神经元的连接，而不是全部神经元。如图 6-2 所示，图（a）是传统人工神经网络所采用的全连接方式，输出层 y 中每个神经元均与输入层 x 中的 x_3 神经元存在权连接关系，若有 p 个输入层神经元和 q 个输出层神经元，则需要 $p\times q$ 个参数需要确定。图（b）是卷积神经网络采用的稀疏连接方式，采用这种连接方式，输出层中只有三个神经元受到输入层中的神经元 x_3 的影响，此时仅有 $k\times q$ 个参数需要确定，k 表示后一层中的一个神经元与上一层中的 k 个神经元存在权连接关系。因此，卷积神经网络的稀疏连接特性可减少网络对存储的需求，提高网络训练效率，降低计算量。

2. 权连接参数共享

传统人工神经网络中，计算每个神经元输出时，每个权连接仅使用一次。由于卷积神经网络具有参数共享特性，网络中的多个位置采用相同的权连接。如图 6-3（a）所示，单独的实线箭头表示在全连接网络中，输入层 x 中的 x_3 神经元对输出层 y 的神经元 y_3 特有的权连接，与网络中其他权连接不同。如图 6-3（b）所示，实线箭头表示在卷积神经网络中输入层 x 中的每个神经元对输出层 y 中对应神经元采用相同的权连接。卷积神经网络的参数共享虽然没有改变前向传播时间，但是进一步降低了网络中待定参数的数量。采用稀疏连接的卷积神经网络有 $k\times q$ 个参数需要确定，基于权连接参数共享特性，则仅需确定 k 个待定参数，k 通常比 p 小很多个数量级。

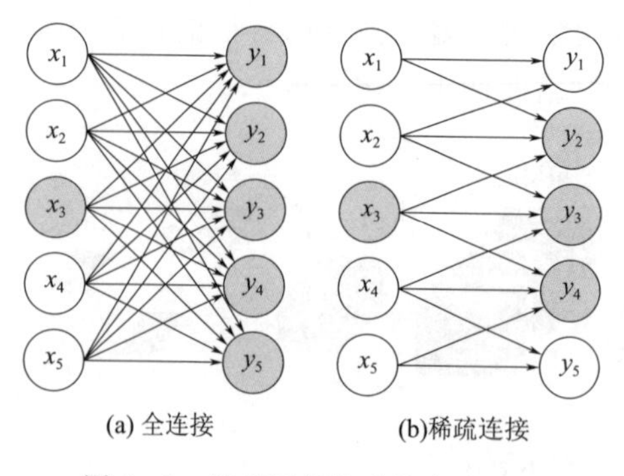

图 6-2 神经元网络连接方式示意图

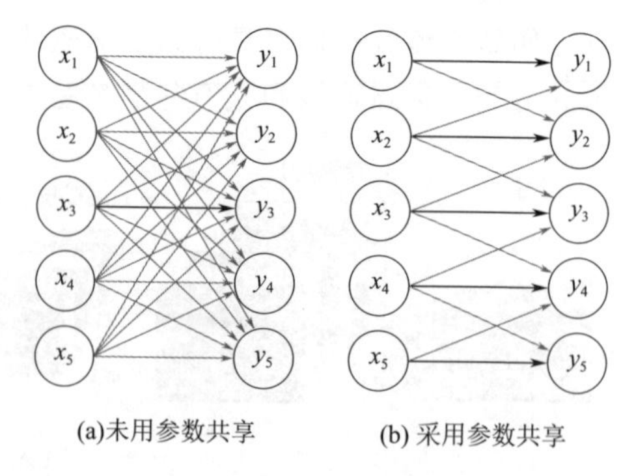

图 6-3 神经网络权连接参数使用示意图

6.1.2 数学模型

卷积神经网络通常包含输入层、卷积层、池化层、全连接层和输出层。交替利用卷积层和池化层实现对输入数据的特征的层层提取，输出层采用全连接神经网络。

1. 卷积层

卷积层实现对其前一层输出的特征矢量的卷积操作，对于离散型时间序列，即卷积函数 $f(n)$ 和 $g(n)$ 为离散序列，其表达式如下：

$$f(n) \times g(n) = \sum_{i=-\infty}^{\infty} f(i) g(n-i) \tag{6-1}$$

式中：$f \times g$ 表示卷积操作。

同时，利用非线性激活函数构建输出特征矢量，每一层的输出均为对多输入特征的卷积结果，其表达式如下：

$$y_j = f\left(\sum_{i \in \boldsymbol{M}_j} \boldsymbol{x}_i \boldsymbol{W}_{ij} + \boldsymbol{b}_j\right) \tag{6-2}$$

式中：y_j 为卷积层中第 j 个神经元输出值；$\boldsymbol{x}_i$ 为子区域像素值；$\boldsymbol{W}_{ij}$ 为卷积核；$\boldsymbol{b}_j$ 为偏置项；$\boldsymbol{M}_j$ 表示输入图像子区域的集合；i 表示第 i 个子区域；j 表示第 j 个输出值；$f(\cdot)$ 表示激活函数。

2. 池化层

池化层中的池化函数将进一步处理卷积层输出的特征图像，使用特征图像中某一位置相邻输出的总体统计特征来代替网络在该位置的输出。利用固定尺寸的采样窗口在特征图像中以同一步长 l 上下左右移动，采用最大值池化函数或平均值池化函数进行特征映射，从而降低特征图维度与训练计算量，但不改变特征图数目。无论采用何种池化函数，当输入做出少量平移时，经过池化函数后的大多数输出并不会发生改变。

若输入图像尺寸为 $m \times n$，池化窗口尺寸为 $a \times b$，横纵轴上的移动步长均为 a，则输出特征图大小为 $(m/a) \times (n/a)$。其具体公式表达如下：

$$y_k = f[\boldsymbol{W}_k \mathrm{down}(\boldsymbol{x}_{st}) + \boldsymbol{b}_k] \tag{6-3}$$

式中：y_k 为池化层中第 k 个神经元输出值；$\boldsymbol{x}_{st}$ 表示前一层中尺寸大小为 $s \times t$ 的子区域像素值；down（·）为池化函数；$\boldsymbol{W}_k$ 为权连接系数；$\boldsymbol{b}_k$ 为偏置项。

3. 全连接层和输出层

人工神经网络中全连接表示每一层中的神经元均与前一层中的神经元建立权连接关系。在卷积神经网络中，经过若干卷积层和池化层之后设置一层全连接层，采用全连接的目的是将卷积层与池化层学习到的局部特征映射到样本的标记空间中。有利于综合输入数据的有效特征。

取全连接层的输入图像的个数为 i，尺寸为 $m\times n$。先把 i 个输入的像素矩阵按列展开成多个长度为 $m\times n$ 的一维列向量，并按上一层输出的顺序首尾相接，从而获得一个长度为 $i\times m\times n$ 的一维特征列向量，最终将该特征向量映射至输出层的相应类别。全连接层与输出层的映射表达式为

$$y_j=f(\boldsymbol{W}_j\boldsymbol{x}+\boldsymbol{b}_j) \tag{6-4}$$

式中：y_j 为输出层的第 j 个值；$\boldsymbol{W}_j$ 为权连接系数；$\boldsymbol{x}$ 为特征向量；$\boldsymbol{b}_j$ 为偏置项；$f(\cdot)$ 为 Softmax 函数。

6.1.3 训练算法

神经网络的参数训练方法通常采用梯度下降算法和反向传播算法。梯度下降法是一种将输出误差反馈到神经网络并自动调节参数的方法，它通过计算输出误差对参数的导数，并沿着导数的反方向来调节参数，经过多次这样的操作，就能将目标函数的输出误差减小到最小值。反向传播算法根据链式法则计算损失函数对参数的梯度，并将梯度传回上一层神经网络，用于它们来对前一层输出求梯度，由此将输出误差的损失函数通过递进的方式反馈到神经网络每一层。反向传播算法常被误解为用于人工神经网络的整个训练过程。实际上，梯度下降算法是一种寻找损失函数最小值的方法，反向传播算法是一种用于计算梯度的方法。人工神经网络的反向传播中，若网络有 n_l层，第 l 层神经元个数为 S_l，第 l 层可以从第 $l-1$ 层接收的输入向量为 $\boldsymbol{x}^{(l-1)}$，本层的权连接系数为 $\boldsymbol{W}^{(l)}$，偏置向量为 $\boldsymbol{b}^{(l)}$，输出向量为 $\boldsymbol{x}^{(l)}$。该层输出可以写成如下矩阵形式：

$$\boldsymbol{u}^{(l)}=\boldsymbol{W}^{(l)}\boldsymbol{x}^{(l-1)}+\boldsymbol{b}^{(l)} \tag{6-5}$$

$$\boldsymbol{x}^{(l)}=f(\boldsymbol{u}^{(l)}) \tag{6-6}$$

通常定义误差项为损失函数 $\boldsymbol{L}$ 对变量 $\boldsymbol{u}$ 的梯度：

$$\boldsymbol{\delta}^{(l)}=\nabla_{\boldsymbol{u}^{(l)}}\boldsymbol{L}=\begin{cases}(\boldsymbol{x}^{(l)}-\boldsymbol{y}).*f'(\boldsymbol{u}^{(l)}) & l=n_l\\(\boldsymbol{W}^{(l+1)})^{\mathrm{T}}(\boldsymbol{\delta}^{(l+1)}).*f'(\boldsymbol{u}^{(l)}) & l\neq n_l\end{cases} \tag{6-7}$$

式中：$\nabla_{\boldsymbol{u}}\boldsymbol{L}$ 为损失函数 $\boldsymbol{L}$ 对变量 $\boldsymbol{u}$ 的梯度；符号 .* 表示向量对应元素相乘。

基于误差项梯度，分别求取损失函数 $\boldsymbol{L}$ 对权连接系数 $\boldsymbol{W}$ 的梯度值：

$$\nabla_{\boldsymbol{W}^{(l)}}\boldsymbol{L}=\boldsymbol{\delta}^{(l)}(\boldsymbol{x}^{(l-1)})^{\mathrm{T}} \tag{6-8}$$

及其对偏置向量 $\boldsymbol{b}$ 的梯度值：

$$\nabla_{\boldsymbol{b}^{(l)}}\boldsymbol{L}=\boldsymbol{\delta}^{(l)} \tag{6-9}$$

再用梯度下降法更新权连接系数 $\boldsymbol{W}$ 和偏置向量 $\boldsymbol{b}$：

$$\begin{aligned}\boldsymbol{W}^{(l)}&=\boldsymbol{W}^{(l)}-\boldsymbol{\eta}\nabla_{\boldsymbol{W}^{(l)}}\boldsymbol{L}\\\boldsymbol{b}^{(l)}&=\boldsymbol{b}^{(l)}-\boldsymbol{\eta}\nabla_{\boldsymbol{b}^{(l)}}\boldsymbol{L}\end{aligned} \tag{6-10}$$

相比于人工神经网络，卷积神经网络增加了卷积层和池化层，其梯度计算方式有所不同。

1. 卷积层计算

在卷积神经网络中，反向传播同样需要计算损失函数对卷积核以及偏置的偏导数，和人工神经网络不同的是，卷积核反复作用于同一图像的多个不同位置。类似人工神经网络定义误差项，对于卷积神经网络，卷积层的误差项矩阵是一个尺寸与其输出特征图像相同的矩阵，而全连接层的误差项向量和该层的神经元个数相等。可得误差项的递推公式为

$$\boldsymbol{\delta}^{(l-1)}=\boldsymbol{\delta}^{(l)} * \mathrm{rot180}(\boldsymbol{W}). * f'(\boldsymbol{u}^{(l-1)}) \tag{6-11}$$

式中：rot180 表示矩阵顺时针旋转 180°的操作。因此，根据误差项可得卷积层的权连接和偏置项的偏导数，另外，误差项通过卷积层传播到前一层。

2. 池化层计算

池化层没有权连接和偏置项，因此无需对本层进行参数求导以及梯度下降更新，仅需将误差项传播到前一层。若池化层的输入图像是 $\boldsymbol{X}^{(l-1)}$，输出图像为 $\boldsymbol{X}^{(l)}$，即为下采样操作，定义为

$$\boldsymbol{X}^{(l)}=\mathrm{down}(\boldsymbol{X}^{(l-1)}) \tag{6-12}$$

与下采样相反，通过上采样来计算误差项：

$$\boldsymbol{\delta}^{(l-1)}=\mathrm{up}(\boldsymbol{\delta}^{(l)}) \tag{6-13}$$

式中：up（·）为上采样操作。如果是对 $s\times s$ 的输入图像进行池化，在反向传播时，要将 $\boldsymbol{\delta}^{(l)}$ 的一个误差项扩展为 $\boldsymbol{\delta}^{(l-1)}$ 的对应位置的 $s\times s$ 个误差项值。

若池化函数采用平均值池化，则由 $\boldsymbol{\delta}^{(l)}$ 得到 $\boldsymbol{\delta}^{(l-1)}$ 的方法为将 $\boldsymbol{\delta}^{(l)}$ 的每一个元素 δ_{ij} 都扩充成维度为 $s\times s$ 的块矩阵：

$$\begin{bmatrix} \dfrac{\delta_{ij}}{s\times s} & \cdots & \dfrac{\delta_{ij}}{s\times s} \\ \vdots & \vdots & \vdots \\ \dfrac{\delta_{ij}}{s\times s} & \cdots & \dfrac{\delta_{ij}}{s\times s} \end{bmatrix}_{s\times s} \tag{6-14}$$

若池化函数采用最大值池化，在进行正向传播时，需要记录最大值的位置。在反向传播时，对于扩充的 $s\times s$ 矩阵，最大值位置处的元素设为 δ，其余位置设为 0。

6.2 基于 1-D CNN 的单相接地故障选线

谐振接地系统单相接地故障选线方法实现过程框图如图 6-4 所示。若零序电压经小波变换后的高、低频分量变化量越限，则接地选线装置启动故障录波，得到

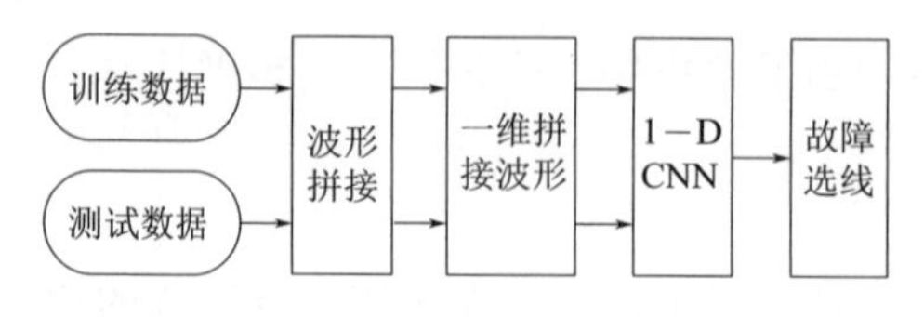

图 6-4　接地故障选线方法实现过程框图

各线路暂态零序电流波形，归一化后，利用波形拼接方法获取一维拼接波形，将一维拼接波形输入 1-D CNN 算法中进行训练，利用训练好的 1-D CNN 算法识别故障线路，从而实现接地故障选线。

6.2.1　一维拼接波形获取

图 6-5 为波形拼接过程示意图，其中序列 $\boldsymbol{X}$ 和 $\boldsymbol{Y}$ 分别表示两种不同的正弦波波形。

在不同的接地故障点、故障初相角和接地过渡电阻的情况下，不同线路的暂态零序电流波形差异较大，为适应不同的故障情况和网络结构，利用式（6-15）对故障暂态零序电流波形作归一化。

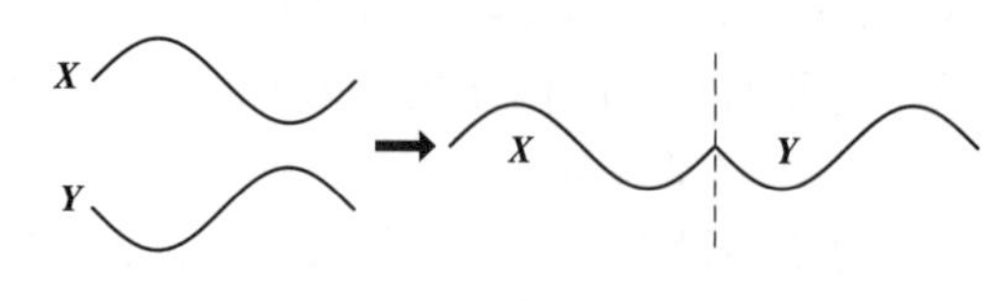

图 6-5　波形拼接示意图

$$\hat{\boldsymbol{x}}_{ij}=\frac{\boldsymbol{x}_{ij}}{\max(|\boldsymbol{X}_j|)} \tag{6-15}$$

式中：$\boldsymbol{x}_{ij}$（$i=1, 2, \cdots, 5$）为第 j 次故障第 i 条线路暂态零序电流的瞬时值的向量；$\boldsymbol{X}_j$ 为第 j 次故障所有线路暂态零序电流的瞬时值的向量；max（·）为取最大值操作。

采用第 3 章中图 3-10 的仿真模型，线路 L_4 发生单相接地故障，采样频率为 4kHz，各线路故障暂态零序电流首半波经归一化后，得到如图 6-6（a）所示波形，可知非故障线路间的暂态零序电流波形具有较大相似性，而故障线路和非故障线路间暂态零序电流波形具有较大差异性。因此，将不同线路故障暂态零序电流波形进行首尾拼接，可获得表征两线路间暂态零序电流关系的一维拼接波形。可有两种拼接方式，其一是将所有线路暂态零序电流波形进行组合式拼接，例如有 5 条线路，则将线路一分别与其他线路波形进行首尾拼接，以此类推，同时剔除重复波形。此种拼接方式共可得到 20 种拼接波形；其二是将所有线路波形按顺序进行拼接，例如线路一的波形与线路二的波形拼接、线路二的波形与线路三的波形拼接、……、线路五的波形与线路一的波形拼接，此种拼接方式共有 5 种拼接波形。本章采用后一种拼接方式，可获得 5 张一维拼接波形图，如图 6-6（b）所示。可知，含故障线路零序电流的一维拼接波形与不含故障线路零序电流的一维拼接波形具有较大差异性，可作为故障选线依据。因此，在未知故障线路情况下，某线路零序电流与所有其他线路零序电流拼接得到的波形，若其被识别到含有故障线路的次数最多，则该线路为故障线路。

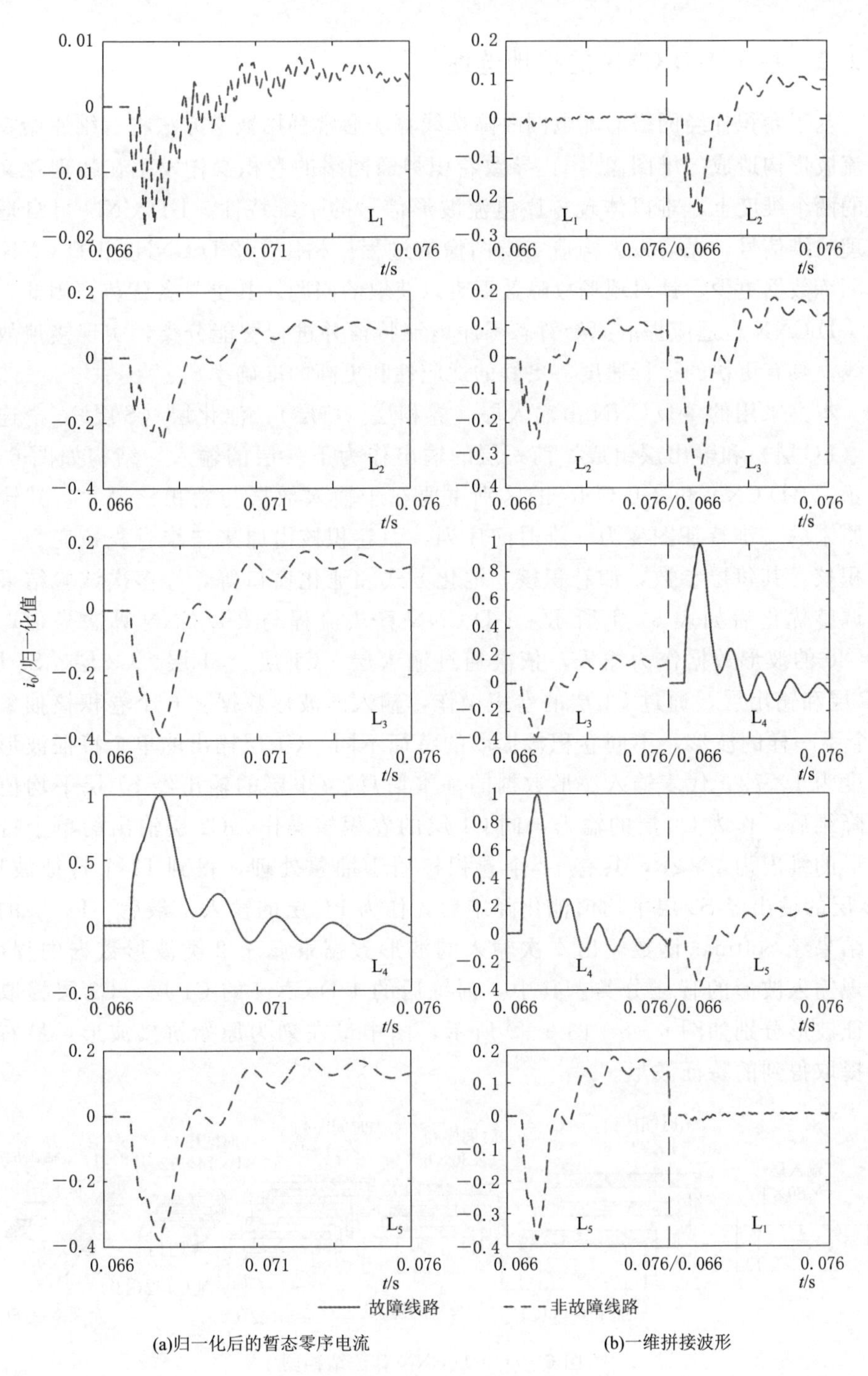

(a)归一化后的暂态零序电流

(b)一维拼接波形

图 6-6　波形预处理

6.2.2 基于 1-D CNN 的接地选线

基于卷积神经网络的配电网故障选线算法通常利用数学方法将一维原始零序电流波形构造成二维图像[1,2]，导致卷积神经网络的卷积操作发生在物理意义不同的两个维度上，难以体现零序电流波形信号的一维特性。1-D CNN 可自适应处理一维信号，无需人为构造二维图像的过程。相比于 2-D CNN，1-D CNN 所需训练数据更少，针对现场故障数据难以获取的问题，其更具备优势。因此，利用 1-D CNN 自适应提取原始暂态零序电流特征并进行智能分类，实现接地故障选线，具有更快的运行速度、更好的适应性和更高的准确率。

本书采用的 1-D CNN 由输入层、卷积层（C 层）、池化层（S 层）、全连接层（FC 层）和输出层组成，前一层的输出作为下一层的输入，结构如图 6-7 所示。1-D CNN 和 2-D CNN 的区别主要在于输入数据与卷积核尺寸，其输入由原来的二维特征图变为一维时间序列，而卷积核由原来二维卷积核变为一维卷积核，其每层参数，如卷积核、池化方式和池化窗口等，经多次试验结果进行调整优化后如表 6-1 所示。1-D CNN 算法流程与 2-D CNN 算法类似，以 1×80 的波形数据作为输入，依次通过输入层、C1 层、S1 层、C2 层、S2 层、FC 层和输出层，通过 C1 层的卷积操作，输入的波形数据被 6 个卷积核抽象为 6 个不一样的波形，不同卷积核提取的特征不同。C1 层输出的单个特征波形的维度为 1×72，代表输入波形数据的基本信息。C1 层的输出经 S1 层平均值池化降维后，作为 C2 层的输入，同 C1 层的卷积核操作，C2 层输出的单个特征波形的维度为 1×28，共有 12 个卷积核用于抽象处理，得到 12 个特征波形。C2 层的输出经 S2 层平均值池化降维后，作为 FC 层的输入。最后，FC 层的输出结果经 Softmax 函数输出本次输入的波形数据隶属于 2 类波形数据的程度，实现输入波形的智能分类。其中，训练后的 1-D CNN 的 C1 层、C2 层提取的特征波形分别如图 6-8、图 6-9 所示，图中最左列为原始拼接波形，最右列为提取得到的特征波形。

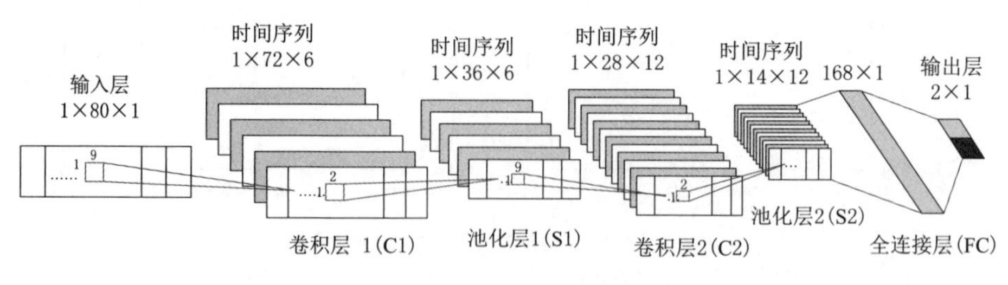

图 6-7 1-D CNN 算法结构图

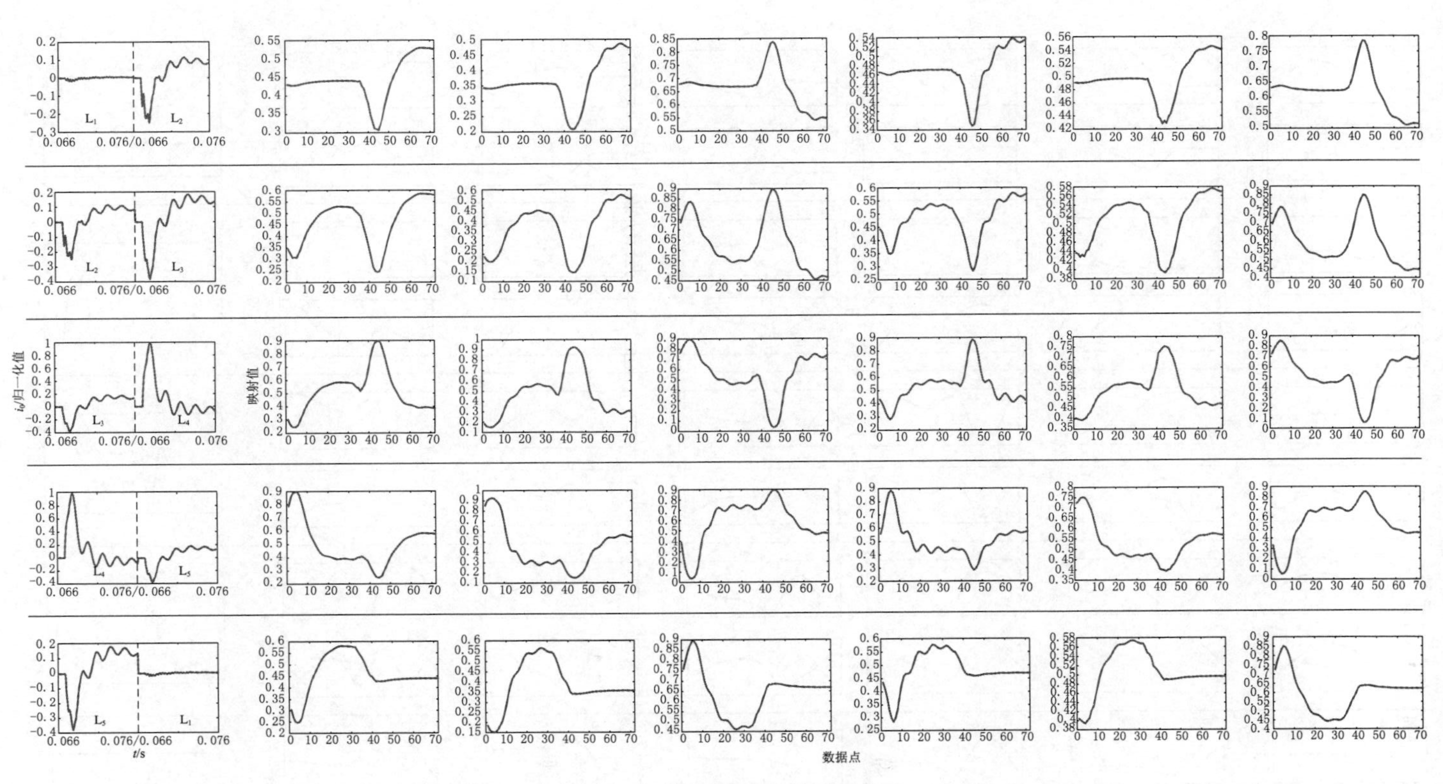

图 6－8　C1 层输出的特征波形

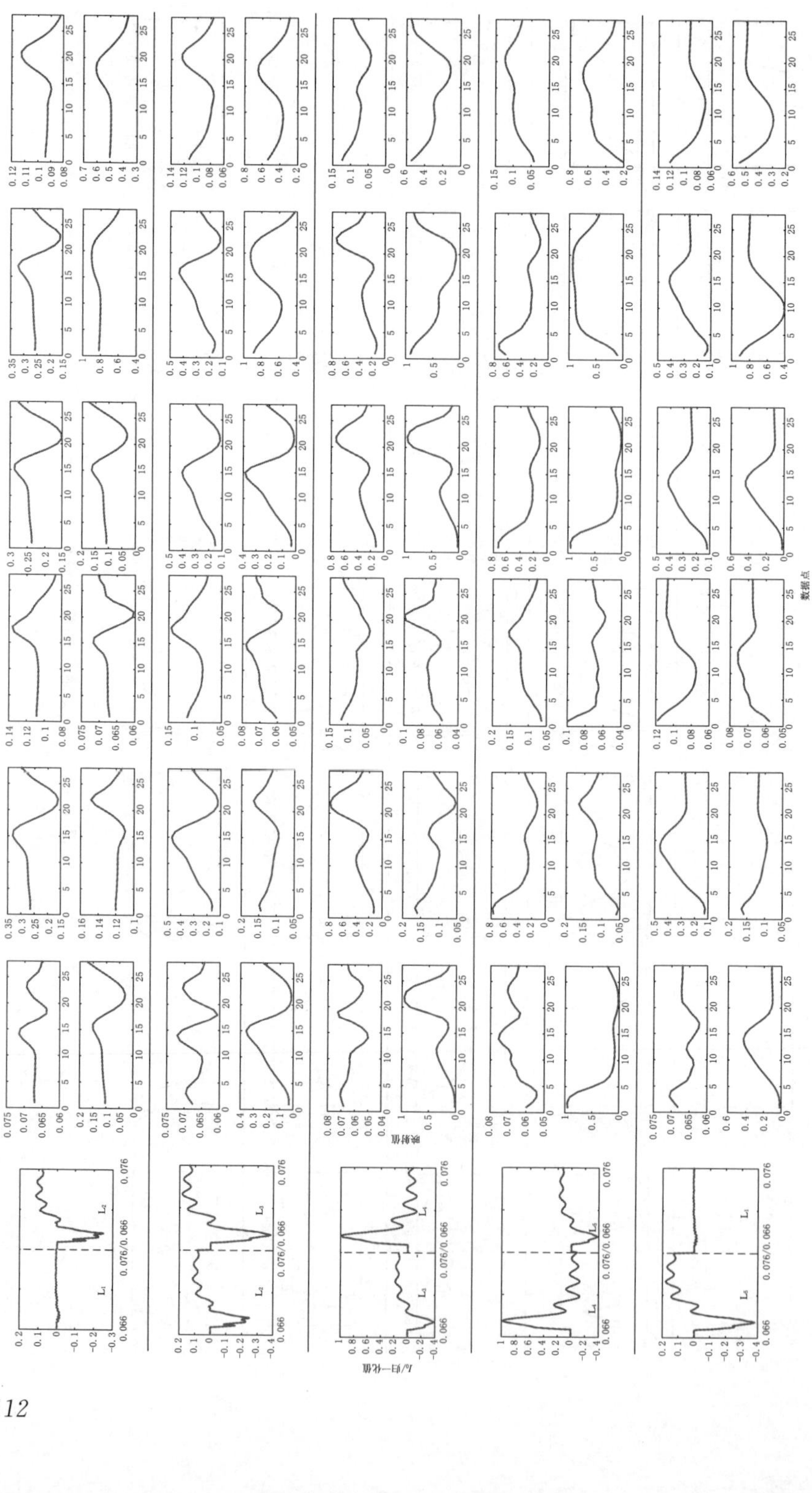

图 6－9　C2层输出的特征波形

表 6-1　　　　　　　　　　1-D CNN 的各层参数

层名称	卷积核大小	池化窗口大小	池化方式	步长	数据维数
输入层	—	—	—	—	1×80×1
C1	1×9	—	—	1	1×72×6
S1	—	1×2	平均值	2	1×36×6
C2	1×9	—	—	1	1×28×12
S2	—	1×2	平均值	2	1×14×12
FC	—	—	—	—	168×1
输出层	—	—	—	—	2×1

将表征线路间故障暂态零序电流关系的一维拼接波形作为训练好的 1-D CNN 的输入。其中，全连接层的输出经 Softmax 函数运算后，输出维数为 2×1 的子概率矩阵，代表本次输入的一维拼接波形的样本标签。根据上述数据预处理方法，每次发生单相接地故障时，可构造 5 张一维拼接波形图，分别输入 1-D CNN，可得到维数为 2×1 的 5 个子概率矩阵。将各子概率矩阵依次按列存放，得到用于判断故障线路的维数为 2×5 的概率矩阵 $\boldsymbol{U}$，见式（6-16）。

$$\boldsymbol{U}=\begin{bmatrix} u_{0\_12} & u_{0\_23} & \overline{u_{0\_34}} & \overline{u_{0\_45}} & u_{0\_51} \\ u_{1\_12} & u_{1\_23} & u_{1\_34} & u_{1\_45} & u_{1\_51} \end{bmatrix} =\begin{bmatrix} 0.0062 & 0.0063 & \overline{0.9994} & \overline{0.9995} & 0.0064 \\ 0.9938 & 0.9937 & 0.0006 & 0.0005 & 0.9934 \end{bmatrix} \tag{6-16}$$

式中 u_{0_ij} 和 u_{1_ij} 分别表示编号（i，j）线路所对应的一维拼接波形隶属于故障类和非故障类的程度，$\overline{u}$ 表示含故障线路零序电流的一维拼接波形。根据概率矩阵 $\boldsymbol{U}$ 作堆叠图，如图 6-10 所示，可知一维拼接波形 $L_3\sim L_4$ 和 $L_4\sim L_5$ 属于故

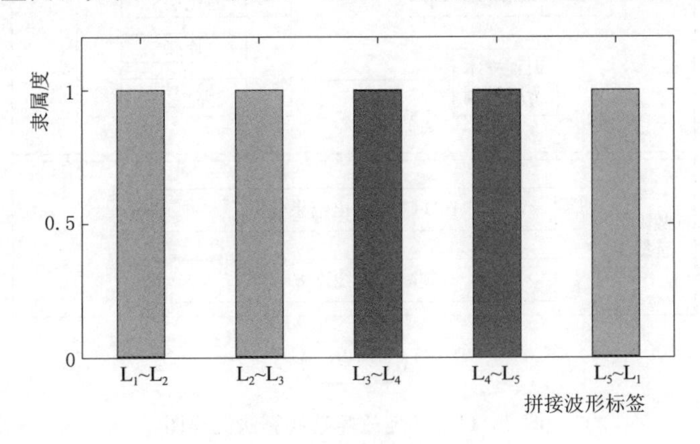

图 6-10　概率矩阵堆叠图

障类，其余为非故障类，含线路 L_4 的零序电流波形的一维拼接波形属于故障类的次数最多，因此判断故障线路为 L_4。基于 1-D CNN 的接地故障选线算法流程图如图 6－11 所示。

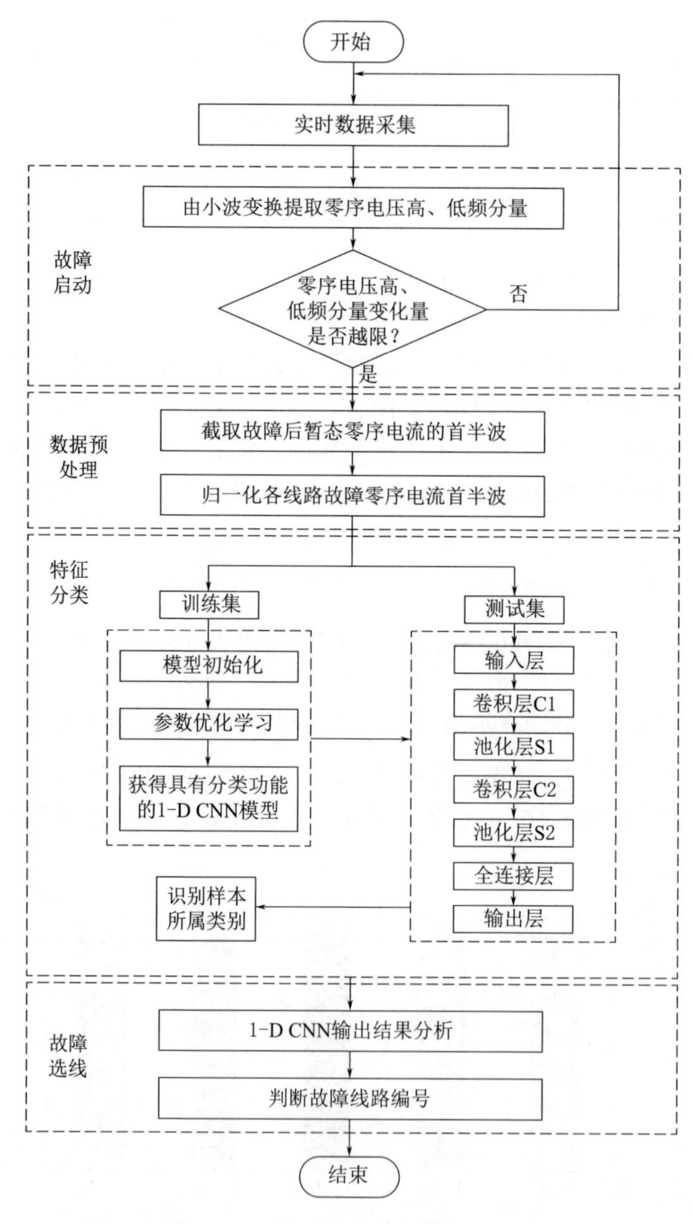

图 6－11　接地故障选线算法流程图

6.3 选线方法验证

6.3.1 仿真数据分析与 1-D CNN 训练

受多种因素影响，配电网的线路在运行过程中，会出现典型及一些特殊的单相接地故障类型，例如弧光接地故障、高阻接地故障，并可能出现两点接地故障、网络结构变化等特殊情况。线路 L_4 的 A 相发生故障初相角为 0°，接地过渡电阻为 5Ω，故障点距离母线 5km 的典型接地故障，各线路故障暂态零序电流波形如图 6－12（a）所示，由图中的波形可以看出故障线路与非故障线路间的波形的极性与幅值有较大的差异。线路 L_4 的 A 相发生故障初相角为 0°，故障点距离母线 5km 的弧光接地故障，各线路的故障暂态零序电流波形如图 6－12（b）所示，故障线路 L_4 的零序电流波形出现“零休”现象。线路 L_4 的 A 相发生故障初相角为 90°，接地过渡电阻为 1000Ω，故障点距离母线 5km 的高阻接地故障，各线路故障暂态零序电流波形如图 6－12（c）所示，此时各线路暂态零序电流幅值较低。弧光接地故障和高阻接地故障时，故障线路和非故障线路间的零序电流波形的相似度，同样要比非故障线路间的零序电流波形的相似度要来得低。配电网运行过程中，网络结构可能发生改变，对图 3－10 配电网增加一条 20km 的长电缆线路 L_6，由于该线路对地电容较大，线路 L_1～L_5 中任意一条线路发生单相接地故障时，线路 L_6 的零序电流幅值将明显比其他非故障线路的幅值大，增大了选线算法误选的概率。系统增加长电缆线路 L_6 后，线路 L_2 的 A 相发生故障初相角为 90°，接地过渡电阻为 5Ω，故障点距离母线 5km 的接地故障，各线路的故障暂态零序电流波形如图 6－12（d）所示，此时非故障线路 L_6 的零序电流的幅值明显比其他非故障线路的大，且与故障线路的接近。

选取典型接地故障和弧光接地故障两类故障的暂态零序电流首半波构造训练样本，基于软件仿真得到训练样本的分布情况见表 6－2。

表 6－2 中，θ 为故障初相角，R_f 表示故障接地过渡电阻，F_x 为故障点位置编号，L_m 表示故障线路编号，故障点的分布情况如图 6－13 所示，故障相均为 A 相。典型接地故障和弧光接地故障类型中的每个样本集均包含 2 个故障类样本和 3 个非故障类样本，其中故障类样本的波形由故障线路的零序电流波形和非故障线路的零序电流波形拼接而成，非故障类样本的波形由 2 个非故障线路的零序电流波形拼接而成。

用表 6－2 所示的训练样本对图 6－7 所示的 1－D CNN 进行训练，训练流程图如图 6－14 所示。

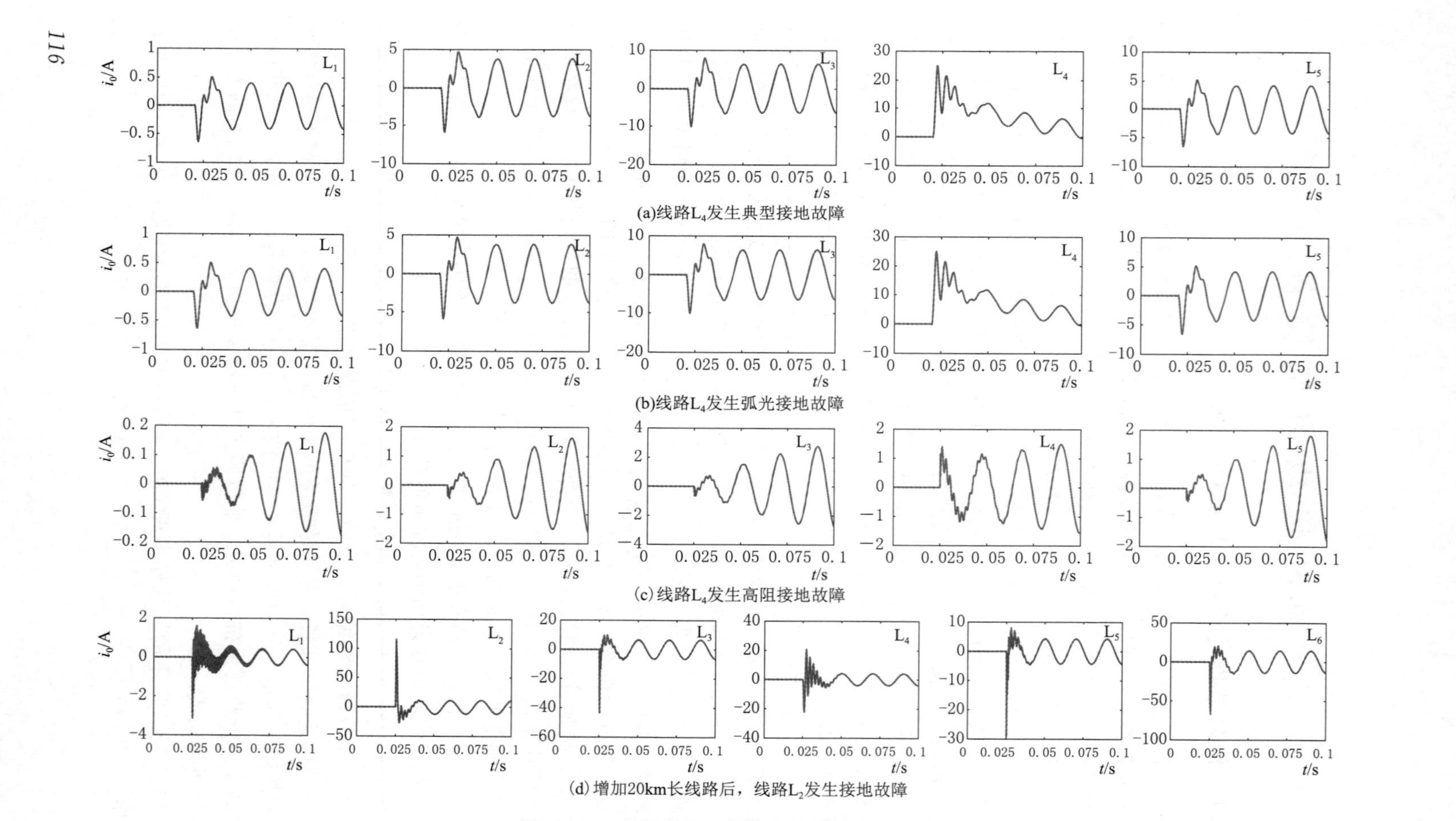

(a)线路L_4发生典型接地故障

(b)线路L_4发生弧光接地故障

(c)线路L_4发生高阻接地故障

(d)增加20km长线路后，线路L_2发生接地故障

图 6－12　各类型接地故障的暂态零序电流

表 6-2　　　　　　　　　　训练样本分布情况

故障类型	$\theta/(^\circ)$	R_f/Ω	F_x	L_m	样本集数	故障类样本数	非故障类样本数	总样本数
典型接地故障	30、60、90	5、20、50、100、200、400、600、800、900、1000	$F_1 \sim F_{14}$	$L_1 \sim L_5$	600	1200	1800	3000
弧光接地故障			F_1、F_3、F_5、F_7、F_9、F_{11}、F_{13}	$L_1 \sim L_5$	320	640	960	1600
总　计					920	1840	2760	4600

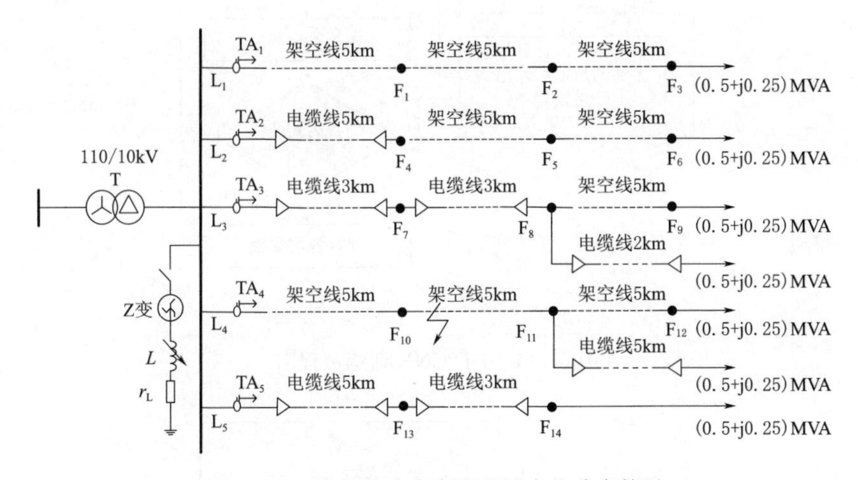

图 6-13　接地故障点在配电网中的分布情况

(1) 初始化 1-D CNN 网络结构，包括每个卷积层的卷积核大小、数量、卷积步长和输出特征图数量，每个下采样层的采样窗口大小、池化方式、池化步长等，设置每批训练样本数量、迭代次数上限等。

(2) 初始化参数，将各层权连接、偏置项、超参数等初始化为接近 0 的随机数。

(3) 定义各层之间的相关参数的存储矩阵。

(4) 输入训练样本开始训练网络，进行一次前向传播，按顺序计算出每层的激活函数值，然后计算输出层的输出值与样本标签值间的误差。

(5) 将步骤 (4) 计算得到的误差值进行反向传播，分别计算每层权连接和偏置项的调整量，并判断是否需要进行超参数的更新。

(6) 根据步骤 (5) 计算得到的调整量，调整各层权连接和偏置项。

(7) 重复步骤 (4)～步骤 (6)，直到误差满足收敛要求或达到迭代次数的上限。

(8) 训练结束，保存训练结束时的各项最新参数。

训练过程误差曲线如图 6-15 所示，设置训练次数的上限为 100 次，当迭代次数达到 80 次时，误差收敛。训练完成后的 1-D CNN 将用于单相接地故障选线。

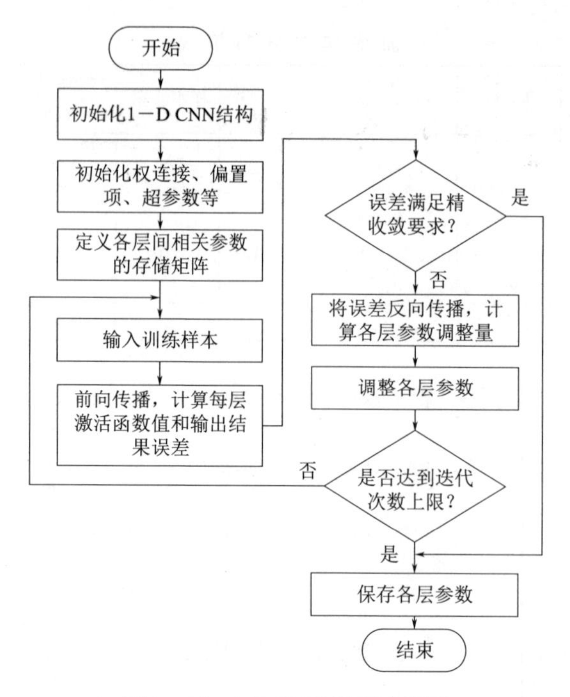

图 6－14　1-D CNN 训练流程图

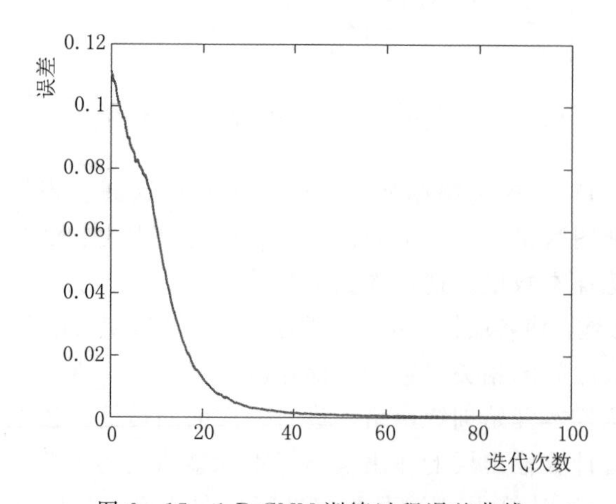

图 6－15　1-D CNN 训练过程误差曲线

6.3.2　1-D CNN 测试结果

结合单相接地故障暂态零序电流的影响因素，选取不同于训练样本的典型故障类型的样本对训练好的基于 1-D CNN 模型的选线算法进行测试。考虑不同故障初相角、不同接地过渡电阻、不同故障线路，不同故障位置等单相接地故障的主要影响因素，典型接地故障测试样本的分布及测试结果见表 6－3，其中识别正确率 φ 的定义见式（6－17）。根据表 6－3 的识别正确率可知，线路 L_4 发生接地故障时，有 1 组样本集数据识别错误。

$$\varphi=\frac{\text{分类正确的样本集数}}{\text{总样本集数}}\times 100\% \tag{6-17}$$

表 6－3　典型接地故障测试结果

$\theta/(°)$	R_f/Ω	F_x	L_m	样本集数	样本数	识别正确率 φ/%
0、30、90	0、10、80、150、250、300、500、700、850、950	$F_1 \sim F_{14}$	L_1	90	450	100
			L_2	90	450	100
			L_3	90	450	100
			L_4	90	450	98.89
			L_5	90	450	100
总　计				450	2250	99.78

6.3.3　适应性分析

考虑弧光接地、噪声干扰、信号采样不同步、网络结构变化等特殊类型的单相接地故障，测试所提基于 1-D CNN 的选线算法的有效性。

1. 弧光接地故障

弧光接地故障仿真采用可变弧长的控制论模型，弧光接地故障测试结果见表 6－4，线路 L_5 发生接地故障时，有 1 组样本集数据识别错误，通过分析测试样本数据，可知该故障的故障初相角为 90°，金属性接地，此时瞬态振荡剧烈，加上“零休”引起零序电流波形畸变，增加了故障选线的难度。

表 6－4　弧光接地故障测试结果

$\theta/(°)$	R_f/Ω	F_x	L_m	样本集数	样本数	识别正确率 φ/%
0、30、60、90	0、10、80、150、250、300、500、700、850、950	F_2、F_4、F_6、F_8、F_{10}、F_{12}、F_{14}	L_1	80	400	100
			L_2	80	400	100
			L_3	80	400	100
			L_4	80	400	100
			L_5	80	400	98.75
总　计				400	2000	99.75

2. 噪声干扰

噪声干扰是指噪声是以一个随机幅值和频率的分量叠加在原始信号上，使原始信号产生一定的畸变。本章利用在仿真得到的原始零序电流波形上叠加高斯白噪声的方式模拟实际系统发生的噪声干扰，高斯白噪声是指瞬时值服从高斯分布且功率谱密度均匀分布的一类噪声。图 6－16（b）为图 6－16（a）叠加信噪比为 20dB 的高斯白噪声后的接地故障暂态零序电流波形。

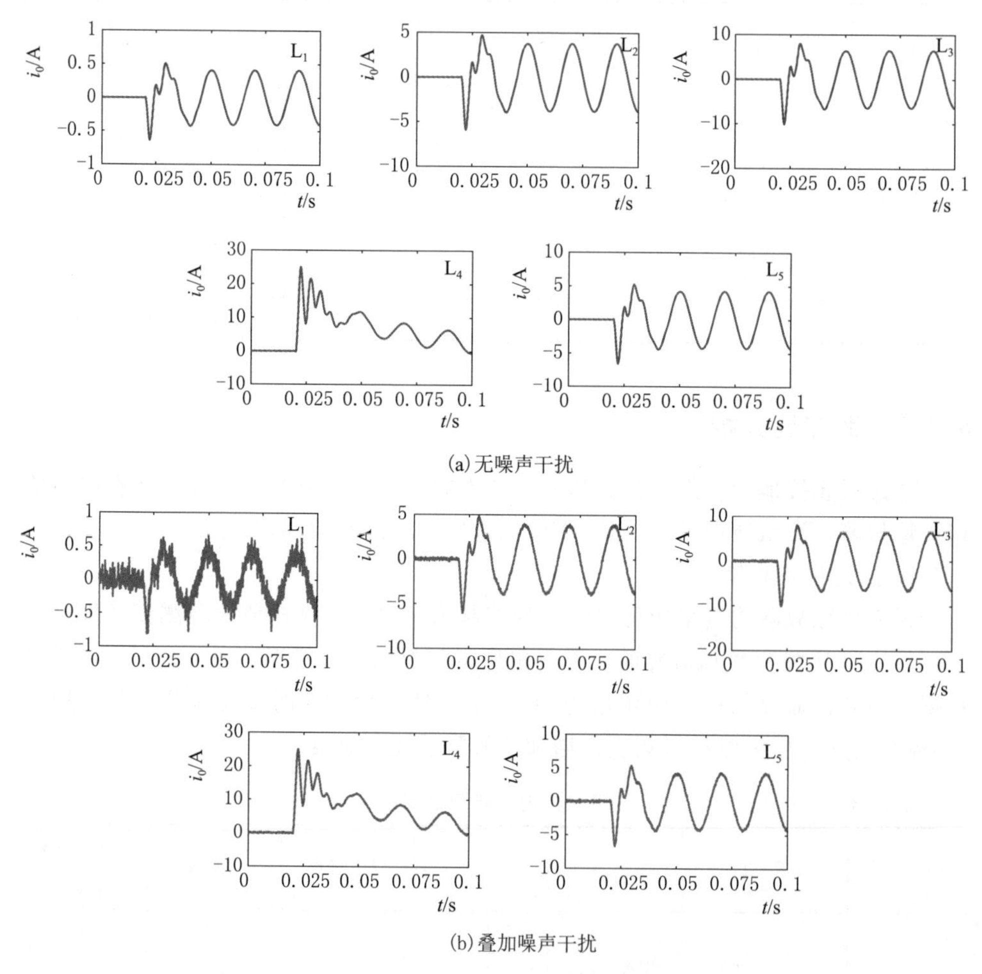

(a)无噪声干扰

(b)叠加噪声干扰

图 6－16　噪声干扰前后的接地故障暂态零序电流波形

在信噪比为 20dB 的高斯白噪声干扰下，单相接地故障测试样本分布及测试结果如表 6－5 所示，由表可知，基于 1-D CNN 算法的单相接地故障选线方法具有较强的抗干扰能力。

表 6-5　　　　噪声干扰下的测试结果

θ/(°)	R_f/Ω	F_x	L_m	样本集数	样本数	识别正确率 φ/%
0、30、60、90	0、10、80、150、250、300、500、700、850、950	$F_1 \sim F_{14}$	L_1	120	600	100
			L_2	120	600	100
			L_3	120	600	100
			L_4	120	600	100
			L_5	80	400	100
总　计				560	2800	100

3. 信号采样不同步

实际工程中，因互感器误差、选线装置的多通道采样不同步等原因，可能导致所采集的各线路故障暂态零序电流波形间存在不同步的问题。通过软件设置非故障线路零序电流采样时间滞后或超前故障线路的采样时间 0.001s，构造训练样本，并对基于 1-D CNN 的选线算法进行测试，测试样本分布及测试结果见表 6-6，识别准确率高。

表 6-6　　　　采样不同步的测试结果

θ/(°)	R_f/Ω	F_x	L_m	样本集数	样本数	识别正确率 φ/%
0、30、60、90	0、10、80、150、250、300、500、700、850、950	$F_1 \sim F_{14}$	L_1	120	600	100
			L_2	120	600	100
			L_3	120	600	100
			L_4	120	600	99.17
			L_5	80	400	100
总　计				560	2800	99.83

4. 网络结构变化

配电网的结构和运行方式经常发生改变，难于全部获取其发生接地故障时的波形数据，训练样本中未出现此类故障情况，现改变配电网的结构，仿真得到测试样本，用于测试基于 1-D CNN 的选线算法。通过减少一条线路 L_5 和增加一条 20km 电缆线路 L_6 两种方式改变配电网的结构，网络结构改变后的配电网分别如图 6-17（a）和图 6-17（b）所示。测试样本分布及测试结果分别见表 6-7 和表 6-8。在两种新的网络结构下，基于 1-D CNN 的选线算法的识别正确率都达到了 100%，表明其对网络结构改变具有良好适应性。

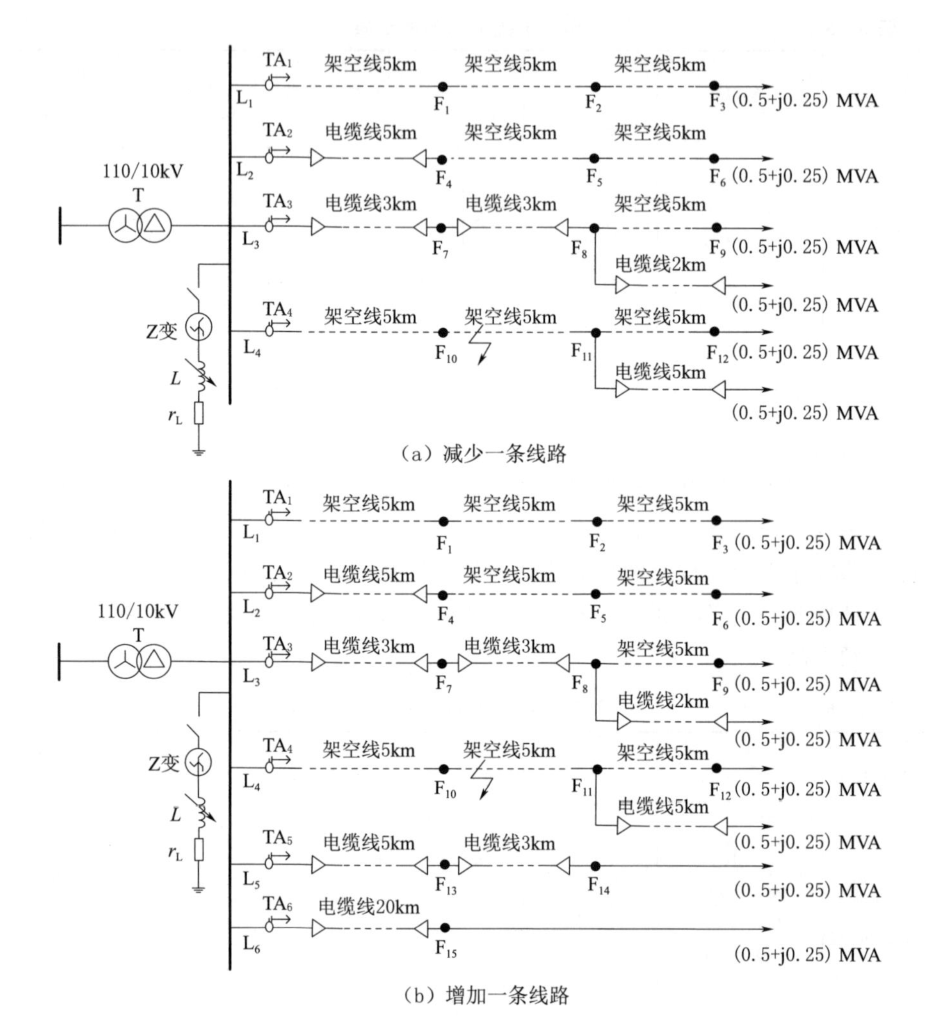

（a）减少一条线路

（b）增加一条线路

图 6-17　配电网结构改变

表 6-7　　　　配电网减少一条线路的测试结果

θ/(°)	R_f/Ω	F_x	L_m	样本集数	样本数	识别正确率 φ/%
0、30、60、90	0、10、80、150、250、300、500、700、850、950	$F_1 \sim F_{12}$	L_1	120	480	100
			L_2	120	480	100
			L_3	120	480	100
			L_4	120	480	100
总　计				480	1920	100

表 6-8　　配电网增加一条线路的测试结果

θ/(°)	R_f/Ω	F_x	L_m	样本集数	样本数	识别正确率 φ/%
0、30、60、90	0、10、80、150、250、300、500、700、850、950	F_1～F_{14}	L_1	120	720	100
			L_2	120	720	100
			L_3	120	720	100
			L_4	120	720	100
			L_5	80	720	100
总　计				560	3360	100

6.4 本 章 小 结

传统的故障选线方法需要通过人工实现特征量和分类器的选择，难以获取最佳故障特征量及其分类效果，在实际工程应用中，可能发生错误选线的问题，故提出基于监督学习的自适应提取特征的接地故障选线方法。首先从关键操作、数学模型和学习算法三个方面，详细介绍了卷积神经网络的基本原理。为更好适应一维故障信号，基于 1-D CNN 算法实现谐振接地系统单相接地故障选线。本章所提算法需要大量样本用于模型训练，然而，配电网实际的现场接地故障数据难以大量获取，仿真数据与实际数据也存在一定的差异性。因此，将基于半监督学习或小样本的监督学习方法用于谐振接地系统单相接地故障选线值得进一步研究。

本 章 参 考 文 献

[1] GUO M F, ZENG X D, CHEN D Y, et al. Deep-learning-based earth fault detection using continuous wavelet transform and convolutional neural network in resonant grounding distribution systems [J]. IEEE Sensors Journal, 2018, 18 (3): 1291-1300.

[2] GUO M F, YANG N C, CHEN W F. Deep-learning-based fault classification using hilbert-Huang transform and convolutional neural network in power distribution systems [J]. IEEE Sensors Journal, 2019, 19 (16): 6905-6913.

第7章 基于自动编码器的单相接地故障选线方法

现有的配电网单相接地故障选线方法大多基于人工经验选取特征量和分类器，其利用小波（包）变换、S变换及希尔伯特-黄变换等数学方法提取故障信号的特征量，如能量、能量方向、突变量、波形相关系数、重心率等，通过特征量差异性的比对或模糊聚类实现故障选线。随着机器学习方法的发展与广泛应用，监督学习算法已见应用于谐振接地系统单相接地故障选线研究中，其可自适应提取原始波形的故障特征量并实现智能分类，无须人为特征选取和分类器选择，可更好适应复杂的故障类型。但监督式学习方法，如传统的人工神经网络，需要大量带有标签的样本数据进行网络模型训练，而配电网接地故障发生的随机性强，难于获取所需的覆盖各类典型接地故障的训练样本波形数据，也不允许现场做大量的接地故障实验，因此，该方法仍难于很好地应用于工程实际。

自动编码器是一种自学习数据特征的半监督学习方法，其从传统的BP神经网络演变而来，可自适应学习未含有标签的数据的特征，无须大量数据样本进行网络模型训练[1]。发生单相接地故障时，利用自动编码器自学习故障特征，提取线路故障后半个周波暂态零序电流波形的特征，作为免阈值设定的模糊C均值聚类算法的输入，进而选出接地故障线路，该方法易于工程实现及应用。

7.1 自动编码器

7.1.1 结构模型

1. 组成单元

自动编码器由大量神经元组成，单个神经元的结构如图7-1所示。其中$\boldsymbol{X}=\{x_1,x_2,\cdots,x_n\}$为训练样本，$n$为样本长度，$z$为神经元状态值，$h_{\boldsymbol{W},b}(\boldsymbol{X})$为神经元输出，$\boldsymbol{W}=\{w_1,w_2,\cdots,w_n\}$为权连接，$b$为偏置。

将$\boldsymbol{X}$输入神经元中，其输出值为

$$h_{\boldsymbol{W},b}(\boldsymbol{X})=f(z)=f(\boldsymbol{W}\boldsymbol{X}^{\mathrm{T}})=f(\sum_{i=1}^{n}w_ix_i+b) \tag{7-1}$$

式中：$f(\cdot)$ 为激活函数，常用的激活函数有 sigmoid 函数、ReLU 函数、tanh 函数等。其中，传统的 sigmoid 和 ReLU 激活函数的输出值均为非负数，难以体现故障暂态零序电流极性特征，因此，本章采用 tanh 函数作为激活函数。

2. 网络结构

如图 7－2 所示，自动编码器由输入层、隐含层和输出层构成，每一层均具有多个神经元，通过正、反向传播调整网络权连接和偏置。但与传统人工神经网络不同之处在于其输入层维数与输出层维数相同，而隐含层维数小于输入层维数，从而达到对输入数据降维的目的。

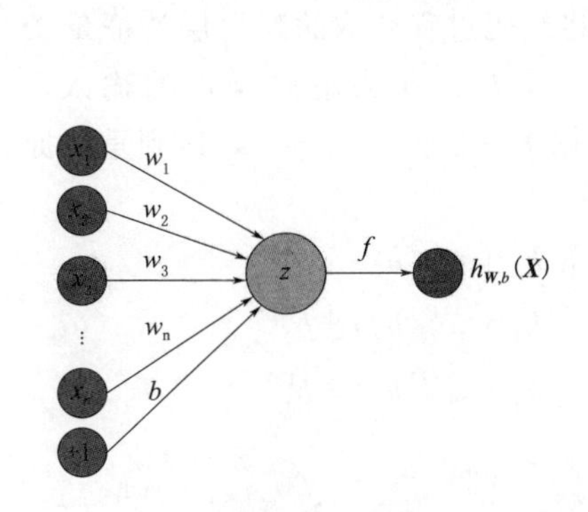

图 7－1　神经元的结构图

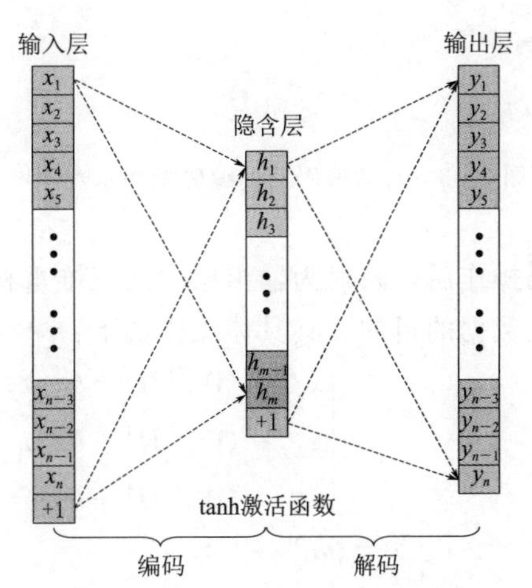

图 7－2　自动编码器的结构图

7.1.2　数学模型

自动编码器包括编码和解码两部分。采用权连接方式对输入数据进行降维和特征提取的过程称为编码，而根据编码过程得到的特征数据对原始输入数据进行重构的过程称为解码。其可通过寻找最优网络参数使得重构的数据最大程度逼近输入数据。

1. 编码过程

编码过程实际上也是降低数据维数的过程，其目的在于在原始数据的所有属性中寻找最具代表性的少数属性以表征该数据。如图 7－3 所示，以一个三维的数据 $\boldsymbol{X}=\{x_1, x_2, x_3\}$ 作为自动编码器的输入，经编码操作后，将该输入数据映射为隐含层中的二维数据 $\boldsymbol{H}=\{h_1, h_2\}$，达到高维数据用低维特征表达的目的。其具体操作如下：

$$\begin{cases} z_1^{(1)}=(\boldsymbol{W}_1^{(1)}\boldsymbol{X}^{\mathrm{T}}+b_1^{(1)})=(w_{11}^{(1)}x_1+w_{21}^{(1)}x_2+w_{31}^{(1)}x_3)+b_1^{(1)} \\ z_2^{(1)}=(\boldsymbol{W}_2^{(1)}\boldsymbol{X}^{\mathrm{T}}+b_2^{(1)})=(w_{12}^{(1)}x_1+w_{22}^{(1)}x_2+w_{32}^{(1)}x_3)+b_2^{(1)} \end{cases} \tag{7-2}$$

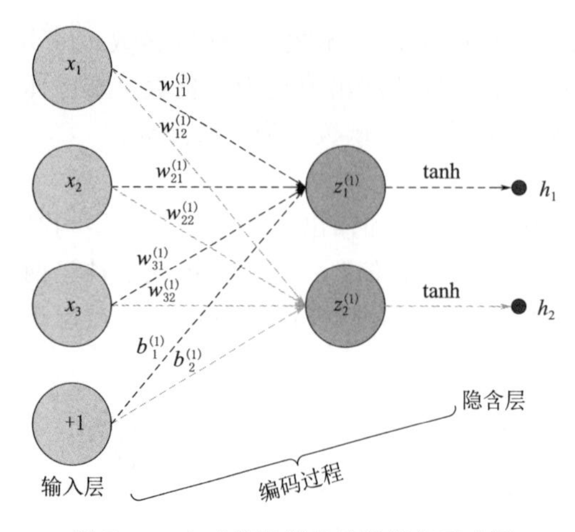

图 7-3　自动编码器的编码操作示意图

$$\begin{cases} h_1 = \tanh(z_1^{(1)}) \\ h_2 = \tanh(z_2^{(1)}) \end{cases} \tag{7-3}$$

式中：$\boldsymbol{b}^{(1)} = \begin{bmatrix} b_1^{(1)} \\ b_2^{(1)} \end{bmatrix}$为编码偏置向量；

$\boldsymbol{W}^{(1)} = \begin{bmatrix} \boldsymbol{W}_1^{(1)} \\ \boldsymbol{W}_2^{(1)} \end{bmatrix} = \begin{bmatrix} w_{11}^{(1)} & w_{21}^{(1)} & w_{31}^{(1)} \\ w_{12}^{(1)} & w_{22}^{(1)} & w_{32}^{(1)} \end{bmatrix}$为编码权连接参数。

2. 解码过程

解码过程实际上即是对输入数据进行重构的过程。如图 7-4 所示，将编码过程获取的隐含层特征量 $\boldsymbol{H} = \{h_1, h_2\}$ 作为解码操作的输入，经解码操作后，映射为输出层中的三维重构数据 $\boldsymbol{Y} = \{y_1, y_2, y_3\}$，达到重构原始输入数据的目的。其具体操作如下：

$$\begin{cases} z_1^{(2)} = (\boldsymbol{W}_1^{(2)} \boldsymbol{H}^{\mathrm{T}} + b_1^{(2)}) = (w_{11}^{(2)} h_1 + w_{21}^{(2)} h_2) + b_1^{(2)} \\ z_2^{(2)} = (\boldsymbol{W}_2^{(2)} \boldsymbol{H}^{\mathrm{T}} + b_2^{(2)}) = (w_{12}^{(2)} h_1 + w_{22}^{(2)} h_2) + b_2^{(2)} \\ z_3^{(2)} = (\boldsymbol{W}_3^{(2)} \boldsymbol{H}^{\mathrm{T}} + b_3^{(2)}) = (w_{13}^{(2)} h_1 + w_{23}^{(2)} h_2) + b_3^{(2)} \end{cases} \tag{7-4}$$

$$\begin{cases} y_1 = \tanh(z_1^{(2)}) \\ y_2 = \tanh(z_2^{(2)}) \\ y_2 = \tanh(z_3^{(2)}) \end{cases} \tag{7-5}$$

式中：$\boldsymbol{b}^{(2)} = \begin{bmatrix} b_1^{(2)} \\ b_2^{(2)} \\ b_3^{(2)} \end{bmatrix}$为解码偏置向量；

$\boldsymbol{W}^{(2)} = \begin{bmatrix} \boldsymbol{W}_1^{(2)} \\ \boldsymbol{W}_2^{(2)} \\ \boldsymbol{W}_3^{(2)} \end{bmatrix} = \begin{bmatrix} w_{11}^{(2)} & w_{21}^{(2)} \\ w_{12}^{(2)} & w_{22}^{(2)} \\ w_{13}^{(2)} & w_{23}^{(2)} \end{bmatrix}$为解码权连接参数。

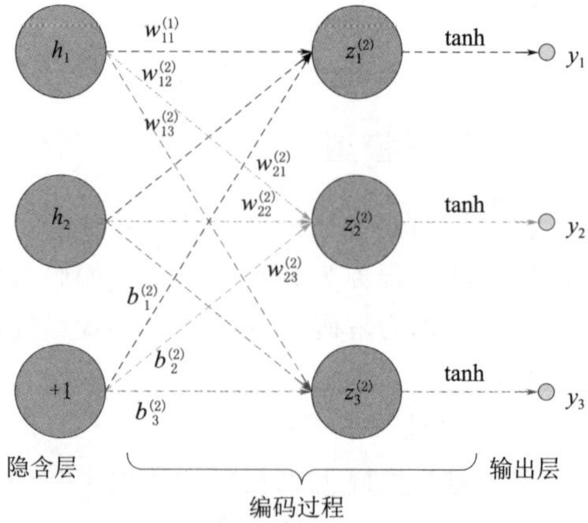

图 7-4　自动编码器的解码操作示意图

当完成前馈计算，得到重构数据 $\boldsymbol{Y}$ 后，可利用误差代价函数 E 量化重构数据与输入数据之间的误差，以确定是否需要继续调整网络参数，表达式如式（7-6）所示。其中，n 为样本个数，D 为权连接衰减项，λ 为权连接衰减参数，$E^{(i)}$、$\boldsymbol{X}^{(i)}$ 和$\boldsymbol{Y}^{(i)}$ 分别表示第 i 个样本的误差代价函数值、输入数据和重构数据。通过多次网络训练，当误差代价函数 E 小于所设定的阈值时，即可认为原始数据的特征被包含在隐含层输出数据的矩阵中。

$$E=\frac{1}{n}\sum_{i=1}^{n}E^{(i)}+\lambda D=\frac{1}{2n}\sum_{i=1}^{n}\|\boldsymbol{X}^{(i)}-\boldsymbol{Y}^{(i)}\|^{2}+\frac{1}{2}\|\boldsymbol{W}\|^{2} \tag{7-6}$$

7.1.3 学习算法

假设 $a_i^{(l)}$ 表示第 l 层第 i 个神经元的激活函数值，$b_i^{(l)}$ 表示连接到 $l+1$ 层的神经元 i 的偏置，$W_{ij}^{(l)}$ 表示第 l 层第 i 个神经元连接到 $l+1$ 层的第 j 个神经元的权连接参数。以三层自动编码器为例，隐含层的神经元状态值 $z_j^{(1)}$ 和激活函数输出值 h_j 分别见式（7-7）和式（7-8），其中，$i=1, 2, \cdots, n$，$j=1, 2, \cdots, m$。

$$z_j^{(1)}=\sum_{i=1}^{n}W_{ij}^{(1)}a_i^{(1)}+b_j^{(1)} \tag{7-7}$$

$$h_j^{(2)}=a_j^{(2)}=\sigma(z_j^{(1)}) \tag{7-8}$$

输出层的神经元状态值 $z_i^{(2)}$ 和激活函数输出值 $y_i(\boldsymbol{W},\boldsymbol{b})$ 见式（7-9）和式（7-10）所示。

$$z_i^{(2)}=\sum_{j=1}^{m}W_{ji}^{(2)}h_j^{(2)}+b_i^{(2)} \tag{7-9}$$

$$y_i(\boldsymbol{W},\boldsymbol{b})=a_i^{(3)}=\sigma(z_i^{(2)}) \tag{7-10}$$

对于单个样本，误差代价函数为

$$E=\frac{1}{2}\sum_{i=1}^{n}[y_i(\boldsymbol{W},\boldsymbol{b})-x_i]^2+\frac{1}{2}\|\boldsymbol{W}\|^2 \tag{7-11}$$

自动编码器中 BP 算法的具体步骤如下：

$$\delta_i^{(2)}=\frac{\partial E}{\partial z_i^{(2)}}=(a_i^{(3)}-x_i)[1-(a_i^{(3)})^2] \tag{7-12}$$

$$\nabla W_{ji}^{(2)}=\delta_i^{(2)}a_j^{(2)} \tag{7-13}$$

$$\nabla b_i^{(2)}=\delta_i^{(2)} \tag{7-14}$$

$$\delta_j^{(1)}=\frac{\partial E}{\partial z_j^{(1)}}=[1-(a_j^{(2)})^2]\sum_{i=1}^{n}\delta_i^{(2)}W_{ji}^{(2)} \tag{7-15}$$

$$\nabla W_{ij}^{(1)}=\delta_j^{(1)}a_i^{(1)} \tag{7-16}$$

$$\nabla b_j^{(1)}=\delta_j^{(1)} \tag{7-17}$$

式中：$\delta_i^{(2)}$ 为输出层第 i 个神经元的误差；$\delta_j^{(1)}$ 为隐含层第 j 个神经元的误差；∇为梯度算子。

根据梯度下降法，可求得参数更新值如下：

$$W_{ji}^{(2)}=W_{ji}^{(2)}-\alpha\nabla W_{ji}^{(2)} \tag{7-18}$$

$$b_i^{(2)}=b_i^{(2)}-\alpha\nabla b_i^{(2)} \tag{7-19}$$

式中：α 为学习率。通过反复迭代更新自动编码器各层参数，直到误差代价函数值小于所设定的阈值，或是迭代次数超过所设定值时，停止迭代，从而完成自动编码器的训练过程。

7.2 基于波形特征自学习的接地选线

7.2.1 接地故障电流波形特征自学习

如图 3－10 所示的谐振接地系统仿真模型，以线路 L_3 在故障初相角为 60°、接地过渡电阻为 50Ω、距离母线 1km 处发生 A 相接地故障为例，说明选线过程。采样频率为 10kHz。如图 7－5 所示，取 5 条线路在故障后首半个周波的暂态零序电流波形作为原始输入信号，经式（7－20）归一化处理后，得到图 7－6 所示的归一化后的故障暂态零序电流波形。

$$(x_i^j)^* = \frac{x_i^j}{\max\{\max(|\boldsymbol{X}^1|),\max(|\boldsymbol{X}^2|),\cdots,\max(|\boldsymbol{X}^N|)\}} \tag{7-20}$$

式中：$\boldsymbol{X}^j$（$j=1,2,\cdots,N$）表示第 j 条线路的故障暂态零序电流；N 表示线路的总条数；x_i^j 表示第 j 条线路的故障暂态零序电流波形的第 i 个数据点；$|\cdot|$表示取绝对值操作；max（·）表示取最大值操作。

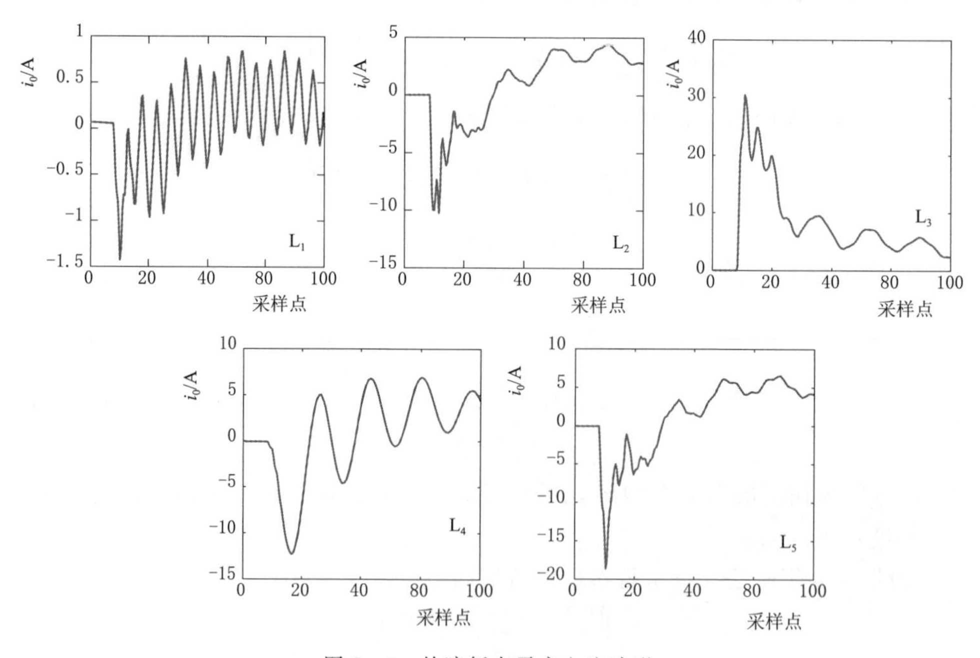

图 7－5 故障暂态零序电流波形

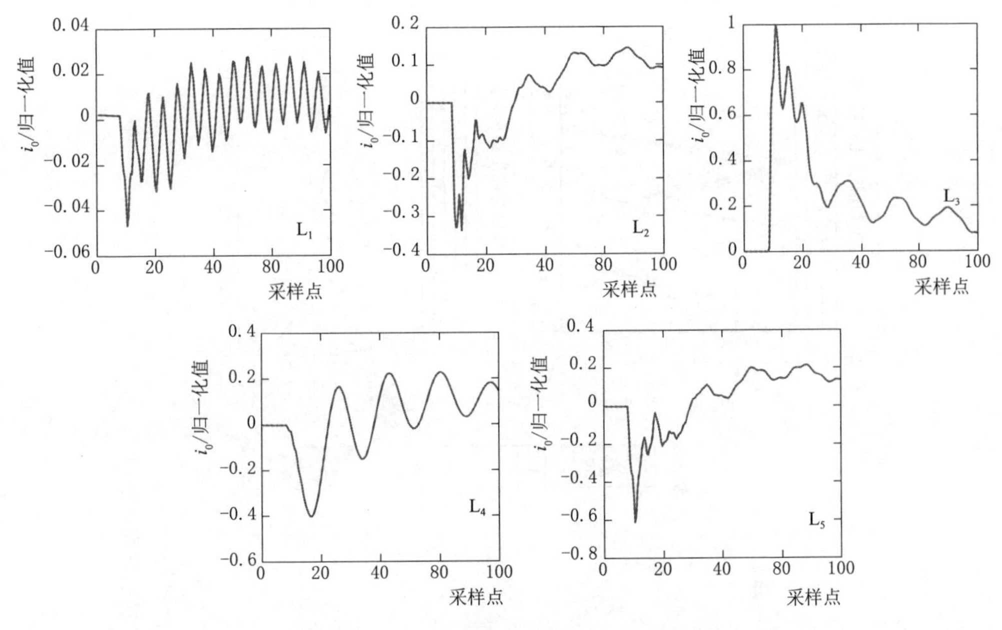

图 7-6　归一化后的故障暂态零序电流波形

图 7-7 为基于自动编码器的特征量提取过程示意图，该自动编码器的结构由一个输入层、一个隐含层和一个输出层组成，前一层的输出作为下一层的输入。经多次试验进行调整优化，得到表 7-1 所示的各层的参数。如图 7-7 所示，以归一化后的 5 条线路的故障暂态零序电流作为自动编码器的输入，依次通过编码操作、解码操作和反复 BP 算法迭代收敛后，使输出的重构波形与输入波形相近，以此时隐含层输出作为接地故障暂态零序电流波形的特征量。

表 7-1　　自动编码器的各层参数

层数	权连接维数	偏置维数	激活函数	数据维数
输入层	—	—	—	100×5
编码	100×10	1×10	tanh	—
隐含层	—	—	—	10×5
解码	10×100	1×100	tanh	—
输出层	—	—	—	100×5

其中，BP 算法反复迭代收敛条件为误差代价函数值小于所设定的阈值或迭代次数越限。图 7-8 为自动编码器算法分别迭代 1 次、2 次、10 次、40 次、100

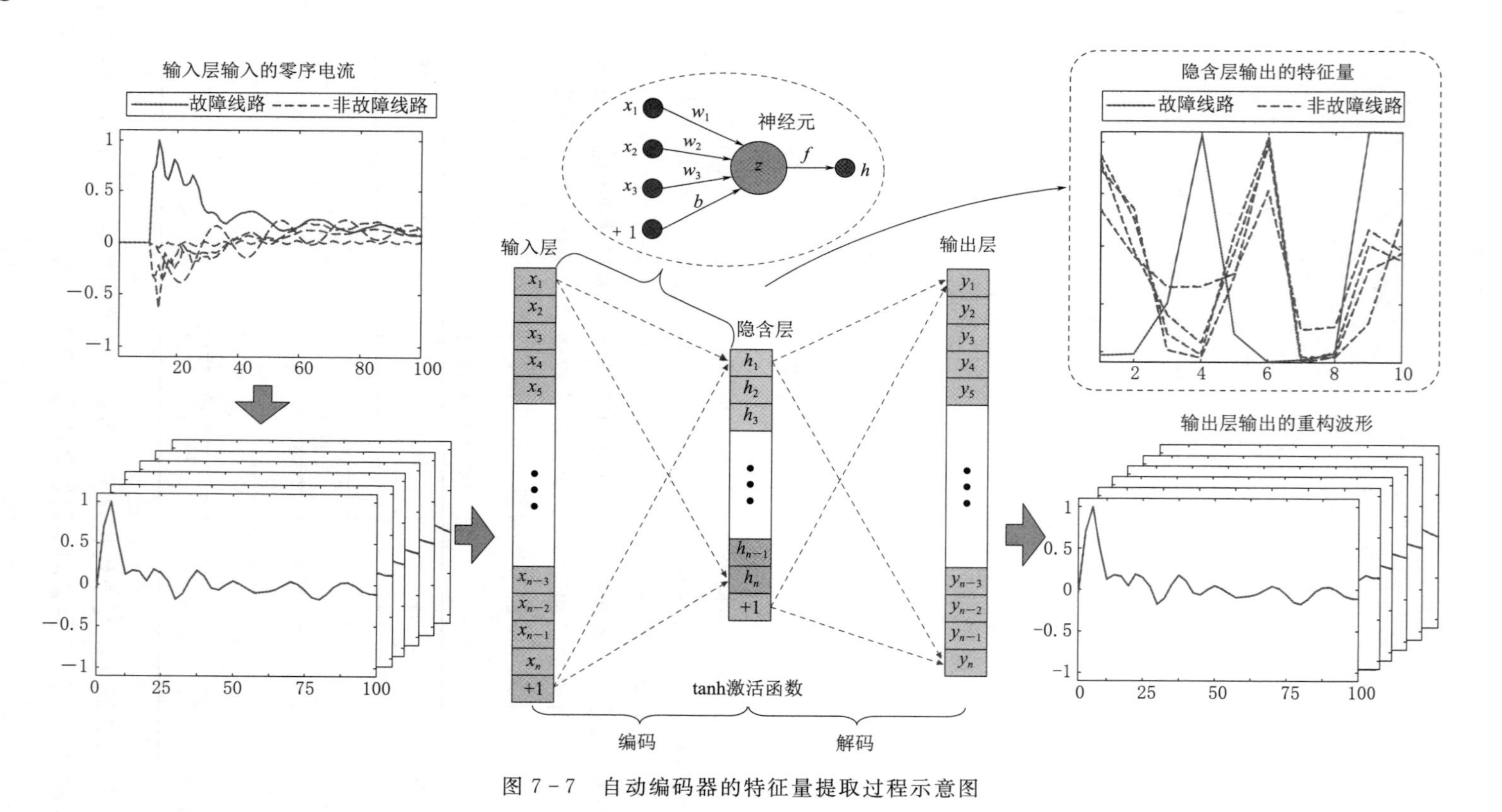

图 7-7　自动编码器的特征量提取过程示意图

次和 180 次时，隐含层输出的特征量。可知，随着迭代次数的增加，隐含层所提取的特征量越明显，当迭代次数达到 180 次之后，所提取的特征量已趋于稳定，并可明显看出故障线路与非故障线路间的暂态零序电流波形特征量的相似度比非故障线路间的暂态零序电流波形特征量的相似度小。

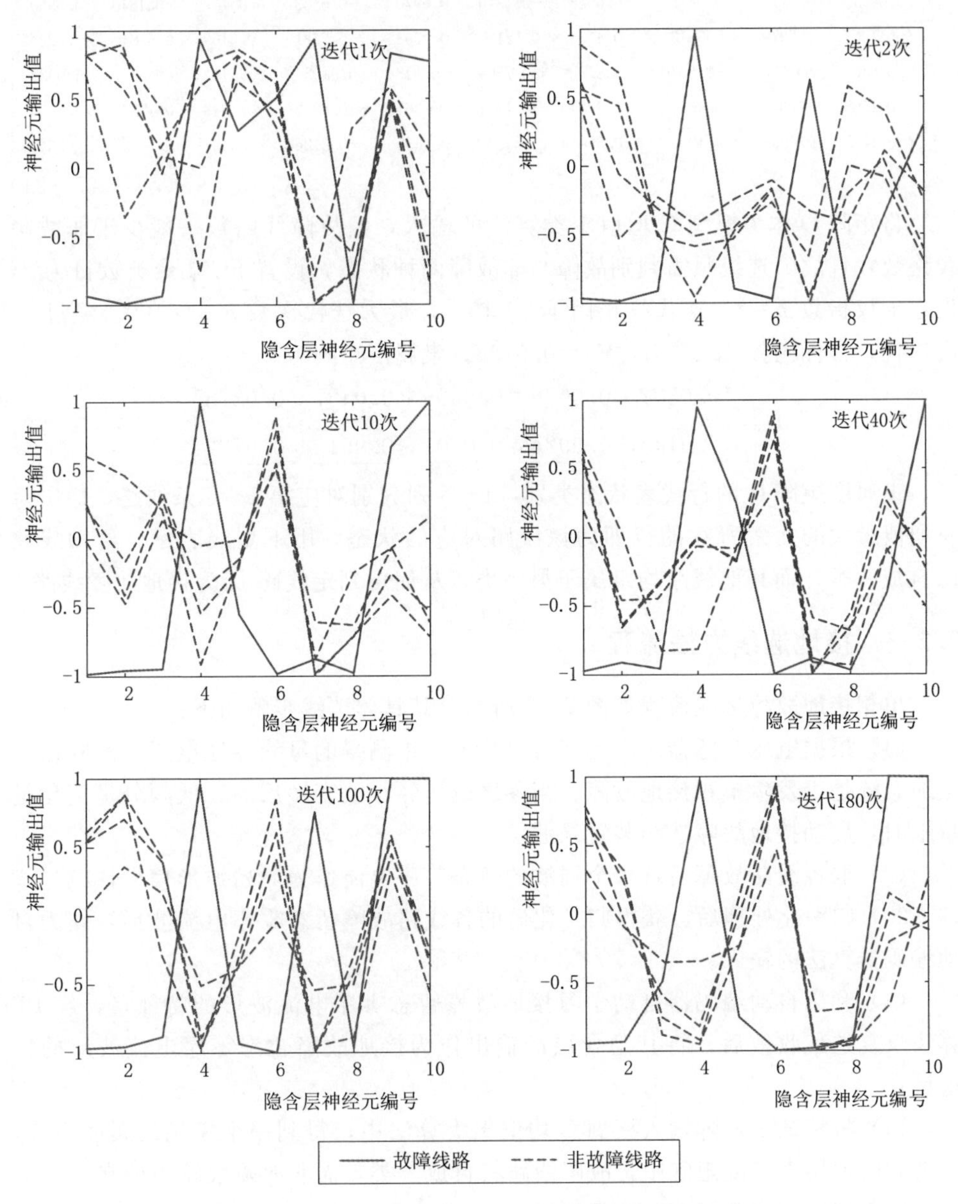

图 7-8　不同迭代次数时隐含层输出的特征量

7.2.2 波形特征量聚类选线

通过自动编码器提取各线路接地故障暂态零序电流波形的特征量，将特征量以矩阵形式表示如下：

$$\boldsymbol{O}=\begin{bmatrix} 0.0203 & 0.0777 & 0.0423 & -0.0658 & -0.1376 & 0.0970 & -0.6553 & 0.0513 & -0.1840 & 0.0360 \\ -0.1261 & 0.2879 & 0.3313 & -0.4484 & 0.1246 & 0.3363 & -0.7681 & -0.0169 & 0.5184 & -0.2342 \\ -0.5388 & -0.6359 & -0.9040 & 0.9872 & -0.7809 & -0.9188 & 0.9962 & 0.9344 & -0.8157 & 0.0922 \\ -0.1558 & -0.3830 & 0.4041 & -0.8734 & -0.1401 & 0.0361 & -0.8806 & -0.4343 & 0.4739 & 0.2629 \\ -0.1795 & 0.4236 & 0.4980 & -0.5941 & 0.2593 & 0.4652 & -0.8126 & -0.0434 & 0.7613 & -0.3406 \end{bmatrix} \tag{7-21}$$

将矩阵 $\boldsymbol{O}$ 作为模糊 C 均值聚类算法的输入，因故障线路数一般少于非故障线路数，且故障选线只需判别故障与非故障两种状态，设置 FCM 聚类数目为 2，设定加权指数 $p=2$，迭代终止因子 $\varepsilon=10^{-5}$，最大迭代次数 $k_{\max}=100$。经过 12 次迭代，目标函数 $J_{\mathrm{FCM}}(\boldsymbol{U},\boldsymbol{V})=0.0733$，隶属度矩阵为

$$\boldsymbol{U}=\begin{bmatrix} 0.0857 & 0.0076 & \underline{0.9999} & 0.0487 & 0.0278 \\ \underline{0.9143} & \underline{0.9924} & 0.0001 & \underline{0.9513} & \underline{0.9722} \end{bmatrix} \tag{7-22}$$

隶属度矩阵 $\boldsymbol{U}$ 的行代表状态类别，1～5 列分别对应第 1～5 条线路，$\boldsymbol{U}$ 中每一列值最大的元素所在的行即为该线路对应的状态，用下划线表示。可知线路 L_3 自成一类，而其他线路均隶属于另一类，从而可判定线路 L_3 为接地故障线路。

7.2.3 接地选线方法流程

单相接地故障选线流程如图 7-9 所示，其具体选线步骤如下：

(1) 根据电压互感器二次侧开口三角形绕组测得的母线零序电压，判断谐振接地系统是否发生单相接地故障。当零序电压经小波变换后高、低频分量变化量越限时，启动接地故障选线装置录波。

(2) 取各线路故障后首半个周波的暂态零序电流作为原始波形信号，经过式(7-20)归一化处理后，获得归一化后的各线路故障暂态零序电流波形，作为自动编码器算法的输入。

(3) 利用自动编码器自动学习接地故障暂态零序电流波形的特征量，经 BP 算法反复迭代收敛后，将其隐含层的输出作为接地故障暂态零序电流波形的特征量。

(4) 将特征量矩阵输入模糊 C 均值聚类算法中，得到一个模糊隶属度矩阵，在得到的模糊隶属度矩阵中，故障线路将自成一类，而非故障线路被分在另一类中，实现接地故障免阈值非监督选线。

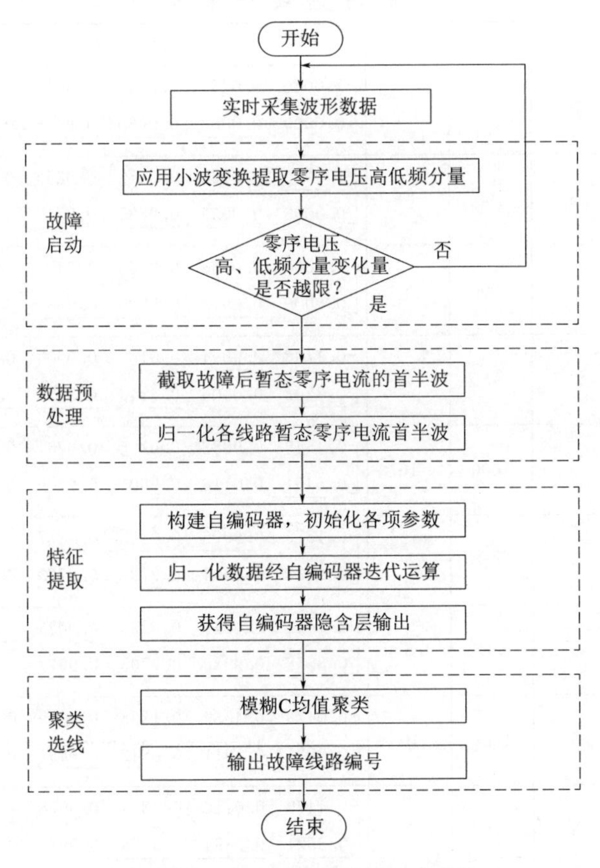

图 7－9　单相接地故障选线流程图

7.3　选线方法验证

7.3.1　仿真与现场数据验证

1. 仿真数据

单相接地故障通常发生在相电压过峰值的时刻，但因架空裸导线发生单相断线而入地或电缆遭人为破坏而接地等原因，接地故障也可能发生在相电压过零时刻。因此，需对不同线路、不同故障初相角、不同故障位置、不同接地过渡电阻、不同补偿度等情况下发生的单相接地故障进行仿真，其选线结果见表 7－2。表中：L_m为故障线路；θ为故障初相角；X_f为故障点到母线的距离；R_f为接地过渡电阻；p为消弧线圈补偿度。

表 7-2　　故障选线结果

L_m	$\theta/(°)$	X_f/km	R_f/Ω	p/%	隶属度矩阵 $\boldsymbol{U}$	选线结果
1	0	10	0	5	$\begin{bmatrix} \underline{1.0000} & 0.0037 & 0.0040 & 0.0015 & 0.0008 \\ 0.0000 & \underline{0.9963} & \underline{0.9960} & \underline{0.9985} & \underline{0.9992} \end{bmatrix}$	L_1
	45	5	100	10	$\begin{bmatrix} \underline{1.0000} & 0.0067 & 0.0115 & 0.0253 & 0.0048 \\ 0.0000 & \underline{0.9933} & \underline{0.9885} & \underline{0.9747} & \underline{0.9952} \end{bmatrix}$	L_1
	90	5	1000	8	$\begin{bmatrix} \underline{1.0000} & 0.0088 & 0.0165 & 0.0411 & 0.0081 \\ 0.0000 & \underline{0.9912} & \underline{0.9835} & \underline{0.9589} & \underline{0.9919} \end{bmatrix}$	L_1
2	0	10	0	5	$\begin{bmatrix} 0.1798 & \underline{0.9994} & 0.0182 & 0.0003 & 0.0089 \\ \underline{0.8202} & 0.0006 & \underline{0.9818} & \underline{0.9997} & \underline{0.9911} \end{bmatrix}$	L_2
	45	5	1000	10	$\begin{bmatrix} 0.4549 & \underline{0.9882} & 0.0195 & 0.0291 & 0.0108 \\ \underline{0.5451} & 0.0118 & \underline{0.9805} & \underline{0.9709} & \underline{0.9892} \end{bmatrix}$	L_2
	90	5	500	8	$\begin{bmatrix} 0.1575 & \underline{0.9996} & 0.0263 & 0.0277 & 0.0164 \\ \underline{0.8425} & 0.0004 & \underline{0.9737} & \underline{0.9723} & \underline{0.9836} \end{bmatrix}$	L_2
5	0	5	500	8	$\begin{bmatrix} 0.1442 & 0.0011 & 0.0295 & 0.0023 & \underline{0.9997} \\ \underline{0.8558} & \underline{0.9989} & \underline{0.9705} & \underline{0.9977} & 0.0003 \end{bmatrix}$	L_5
	90	5	1000	10	$\begin{bmatrix} 0.0479 & 0.4089 & 0.1158 & 0.3509 & \underline{0.9036} \\ \underline{0.9521} & \underline{0.5911} & \underline{0.8842} & \underline{0.6491} & 0.0964 \end{bmatrix}$	L_5
	45	8	100	5	$\begin{bmatrix} 0.4479 & 0.0116 & 0.0324 & 0.0078 & \underline{0.9860} \\ \underline{0.5521} & \underline{0.9884} & \underline{0.9676} & \underline{0.9922} & 0.0140 \end{bmatrix}$	L_5

2. 现场数据

由各线路距离母线最近的数字故障指示器及主站的接地故障选线软件，构成单相接地故障选线系统，用与第 5 章相同的现场数据验证所提算法的有效性。

其中，第一次接地故障发生在线路 L_4，各线路的暂态零序电流首半波如图 7-10 所示。将暂态零序电流波形归一化后输入自动编码器，经迭代收敛后得到隐含层输出的特征量如图 7-11 所示。

将隐含层输出的特征量输入免阈值设置的模糊 C 均值聚类算法中，可得到隶属度矩阵 $\boldsymbol{U}$：

$$\boldsymbol{U}=\begin{bmatrix} 0.0222 & 0.0068 & 0.0028 & \underline{1.0000} & 0.0042 & 0.0053 \\ \underline{0.9778} & \underline{0.9932} & \underline{0.9972} & 0.0000 & \underline{0.9958} & \underline{0.9947} \end{bmatrix} \tag{7-23}$$

由隶属度矩阵 $\boldsymbol{U}$ 中可知，线路 L_4 单独聚成一类，而其余线路聚为另一类，因此，判断线路 L_4 为接地故障线路。

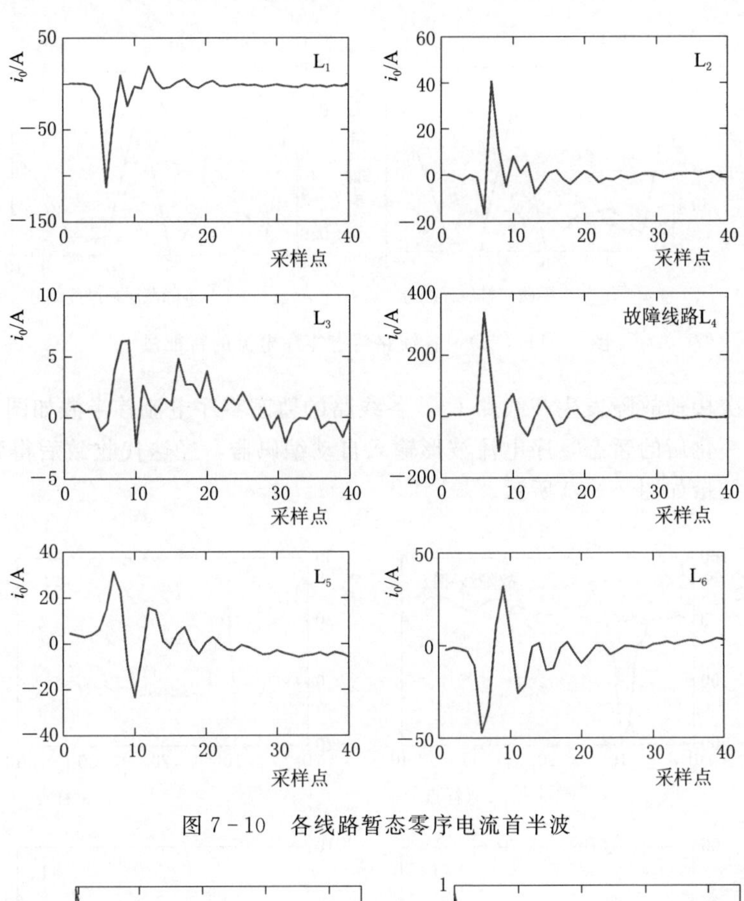

图 7-10　各线路暂态零序电流首半波

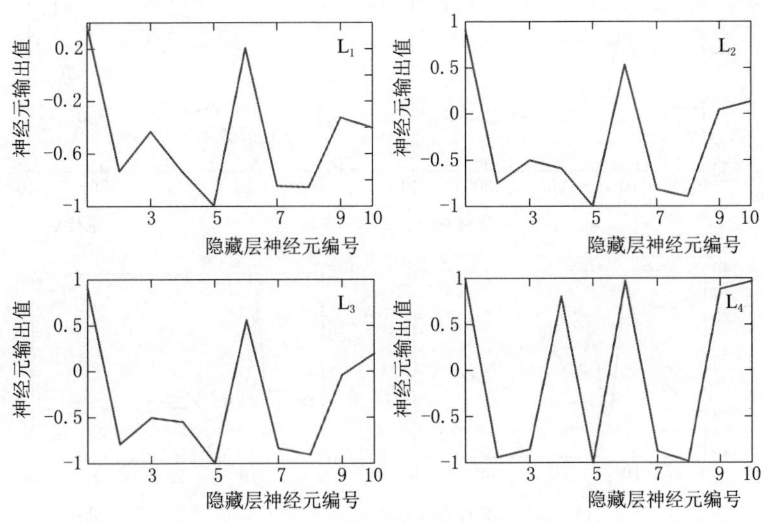

图 7-11（一）　各线路暂态零序电流的特征量

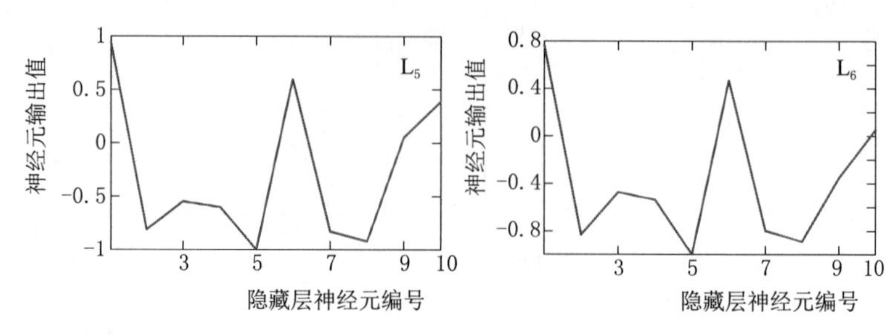

图 7-11（二） 各线路暂态零序电流的特征量

第二次接地故障发生在线路 L_1，各线路的暂态零序电流首半波如图 7-12 所示。将归一化后的暂态零序电流波形输入自动编码器，经迭代收敛后得到隐含层输出的特征量如图 7-13 所示。

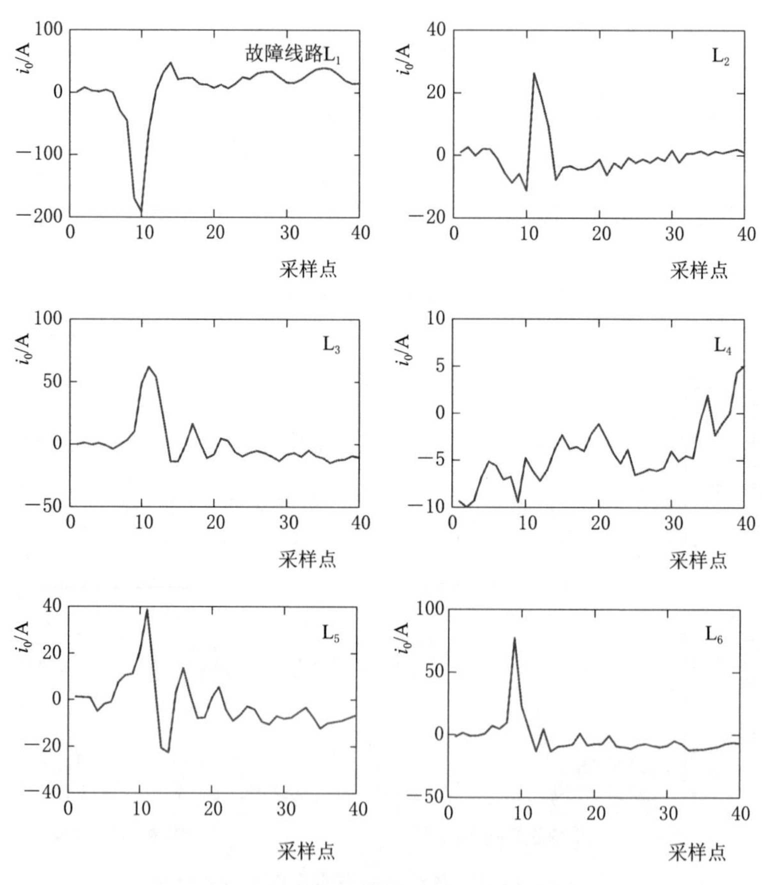

图 7-12 各线路暂态零序电流首半波

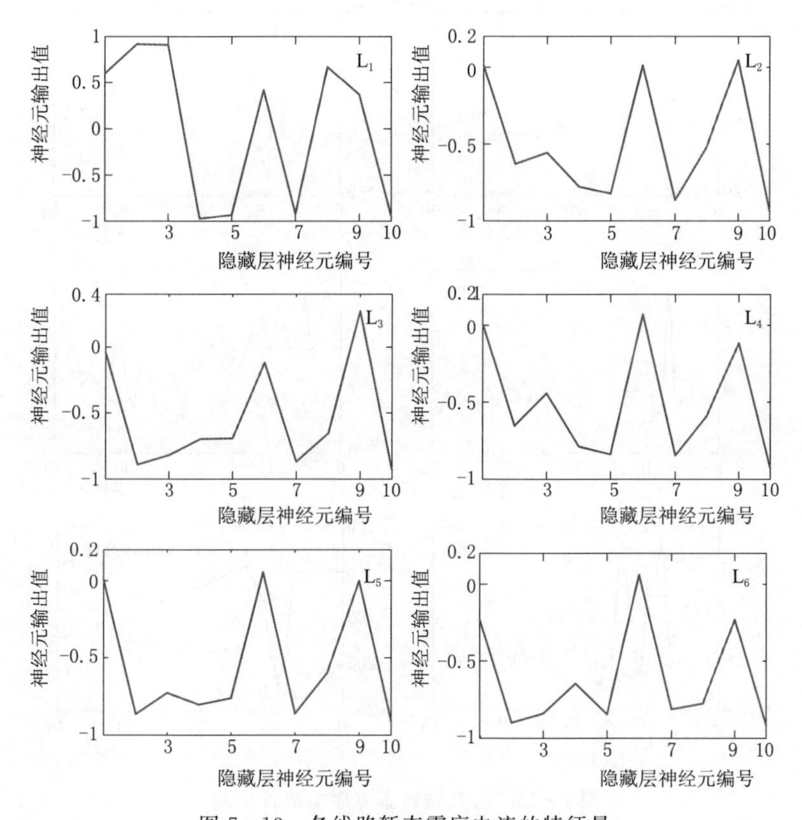

图 7-13　各线路暂态零序电流的特征量

将隐含层输出的特征量输入免阈值设置的模糊 C 均值聚类算法中，可得到隶属度矩阵 $\boldsymbol{U}$：

$$\boldsymbol{U}=\begin{bmatrix}\underline{1.0000} & 0.0223 & 0.0277 & 0.0279 & 0.0043 & 0.0193\\ 0.0000 & \underline{0.9777} & \underline{0.9723} & \underline{0.9721} & \underline{0.9957} & \underline{0.9807}\end{bmatrix} \tag{7-24}$$

由隶属度矩阵 $\boldsymbol{U}$ 中可知，线路 L_1 单独聚成一类，而其余线路聚为另一类，因此，判断线路 L_1 为接地故障线路。

第三次接地故障发生在线路 L_6，各线路的暂态零序电流首半波如图 7-14 所示。将归一化后的暂态零序电流波形输入自动编码器，经迭代收敛后得到隐含层输出的特征量如图 7-15 所示。

将隐含层特征量输入免阈值设置的模糊 C 均值聚类算法中，可得到隶属度矩阵 $\boldsymbol{U}$：

$$\boldsymbol{U}=\begin{bmatrix}0.0018 & 0.0007 & 0.0008 & 0.0011 & 0.0005 & \underline{1.0000}\\ \underline{0.9982} & \underline{0.9993} & \underline{0.9992} & \underline{0.9989} & \underline{0.9995} & 0.0000\end{bmatrix} \tag{7-25}$$

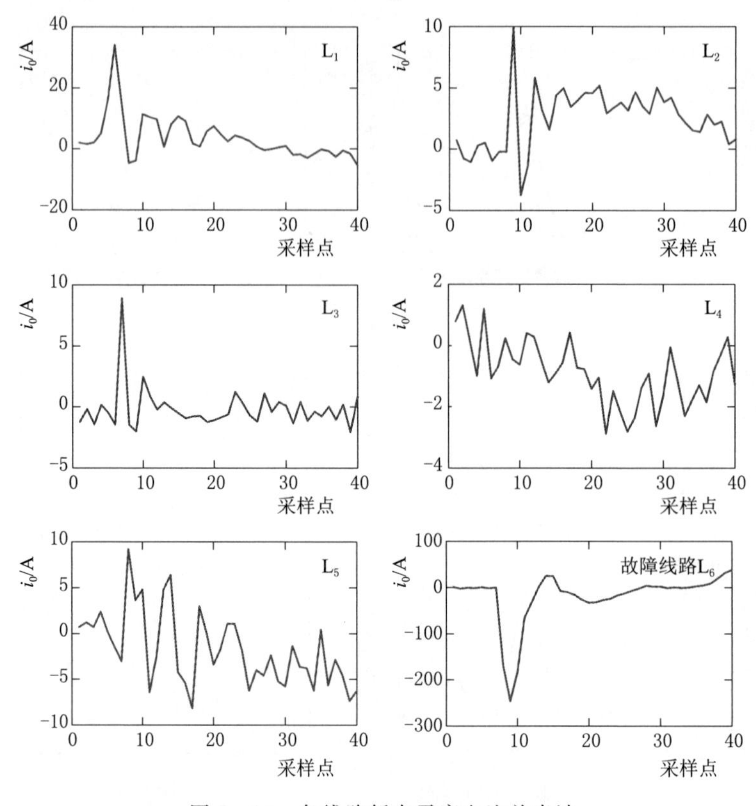

图 7-14　各线路暂态零序电流首半波

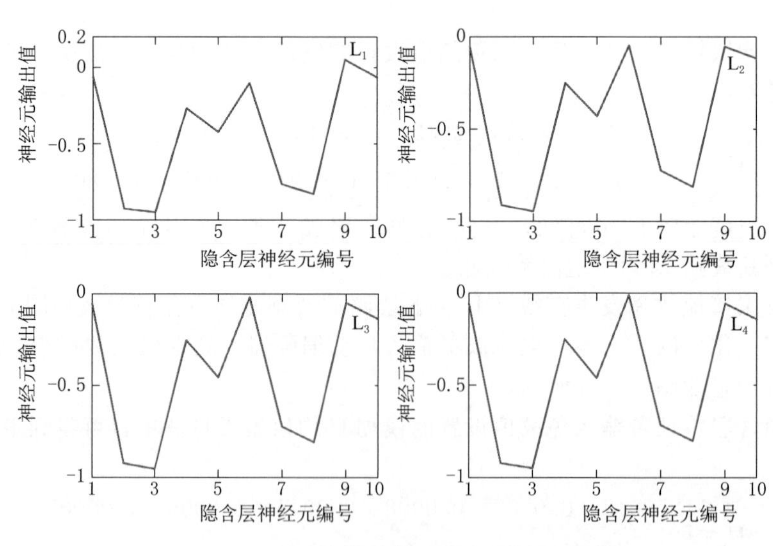

图 7-15（一）　各线路暂态零序电流的特征量

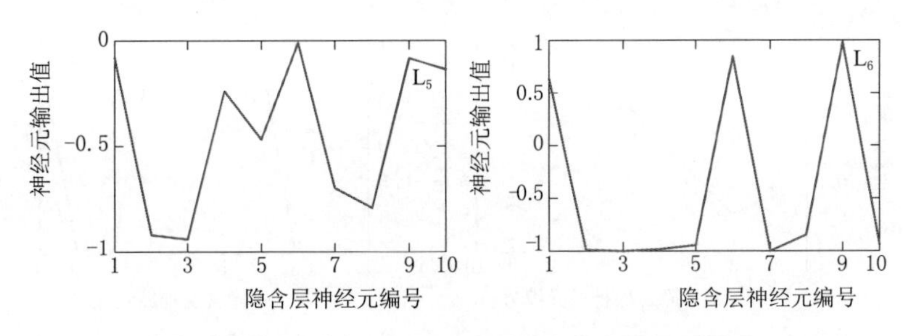

图 7-15（二） 各线路暂态零序电流的特征量

由隶属度矩阵 $\boldsymbol{U}$ 中可知，线路 L_6 单独聚成一类，而其余线路聚为另一类，因此，判断线路 L_6 为接地故障线路。

第四次接地故障发生在线路 L_2，各线路的暂态零序电流首半波如图 7-16 所示。将归一化的暂态零序电流波形输入自动编码器，经迭代收敛得到隐含层输出的特征量如图 7-17 所示。

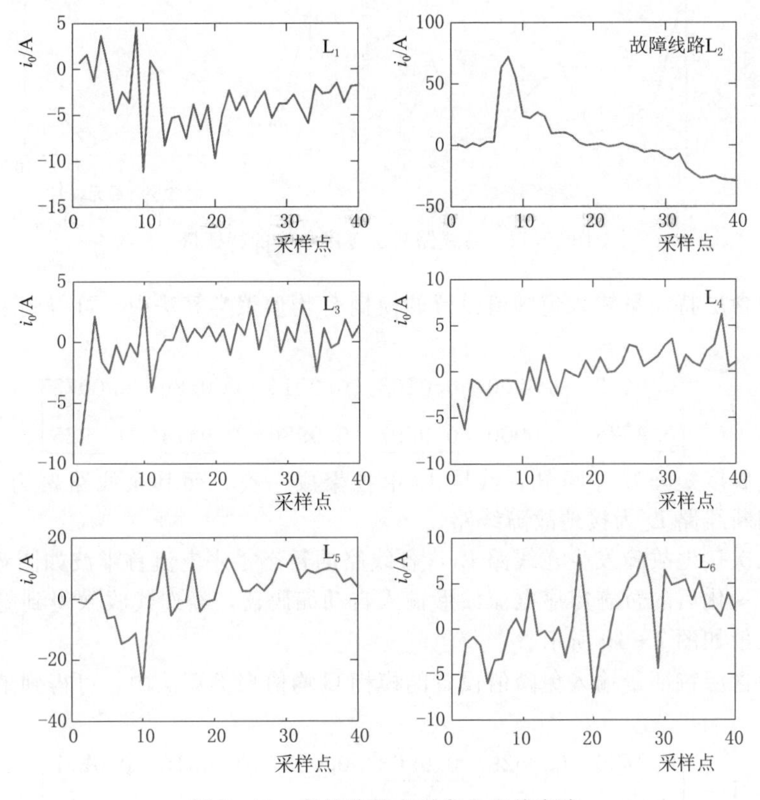

图 7-16 各线路暂态零序电流首半波

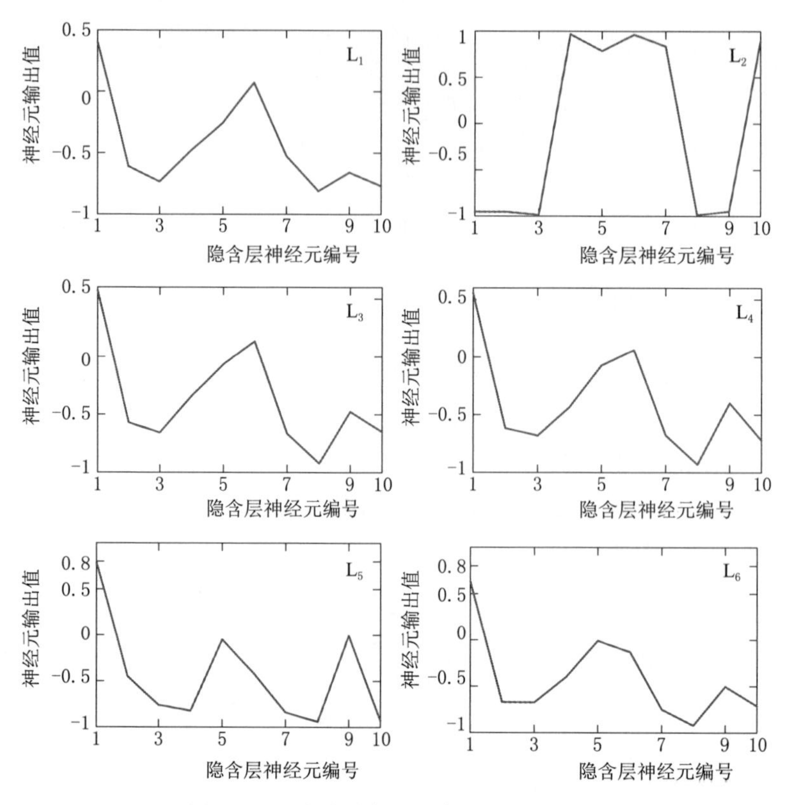

图 7-17　各线路暂态零序电流的特征量

将隐含层特征量输入免阈值设置的模糊 C 均值聚类算法中，可得到隶属度矩阵 $\boldsymbol{U}$：

$$\boldsymbol{U}=\begin{bmatrix} 0.0472 & \underline{1.0000} & 0.0103 & 0.0014 & 0.0526 & 0.0075 \\ \underline{0.9528} & 0.0000 & \underline{0.9897} & \underline{0.9986} & \underline{0.9474} & \underline{0.9925} \end{bmatrix} \tag{7-26}$$

由隶属度矩阵 $\boldsymbol{U}$ 中可知，线路 L_2 单独聚成一类，而其余线路聚为另一类，因此，判断线路 L_2 为接地故障线路。

第五次接地故障发生在线路 L_3，各线路的暂态零序电流首半波如图 7-18 所示。将归一化后的暂态零序电流波形输入自动编码器，经迭代收敛得到隐含层输出的特征量如图 7-19 所示。

将隐含层特征量输入免阈值设置的模糊 C 均值聚类算法中，可得到隶属度矩阵 $\boldsymbol{U}$：

$$\boldsymbol{U}=\begin{bmatrix} 0.2786 & 0.0529 & \underline{0.9963} & 0.0557 & 0.0318 & 0.0707 \\ \underline{0.7214} & \underline{0.9471} & 0.0037 & \underline{0.9443} & \underline{0.9682} & \underline{0.9293} \end{bmatrix} \tag{7-27}$$

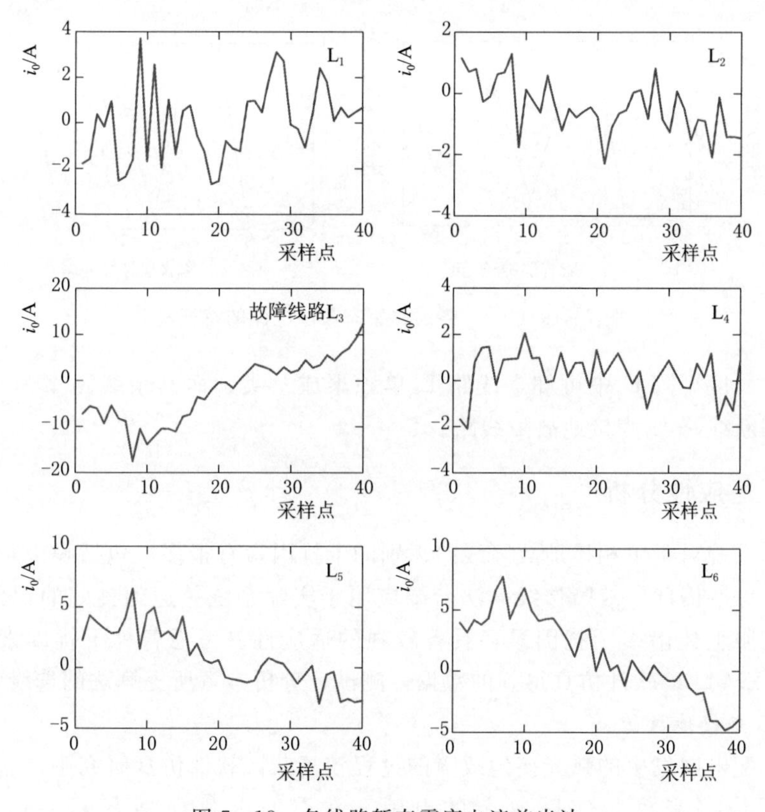

图 7-18　各线路暂态零序电流首半波

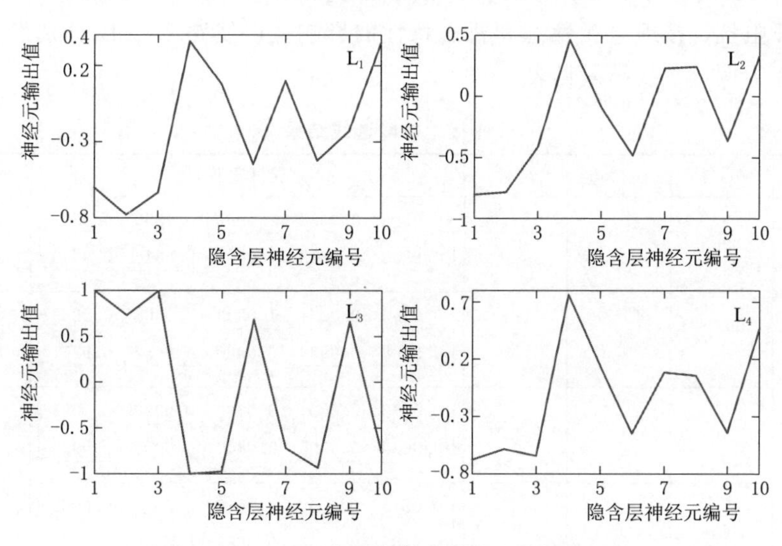

图 7-19（一）　各线路暂态零序电流的特征量

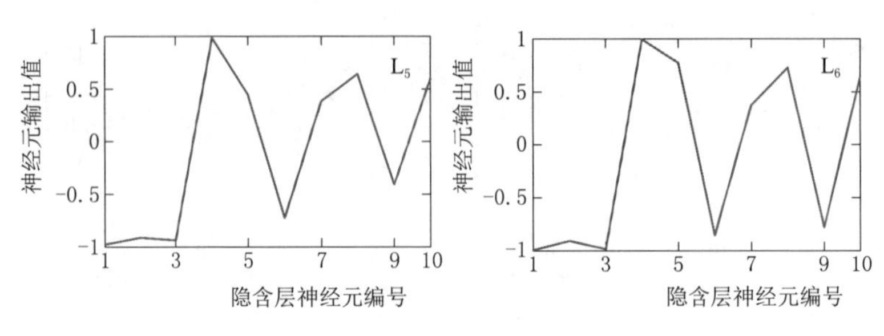

图 7-19（二） 各线路暂态零序电流的特征量

由隶属度矩阵 $\boldsymbol{U}$ 中可知，线路 L_3 单独聚成一类，而其余线路聚为另一类，因此，判断线路 L_3 为接地故障线路。

7.3.2 适应性分析

实际系统对于单相接地故障线路识别的干扰因素有很多，包括噪声干扰、采样不同步等。因此，故障选线算法若要应用于实际系统并达到良好的识别效果，就必须克服上述诸多干扰因素，具备较强的适应性。考虑各种干扰因素，基于PSCAD/EMTDC软件仿真得到的数据，测试、分析本章所提算法的选线效果。

1. 弧光接地故障

实际配电网发生的弧光接地故障的过程较复杂，软件仿真研究中，通常用简化的电弧模型来模拟实际复杂的电弧。常用的电弧模型有Cassie、Mayr、Schwarz及控制论等模型。仿真中采用控制论模型，主要因其可仿真不同电弧长度对电弧阻抗、接地电弧稳态和暂态特性的影响。以线路 L_3、L_4 分别发生弧光接地故障为例，选线结果见表 7-3。

表 7-3　　弧光接地故障选线结果

L_m	$\theta/(°)$	X_f/km	p/%	隶属度矩阵 $\boldsymbol{U}$	选线结果
3	90	3	10	$\begin{bmatrix} 0.0665 & 0.0187 & \underline{0.9992} & 0.1390 & 0.0500 \\ \underline{0.9335} & \underline{0.9813} & 0.0008 & \underline{0.8610} & \underline{0.9500} \end{bmatrix}$	L_3
	0	6	5	$\begin{bmatrix} 0.0592 & 0.0061 & \underline{1.0000} & 0.0368 & 0.0289 \\ \underline{0.9408} & \underline{0.9939} & 0.0000 & \underline{0.9632} & \underline{0.9711} \end{bmatrix}$	L_3
4	0	10	5	$\begin{bmatrix} 0.0962 & 0.0004 & 0.0160 & \underline{0.9999} & 0.0091 \\ \underline{0.9038} & \underline{0.9996} & \underline{0.9840} & 0.0001 & \underline{0.9909} \end{bmatrix}$	L_4
	45	5	8	$\begin{bmatrix} 0.0815 & 0.0007 & 0.0112 & \underline{1.0000} & 0.0065 \\ \underline{0.9185} & \underline{0.9993} & \underline{0.9888} & 0.0000 & \underline{0.9935} \end{bmatrix}$	L_4

2. 采样不同步

工程应用中，带录波功能的数字故障指示器分散安装于各线路，通过通信方式将接地故障暂态信号上传至主站分析处理。此时，各信号采样不同步的问题往往难于避免，所提选线算法能适应采样不同步的影响并正确选线。以线路 L_4、L_5 分别发生单相接地故障时，线路 L_1、L_3 的零序电流的采样时间滞后线路 L_4、L_5 的零序电流的采样时间 0.001s 为例，选线结果见表 7-4。

表 7-4　　信号采样不同步下的故障选线结果

L_m	$\theta/(°)$	X_f/km	R_f/Ω	p/%	隶属度矩阵 $\boldsymbol{U}$	选线结果
4	30	5	1000	8	$\begin{bmatrix} 0.1931 & 0.0289 & 0.0634 & \underline{0.9983} & 0.0375 \\ \underline{0.8069} & \underline{0.9711} & \underline{0.9366} & 0.0017 & \underline{0.9625} \end{bmatrix}$	L_4
	0	10	0	5	$\begin{bmatrix} 0.0750 & 0.0139 & 0.0268 & \underline{0.9999} & 0.0173 \\ \underline{0.9250} & \underline{0.9861} & \underline{0.9732} & 0.0001 & \underline{0.9827} \end{bmatrix}$	L_4
5	45	8	500	10	$\begin{bmatrix} 0.2961 & 0.0327 & 0.1172 & 0.0302 & \underline{0.9924} \\ \underline{0.7039} & \underline{0.9673} & \underline{0.8828} & \underline{0.9698} & 0.0076 \end{bmatrix}$	L_5
	90	5	0	5	$\begin{bmatrix} 0.0479 & 0.4089 & 0.1158 & 0.3509 & \underline{0.9036} \\ \underline{0.9521} & \underline{0.5911} & \underline{0.8842} & \underline{0.6491} & 0.0964 \end{bmatrix}$	L_5

3. 抗干扰能力

现场上传的故障暂态零序电流波形通常因噪声干扰信号的影响而发生变化，将会使选线准确率降低。在信噪比为 20dB 的高斯白噪声干扰下，以线路 L_2、L_3 分别发生单相接地故障为例，选线结果见表 7-5。

表 7-5　　高斯白噪声干扰下的故障选线结果

L_m	$\theta/(°)$	X_f/km	R_f/Ω	p/%	隶属度矩阵 $\boldsymbol{U}$	选线结果
2	45	10	1000	10	$\begin{bmatrix} 0.2538 & \underline{0.9942} & 0.0723 & 0.1045 & 0.0613 \\ \underline{0.7462} & 0.0058 & \underline{0.9277} & \underline{0.8955} & \underline{0.9387} \end{bmatrix}$	L_2
	0	15	0	5	$\begin{bmatrix} 0.1224 & \underline{0.9998} & 0.0294 & 0.0006 & 0.0141 \\ \underline{0.8776} & 0.0002 & \underline{0.9706} & \underline{0.9994} & \underline{0.9859} \end{bmatrix}$	L_2
3	45	6	1000	10	$\begin{bmatrix} 0.0229 & 0.0006 & \underline{1.0000} & 0.0026 & 0.0087 \\ \underline{0.9771} & \underline{0.9994} & 0.0000 & \underline{0.9974} & \underline{0.9913} \end{bmatrix}$	L_3
	0	3	0	5	$\begin{bmatrix} 0.0400 & 0.0022 & \underline{1.0000} & 0.0131 & 0.0152 \\ \underline{0.9600} & \underline{0.9978} & 0.0000 & \underline{0.9869} & \underline{0.9848} \end{bmatrix}$	L_3

4. 两点接地故障

单相弧光接地故障若未能及时切除，其所引起的过电压可能使其他线路同相的绝缘弱化点也发生接地，进而导致两点同时发生单相接地故障。对于这类故障，该方法仍能正确选线。以线路 L_1、L_5 同时发生 A 相单相接地故障为例，仿真不同线路同相两点接地故障，选线结果见表 7-6。

表 7-6　不同线路同相两点接地故障选线结果

L_m	$\theta/(°)$	X_f/km	R_f/Ω	p/%	隶属度矩阵 $\boldsymbol{U}$	选线结果
1	60	5	1000	10	$\begin{bmatrix} \underline{0.9209} & 0.0077 & 0.0350 & 0.0914 & \underline{0.9030} \\ 0.0791 & \underline{0.9923} & \underline{0.9650} & \underline{0.9086} & 0.0970 \end{bmatrix}$	L_1、L_5
5	90	8	500			
1	0	10	0	5	$\begin{bmatrix} \underline{0.8699} & 0.0027 & 0.0140 & 0.0206 & \underline{0.9400} \\ 0.1301 & \underline{0.9973} & \underline{0.9860} & \underline{0.9794} & 0.0600 \end{bmatrix}$	L_1、L_5
5	30	5	100			

7.4 本章小结

自动编码器属于半监督式学习算法，可利用其自动提取配电网单相接地故障暂态零序电流波形的特征量，进而通过对各线路暂态零序电流波形的特征量进行聚类，在无需大量带标签的波形数据及设置选线阈值的情况下选出接地故障线路，适用于工程实际。本章在介绍自动编码器的结构模型和数学模型，编码和解码过程，算法的迭代过程的基础上，设计了一个 3 层自动编码器模型用于各线路故障暂态零序电流波形的特征量的自动提取，并结合 FCM 算法实现配电网单相接地故障选线。利用 PSCAD/EMTDC 软件仿真弧光接地故障、采样不同步、噪声干扰、两点接地等故障情况及影响因素，该选线方法均能准确、可靠地选出接地故障线路。现场录波型数字式故障指示器的实测故障暂态零序电流波形数据的测试结果，进一步验证了所提方法的有效性。

本章参考文献

[1] 朱乔木，陈金富，李弘毅，等．基于堆叠自动编码器的电力系统暂态稳定评估 [J]. 中国电机工程学报，2018，38 (10)：2937-2946，3144.

第 8 章

分布式配电网单相接地故障选线系统

8.1 接地故障选线系统构成

分布式接地故障选线系统由接地故障选线装置和接地故障选线软件构成。接地故障选线装置具有实时采样电压和电流波形数据、判断接地故障发生并存储接地故障波形数据等功能。接地故障选线软件与接地故障选线装置通过以太网实现信息交互，实现单相接地故障选线、接地故障波形数据管理以及与运行人员的人机交互等功能。

实现单相接地故障选线，需获取故障后的母线电压和各条线路电流数据，若直接将互感器二次侧电压、电流信号通过二次电缆送入主控室，模拟信号容易受到电磁干扰而失真。然而，若先将互感器二次侧模拟信号转换为数字信号，再由通信线传输，则信号采集的抗干扰能力将明显提高。因此，接地故障选线装置采用分布式配置方式，根据功能不同分成电流监测终端和电压监测终端两种，并分别布置于线路柜和母线柜中。位于各个线路柜中的电流监测终端采集所在线路的三相电流和零序电流，位于母线柜中的电压监测终端采集所在母线的三相电压和零序电压。以电压等级为 10 kV 的配电网为例，图 8－1 展示了接地故障选线装置与配电网的连接示意图。

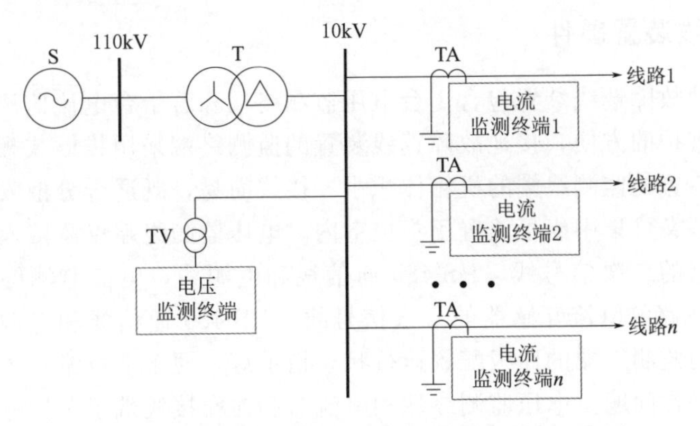

图 8－1　接地故障选线装置与配电网的连接示意图

如图 8-2 所示，接地故障选线系统的结构分成三层，顶层为接地故障选线软件，中层为电压监测终端，底层为电流监测终端。接地故障选线装置包含中层和底层两个部分，分布式配置的接地故障选线装置采用主从式通信。各个线路柜内的电流监测终端通过 RS-485 通信方式与对应母线柜的电压监测终端建立通信连接。各个母线柜内的电压监测终端通过以太网通信方式与接地故障选线软件（即上位机软件）实现信息交互。配电网发生单相接地故障后，电压监测终端除了采集所在母线柜内的电压波形数据外，还需获取所在母线下各个线路柜内所有电流监测终端的电流数据，并将故障后电压及电流波形数据传输至上位机，并由接地故障选线软件分析处理。

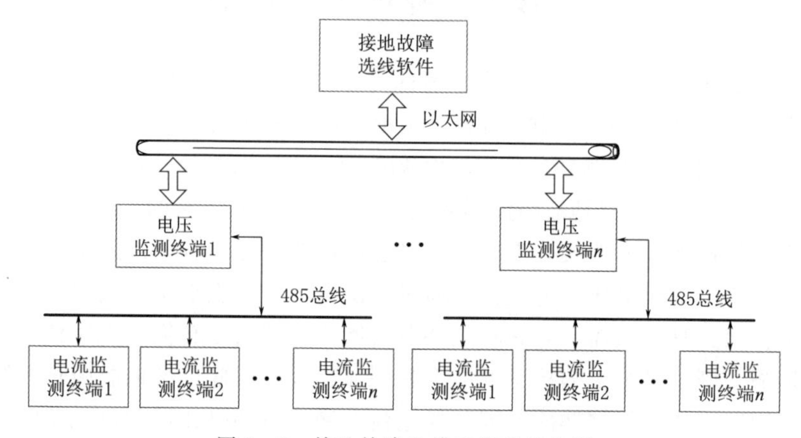

图 8-2　接地故障选线系统的结构图

8.2　接地故障选线装置设计

8.2.1　选线装置硬件

一套接地故障选线装置包含 1 台电压监测终端和若干台电流监测终端。为了现场安装和维护的方便，接地故障选线装置的监测终端采用拔插式板卡设计。接地故障选线装置的监测终端的机箱体积小、接线简易，既适合分散安装于母线柜或线路柜内，又可集中组柜放置于主控室内。电压监测终端仅需接入 10 kV 母线的电压互感器的二次信号线、RS-485 通信线和电源线，电流监测终端仅需接入某条 10 kV 线路的电流互感器的二次信号线、RS-485 通信线和电源线。接地故障选线装置的监测终端的面板配置运行状态指示灯，便于运行维护人员快速排查监测终端的异常问题。电压监测终端和电流监测终端接线端子布置分别如图 8-3（a）和图 8-3（b）所示。

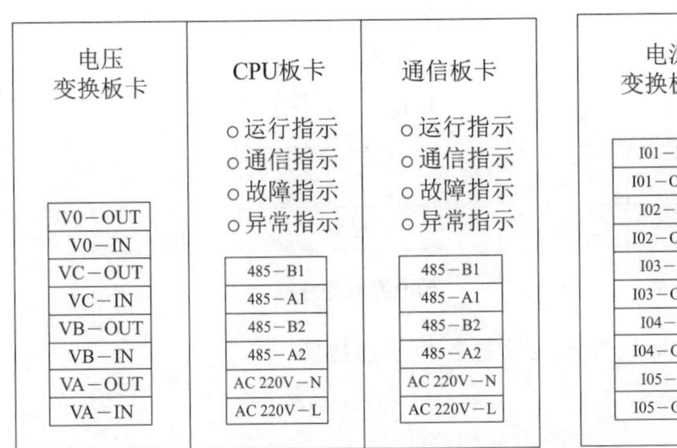

(a) 电压监测终端　　　　(b) 电流监测终端

图 8-3　接地故障选线装置接线端子布置

接地故障选线装置的各监测终端均由母板卡（底板）和子板卡两类板卡组成。电压监测终端和电流监测终端采用相同的母板卡，提高了板卡的通用性。电压监测终端由三个子板卡组成，分别为 CPU 板卡、通信板卡和电压变换板卡。电流监测终端由两个子板卡组成，分别为 CPU 板卡和电流变换板卡。电压监测终端和电流监测终端的构成分别如图 8-4（a）和图 8-4（b）所示。其中，电压监测终端 CPU 板卡、电压监测终端通信板卡和电流监测终端 CPU 板卡采用相同的 PCB 板。电压、电流监测终端内部板卡之间的连接关系分别如图 8-5（a）和图 8-5（b）所示。母板卡（底板）用于建立各个子板卡之间的电气连接。电压变换板卡将电压互感器二次输出电压转换为低电压信号经母板卡送入电压监测终端 CPU 板卡。电流变换板卡将电流互感器二次输出电流转换为电压信号经母板卡送入电流监测终端 CPU 板卡。通信板卡通过 RS-485 通信模块分别获取电压、电流监测终端 CPU 板卡的电压、电流波形数据。

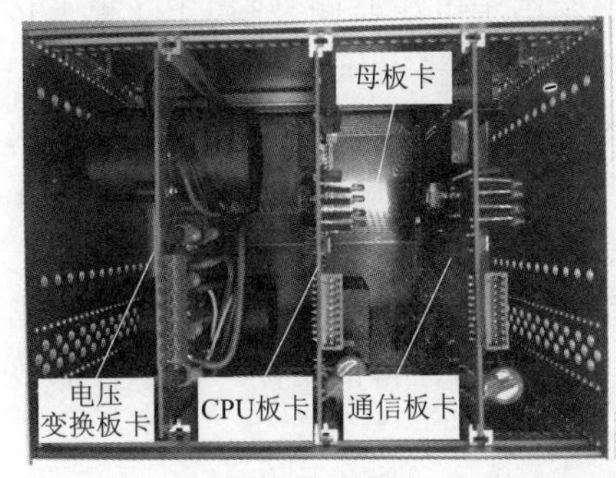

(a) 电压监测终端

(b) 电流监测终端

图 8-4　接地故障选线装置构成图

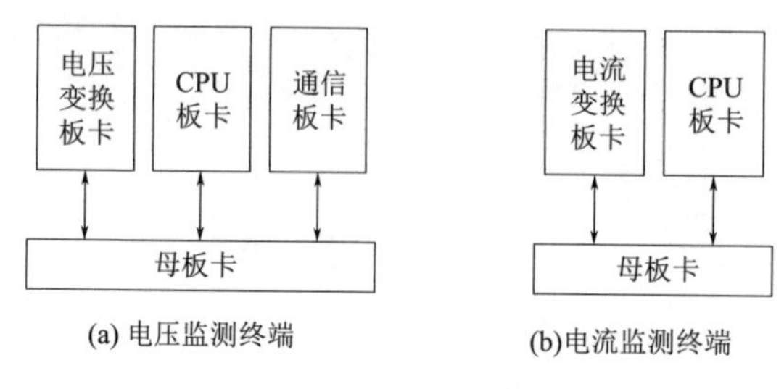

图 8-5　接地故障选线装置各板卡连接图

1. CPU 板卡

CPU 板卡原理图如图 8-6 所示。根据采集电气量的不同，位于电流监测终端中的 CPU 板卡，称为电流监测终端 CPU 板卡；位于电压监测终端中的 CPU 板卡，称为电压监测终端 CPU 板卡。不论是电压监测终端 CPU 板卡，还是电流监测终端 CPU 板卡，两者的 PCB 板相同，这里统一介绍。CPU 板卡由微控制器 (Microcontroller Unit，简称 MCU)、RS-485 通信模块、AD 采样模块、外部存储器模块、人机交互模块和电源模块组成。

(1) MCU 采用基于 ARM Cortex^{TM}-M4F 内核的 32 位微控制器 STM32F407VGT6，具有 15 个通信接口，带单精度浮点运算单元，主频高达 168 MHz。其中，4 个 USART 通信接口速率可达 10.5 Mbit/s，3 个 SPI 通信接口速率可达 37.5 Mbit/s。高速的通信接口为接地故障选线装置快速上传故障数据至接地故障选线软件提供了硬件支持，带单精度浮点运算单元的内核则有利于快速准确判断接地故障的发生。

(2) AD 采样模块选用 8 通道同步采样、双极性输入、16 位分辨率的 AD7606 模数转换芯片，用于同步采集故障时的电压、电流波形数据。

(3) RS-485 通信模块用于 CPU 板卡和通信板卡实现信息交互。板载两个 RS-485 通信模块，其中 RS-485 通信模块 1 专用于电压监测终端 CPU 板卡传送启动录波指令至通信板卡，RS-485 通信模块 2 用于将电压、电流监测终端 CPU 板卡采集的故障电压、电流波形数据发送给通信板卡。两个 RS-485 通信模块均选用嵌入式隔离 RS-485 收发器 RSM3485CHT，分别通过 UART3 和 UART1 与 MCU 相连。

(4) 外部存储器模块采用 SST25VF032B 串行闪存芯片，存储容量为 32 Mbit，与 MCU 通过 SPI2 相连。因其具有掉电数据保持的功能，用于存储故障电压、电流波形数据。

(5) 电源模块为 CPU 板卡各个模块供电。人机交互模块通过 LED 灯指示接地故障选线装置的运行状态，并通过拨码开关配置接地故障选线装置的类型和地址。

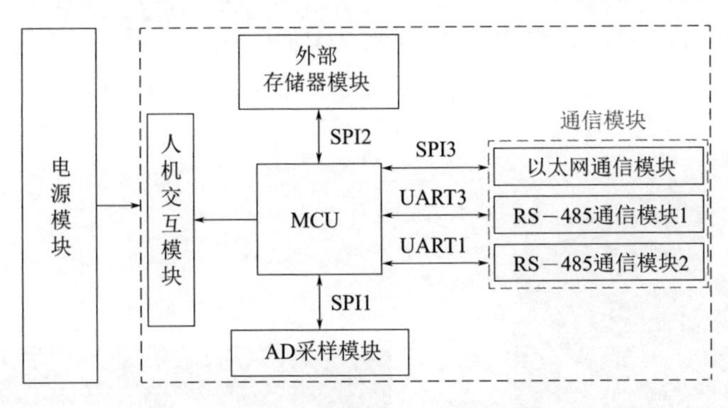

图 8－6　CPU 板卡原理框图

2. 通信板卡

通信板卡与 CPU 板卡采用相同的 PCB 板。但通信板卡仅包含 MCU、以太网通信模块、两个 RS-485 通信模块、外部存储器模块、人机交互模块和电源模块。以太网通信模块选用支持 TCP/IP 协议的 HS-NM5200A 模块，用于实现电压监测终端与上位机接地故障选线软件之间的数据传输。RS-485 通信模块 1 用于接收电压监测终端 CPU 板卡传送的启动录波指令，RS-485 通信模块 2 用于获取电压、电流监测终端 CPU 板卡采集的故障电压、电流波形数据。

3. 电压变换板卡

电压监测终端测量 10kV 母线的电压互感器的二次信号，一般电压互感器的变比为 10kV：0.1kV：$0.1/\sqrt{3}$kV。电压变换板卡配置 4 个电压变换器，分别测量三相电压和零序电压，即将 10kV 电压互感器的二次电压信号转换为 CPU 板卡 AD 采样模块允许输入的电压范围。其中，四个电压变换器的型号均为 TR1101：4G。由于单相接地故障可能存在过电压，故选用的 TR1101：4G 的变比和量程范围应留有裕度，电压变换器的变比选为 200 V：3.53V。

4. 电流变换板卡

电流监测终端测量 10kV 线路的电流互感器的二次信号，一般电流互感器的二次电流为 5A 或 1A。电流变换板卡配置 5 个电流变换器，分别测量三相电流和 2 路零序电流。其中，由于单相接地故障过渡电阻的随机性，零序电流的幅值存在较大差异。为了获取更精确的故障零序电流波形，选择两个不同变比的电流变换器，一个用于测量幅值较大的零序电流，另一个则测量幅值较小的零序电流。类似地，电流变换器将电流互感器的二次电流信号转换为 CPU 板卡 AD 采样模块允许输入的电压范围。其中，测量三相电流的三个电流变换器型号均为 TR0101-4G，变比为 100A：3.53V；测量幅值较大的零序电流的电流变换器型号为 TR01153-2G，变比为 40A：3.53V，测量幅值较小的零序电流的电流变换器型号为 TR01116-2BA，变比为 5A∶3.53V。

装置已在变电站、开闭所进行安装部署，如图 8-7 和图 8-8 所示。

图 8-7　配电网接地故障信号采集屏现场安装图

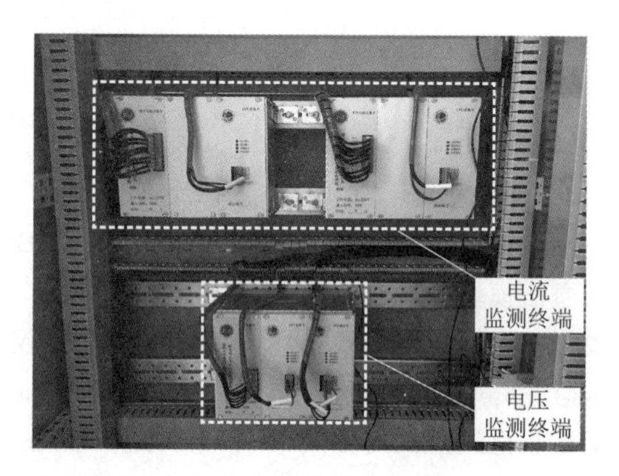

图 8-8　接地故障选线装置现场安装图

8.2.2　选线装置软件

电流、电压监测终端的 CPU 板卡的程序流程如图 8-9 所示。电流监测终端 CPU 板卡程序实现 Modbus 的串口通信协议报文收发、解析及处理，故障电流波形采集及存储等功能，实时判断是否收到电压监测终端的通信板卡的启动录波指令。电流监测终端 CPU 板卡的程序流程如图 8-9（a）所示。电压、电流监测终端 CPU 板卡程序的区别在于，电压监测终端 CPU 板卡除了收发、解析及处理 Modbus 通信协议报文外，还需实时监测母线处电压，以判断配电网是否发生单相接地故障，以及存储故障前后母线各相电压及零序电压波形数据。电压监测终端 CPU 板卡的程序流程如图 8-9（b）所示。

电压监测终端 CPU 板卡实时采集三相电压和零序电压的波形数据，单相接地故障启动算法程序根据实时零序电压数据生成高、低频自适应阈值[1]。若零序电压高、低频分量变化量中的任意一者超过对应的自适应阈值，则判定为扰动；若扰动持续时间超过所设定时间阈值，则判定为发生单相接地故障，存储故障前后母线各相电压及零序电压波形数据，并向各电流监测终端发送启动录波指令。在接地故障选线装置中，启动算法程序完成一次生成自适应阈值和识别扰动过程

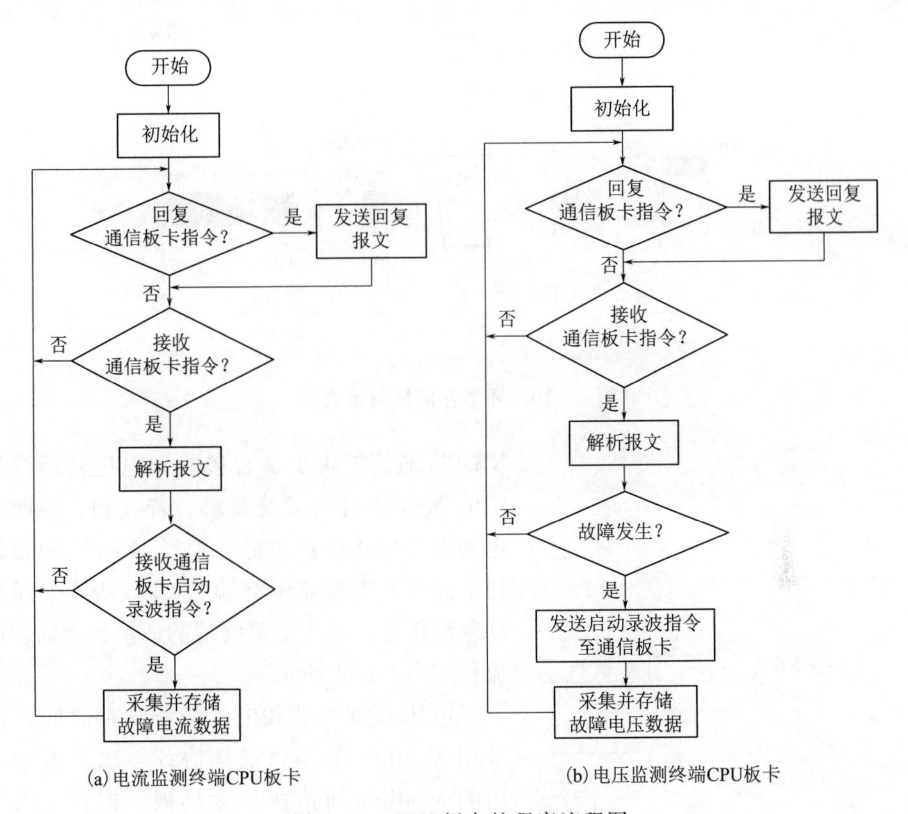

图 8-9 CPU 板卡的程序流程图

所需的时间约为 85μs。为了保证接地故障选线装置数据采集及存储的实时性，采用环形存储机制，如图 8-10 所示。在 MCU 中定义一个数组 A，程序初始化时，读指针 rp 和写指针 wp 位于数组 A 的首地址。由写指针 wp 向前写入一定存储空间的数据后，写指针 wp 与读指针 rp 保持一定距离一起向前移动，当指针（读指针 rp 或写指针 wp）指到数组 A 的末尾时，自动返回到数组 A 的首地址。当判断到发生故障，将读指针 rp 至写指针 wp 之间的数据作为故障前的波形数据，故障后采集的波形数据放入发送缓冲数组 B 中。当故障后波形数据存入数组 B 后，再将存储于数组 A 中故障前的波形数据补充至数组 B 中，则数组 B 存储了故障前后的波形数据。其中，每路电气量的采样频率为 10kHz，即每个工频周波采集 200 个点。

电压监测终端的通信板卡除了与 CPU 板卡（包括电流、电压监测终端的 CPU 板卡）交互信息外，还需与接地故障选线软件通信。针对 CPU 板卡，采用 Modbus 的串口通信协议回复和解析报文；针对上位机，采用 Modbus 的 TCP/IP 通信协议回复和解析报文。此外，电压监测终端的通信板卡实时判断其

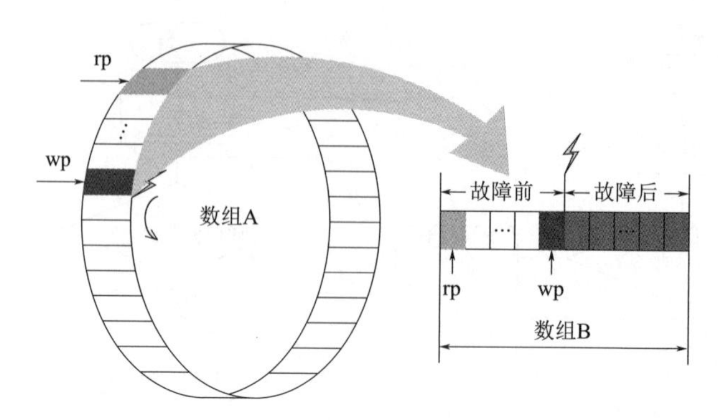

图 8-10　环形存储机制示意图

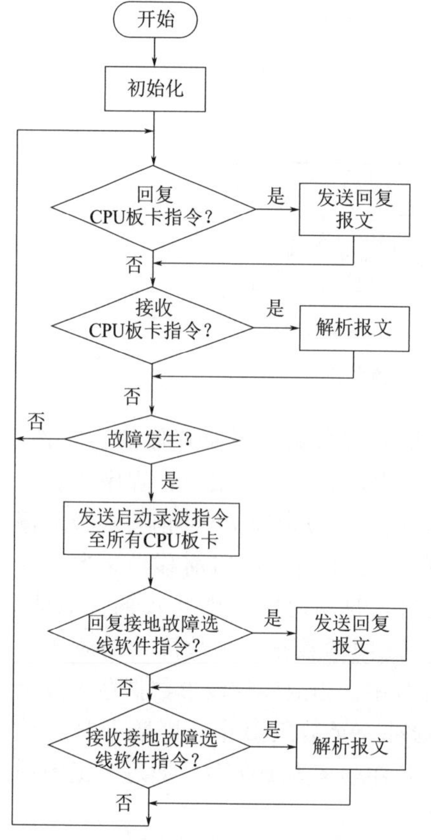

图 8-11　电压监测终端通信板卡的程序流程图

RS-485 通信模块 1 是否接收到电压监测终端 CPU 板卡的启动录波要求，若收到，说明配电网发生单相接地故障，则经 RS-485 通信模块 2 向所有电流监测终端的 CPU 板卡发送启动录波指令。电压监测终端的通信板卡的程序流程如图 8-11 所示。

电压监测终端和电流监测终端之间通信采用 Modbus 的串口通信协议，以工业中常用的 Modbus 通信协议为模板，根据本系统的特点制定了接地故障选线装置的通信协议。接地故障选线软件与电压监测终端之间信息传输采用 Modbus 的 TCP/IP 通信协议。

根据接地故障选线装置的需要，设置具有特殊含义的功能码见表 8-1，各功能码主要作用如下：

（1）链路测试指令用于判断各电流监测终端与电压监测终端之间的通信链路是否正常。

（2）波形存储完成指令用于电压监测终端告知各电流监测终端电流波形数据已存储完毕。

（3）下发故障发生时间指令用于电压监测终端下发故障发生时刻给个电流监测终端。

（4）读取录波数据指令用于电压监测终端读取各电流监测终端存储的电流波形数据。

（5）启动录波指令用于电压监测终端向各电流监测终端广播启动录波指令，保证所有故障电流波形的同步采样。

接地故障选线软件与电压监测终端之间交互的主要信息有：

（1）判断各个电压监测终端与上位机之间的网络连接是否正常。

（2）接地故障选线软件与电压监测终端的时间同步。

（3）配置电压监测终端存储的服务器 IP 地址。

（4）接地故障选线软件召测接地故障选线装置采集的当前电压、电流波形数据。

（5）接地故障选线软件召测电压监测终端存储的接地故障电压、电流波形数据。

表 8-1　　功 能 码 信 息

功　能　码	描　　述	指　　令
01H	读寄存器	链路测试
05H	写单个寄存器	波形存储完成指示
10H	写多个寄存器	下发故障发生时间
14H	读文件记录	读取录波数据
41H	用户自定义	启动录波

8.3　接地故障选线软件设计

8.3.1　接地故障选线软件

接地故障选线软件的主要任务为实现与接地故障选线装置间的通信、对采集的波形数据进行存储和显示、在配电网发生单相接地故障时调用人工智能选线算法软件准确选出接地故障线路并告警等。采用模块化的方式设计接地故障选线软件，良好的模块化结构可降低软件复杂度，并有利于软件的扩展和升级。

接地故障选线软件总体结构如图 8-12 所示，可分为应用软件模块、数据库模块和通信模块三个部分。其中，数据库采用 SQL Server 2008 R2 开发，应用软件模块与通信模块以 LabVIEW 作为开发软件。应用软件模块与数据库模块之间利用 SQL 语句实现数据交互，通信模块利用 LabSQL 工具包实现对数据库的访问。应用软件模块、数据库模块和通信模块均安装于上位机中。

各模块的基本功能如下：

（1）应用软件模块。应用软件模块基本功能如图 8-13 所示，包括主界面、设备管理、历史数据、通信管理、用户管理、波形监测、系统帮助等子模块。其中，主界面子模块显示线路的运行状态；设备管理子模块实现对监测终端的添加、删除等操作；历史数据子模块的功能为查询历史故障数据，并生成相应图

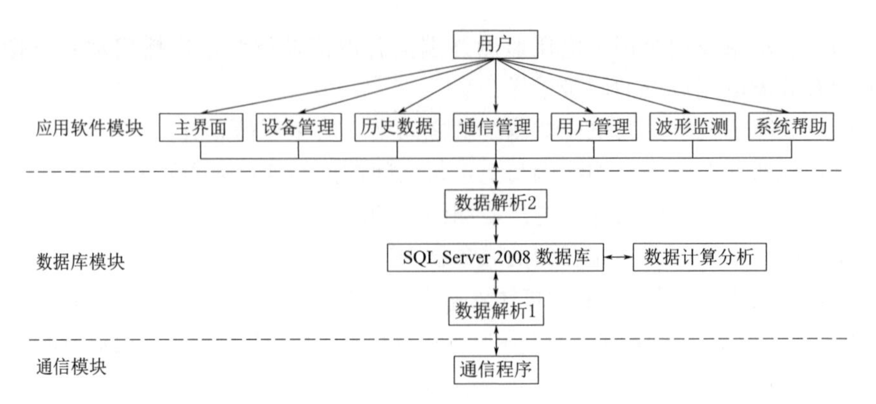

图 8-12　软件总体结构图

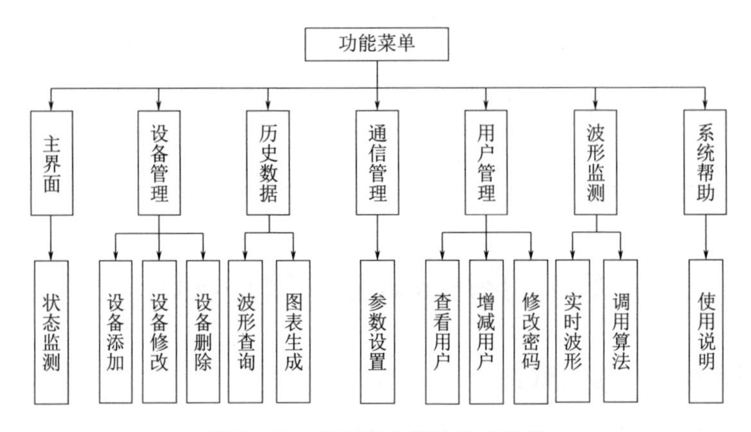

图 8-13　应用软件模块基本功能

表；通信管理子模块的功能为设置通信参数等；波形监测子模块可展示实时电流、电压波形，也可调用人工智能选线算法软件，实现单相接地故障选线。应用软件模块的主界面如图 8-14 所示，监测到发生接地故障，可显示故障信息并告警。

(2) 通信模块。通信模块作为接地故障选线系统的数据中转站，实现数据交互与预处理。通信模块与接地故障选线装置间采用 Modbus 的 TCP/IP 通信协议，接地故障选线装置的电压监测终端作为从机，通信模块作为主机。系统正常运行下，通信模块定时下发链路测试和对时指令，并可召测电压监测终端收集的实时电压、电流波形数据；当系统发生故障时，通信模块收到接地故障选线装置的故障发生指令后，下发故障波形采集指令，并将收到的波形数据存入数据库；最后由应用软件模块调用数据库中的故障波形数据，同时调取人工智能选线算法软件选出接地故障线路，并发出告警信息。通信模块采用多线程编程，软件流程如图 8-15 所示。

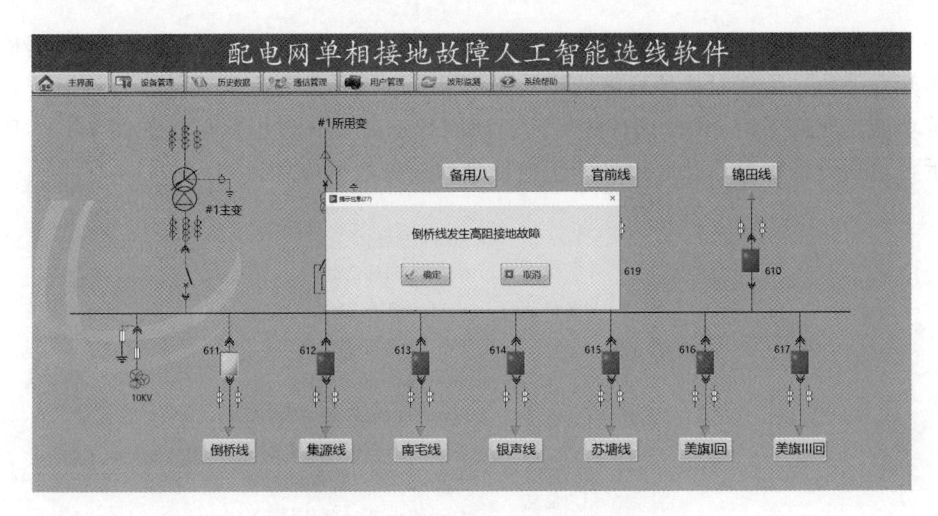

图 8-14　应用软件模块的主界面

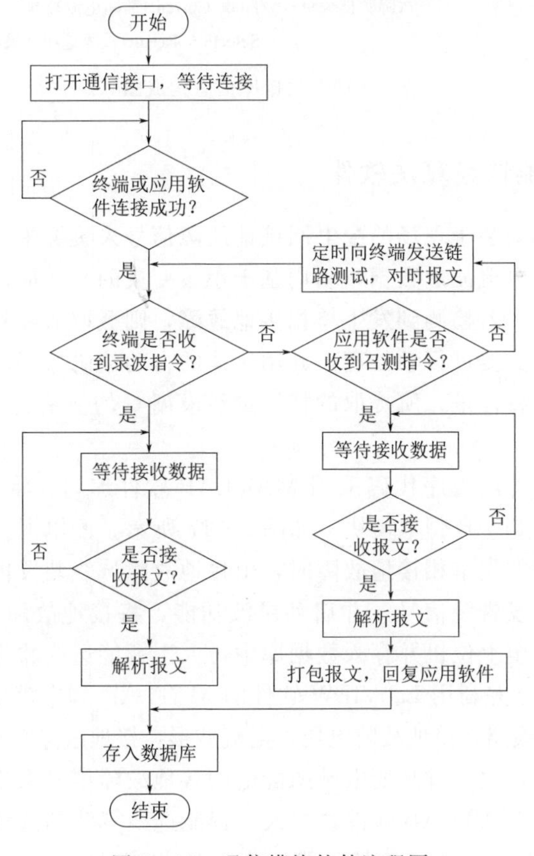

图 8-15　通信模块软件流程图

(3) 数据库模块。接地故障选线软件选用 SQL Server 2008 R2 作为数据库的开发平台，实现对接地故障选线装置所采集和上传的数据的存储、查询及管理等功能。允许采用 ADO 远程技术远程访问数据库，其数据库信息如图 8-16 所示，包括设备信息、状态信息、用户信息和故障数据信息。

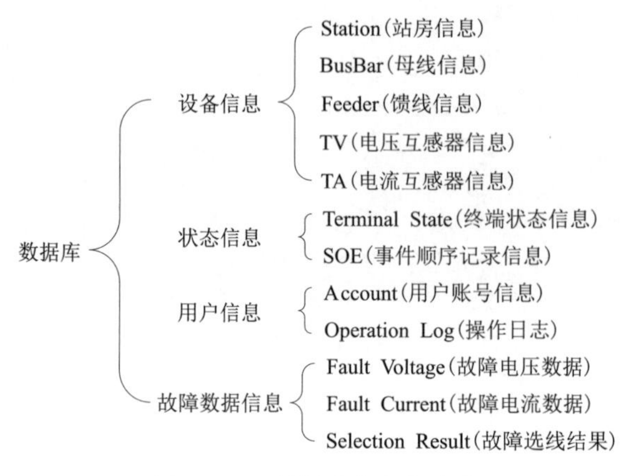

图 8-16　数据库信息构成图

8.3.2 人工智能选线算法软件

如前文所述，安装于现场的配电网接地故障信号采集屏中的接地故障选线装置实时采集电压、电流波形数据，利用基于小波变换的自适应启动算法判断是否发生单相接地故障，若检测到发生单相接地故障，则截取故障暂态零序电流的首半波波形，对波形数据进行预处理，并用构建的自动编码器提取各线路的故障暂态零序电流波形的特征量，所提取的特征量经模糊 C 均值聚类，实现单相接地故障人工智能选线。

人工智能选线算法程序代码采用 MATLAB 软件编写，将其植入 LabVIEW 开发的软件的 MATLAB 脚本模块，如图 8-17 所示。配电网接地故障信号采集屏实时采集数据，发生单相接地故障时，由接地故障选线装置内嵌的接地故障启动算法识别故障，发告警信号，并启动录波功能，将接地故障发生前后的电压、电流波形数据上传至上位机并存入数据库中，人工智能选线软件从数据库中调取接地故障波形数据，并利用 LabVIEW 软件的 MATLAB 脚本模块对其进行分析处理，输出接地故障线路，接地故障电压、电流波形，接地故障发生时刻等信息。

本节基于安装在福建省某变电站的配电网接地故障信号采集屏记录的单相接地故障数据，结合 MATLAB 软件说明人工智能选线算法的选线过程。该变电站于 2019 年 3 月发生一次单相接地故障，电压监测终端检测到母线零序电压高、

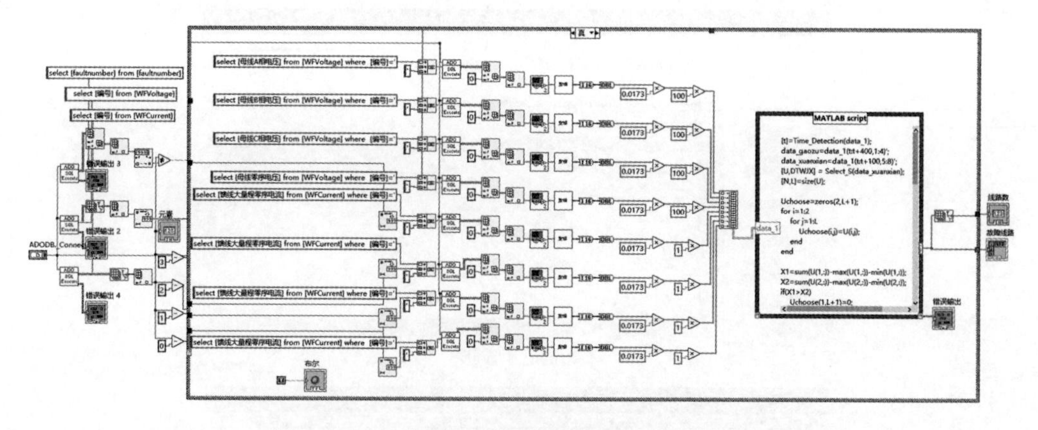

图 8-17　LabVIEW 植入 MATLAB 代码示意图

低频分量变化量越过了相应的自适应阈值，且始终保持较高的水平。接地故障发生后大约经过 30ms，电压监测终端中的启动算法输出启动信号，具体识别过程如图 8-18 所示。接地故障启动信号发出后，接地选线装置立即启动故障录波，并将故障电压及电流波形数据发送至上位机，并在主界面显示，如图 8-19 所示。

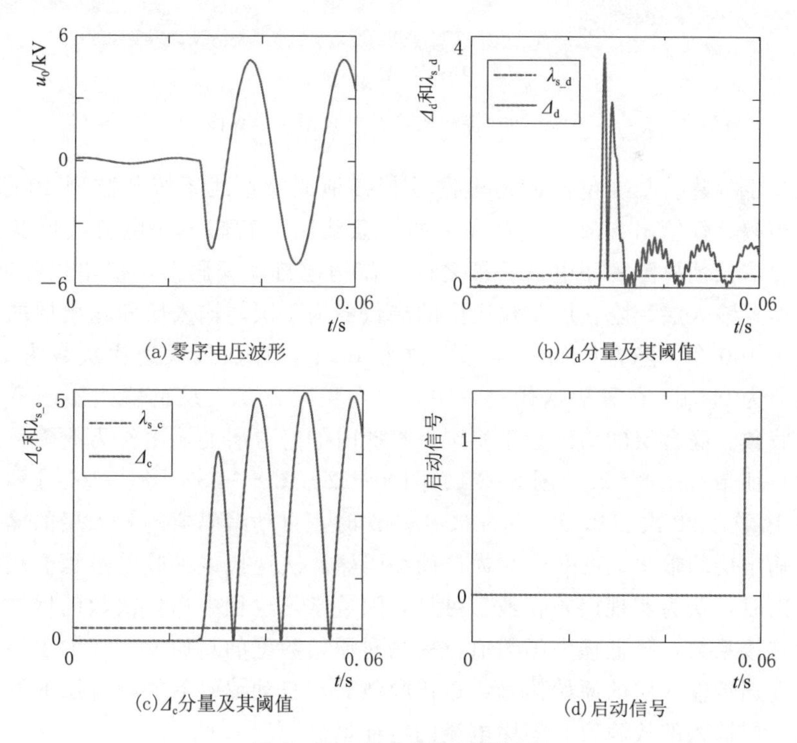

图 8-18　启动算法识别过程

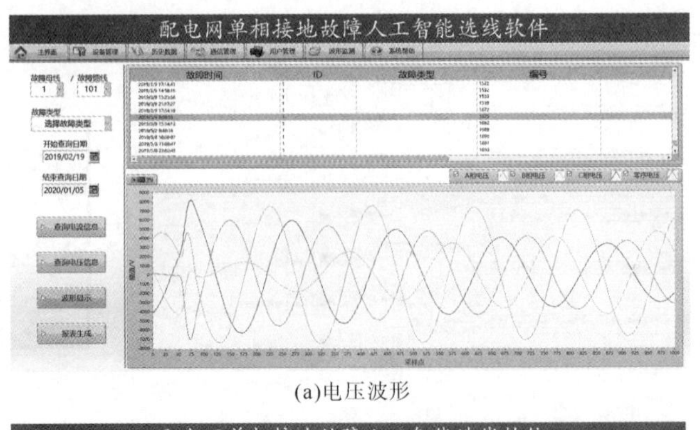

(a)电压波形

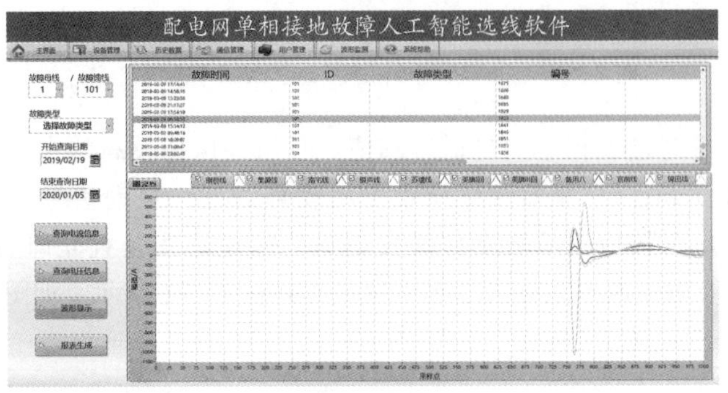

(b)零序电流波形

图 8-19 接地故障波形数据显示界面

安装于福建省某变电站的配电网单相接地故障选线系统共监测 10 条线路，受限于篇幅，仅给出含故障线路在内的 6 条线路的暂态零序电流波形及其特征量。在提取接地故障零序电流特征之前，需构建自动编码器，初始化各项参数，初始化设置输入层、隐含层及输出层的层数各为 1 层，输入层和输出层的神经元个数均为 100 个，隐含层的神经元个数为 10 个，算法最大迭代次数为 200 次，收敛误差为 0.01。在算法迭代过程中，自动编码器隐含层的输出不断变化，直到误差收敛，隐含层的输出趋于稳定，将此时的隐含层的输出作为故障暂态零序电流的特征量。图 8-20、图 8-21、图 8-22、图 8-23、图 8-24 分别为迭代次数为 10 次、20 次、40 次、80 次、180 次时，自动编码器的输入层的输入、隐含层及输出层的输出。图 8-25 为自动编码器算法迭代误差收敛过程曲线图，迭代 180 次时，认为实现误差收敛。可见，随着学习过程中迭代次数的增加，不断修正权连接系数，降低损失函数值，提高对原始数据的复原度，即输出层的重构信号更加逼近输入层的原始信号，迭代收敛后，自动编码器的隐含层的输出即可作为输入层输入的故障暂态零序电流的特征量。

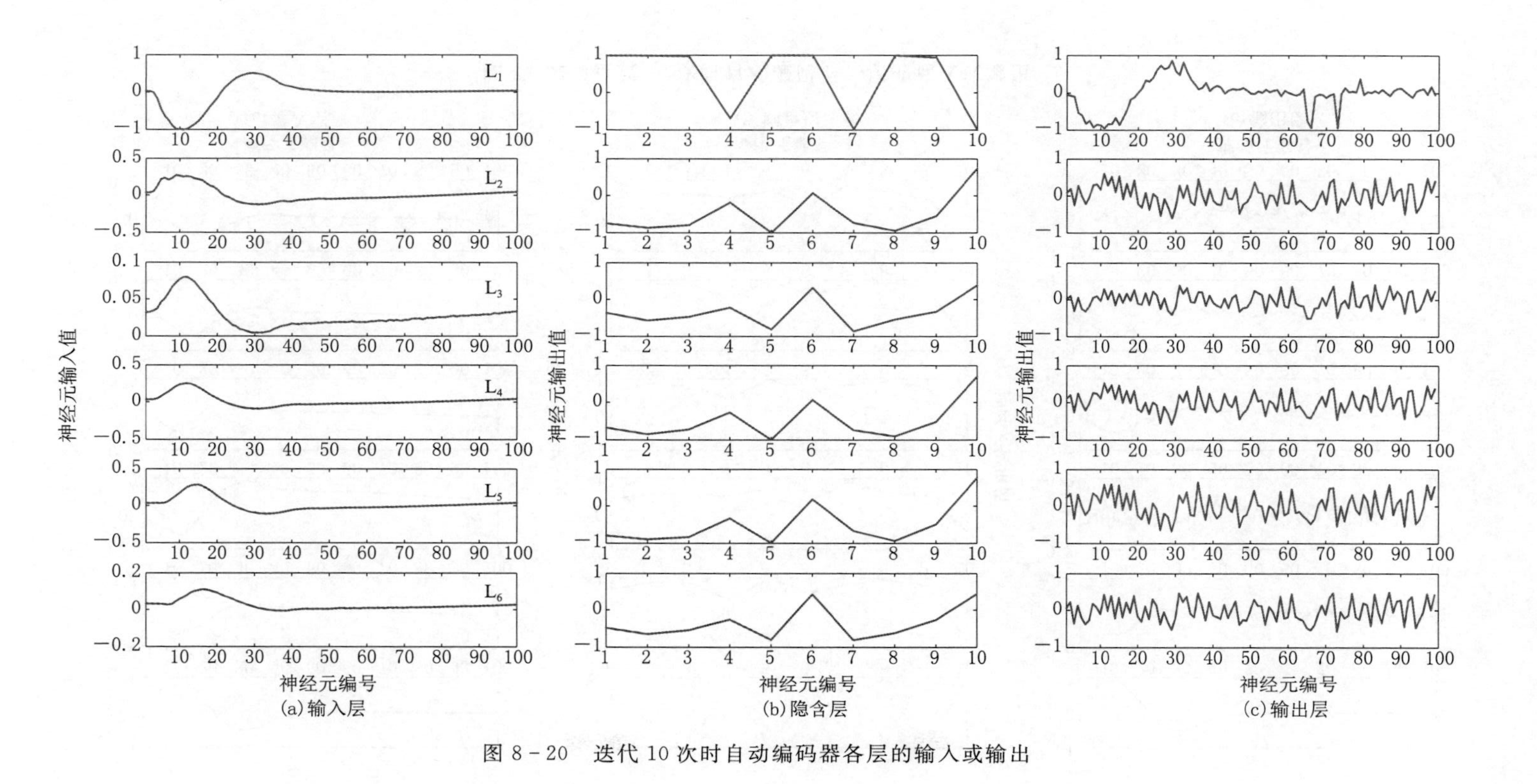

图 8-20 迭代 10 次时自动编码器各层的输入或输出

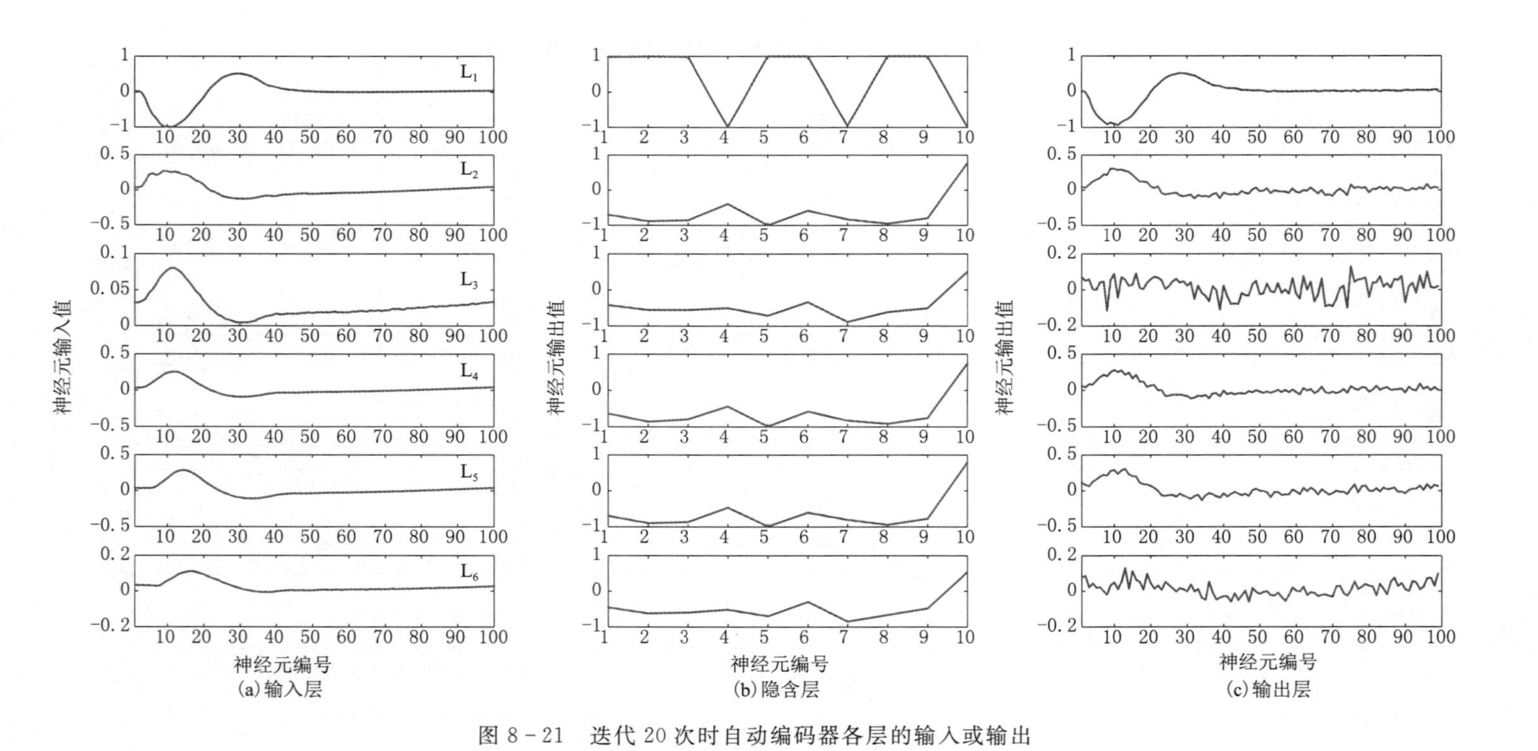

图 8-21　迭代 20 次时自动编码器各层的输入或输出

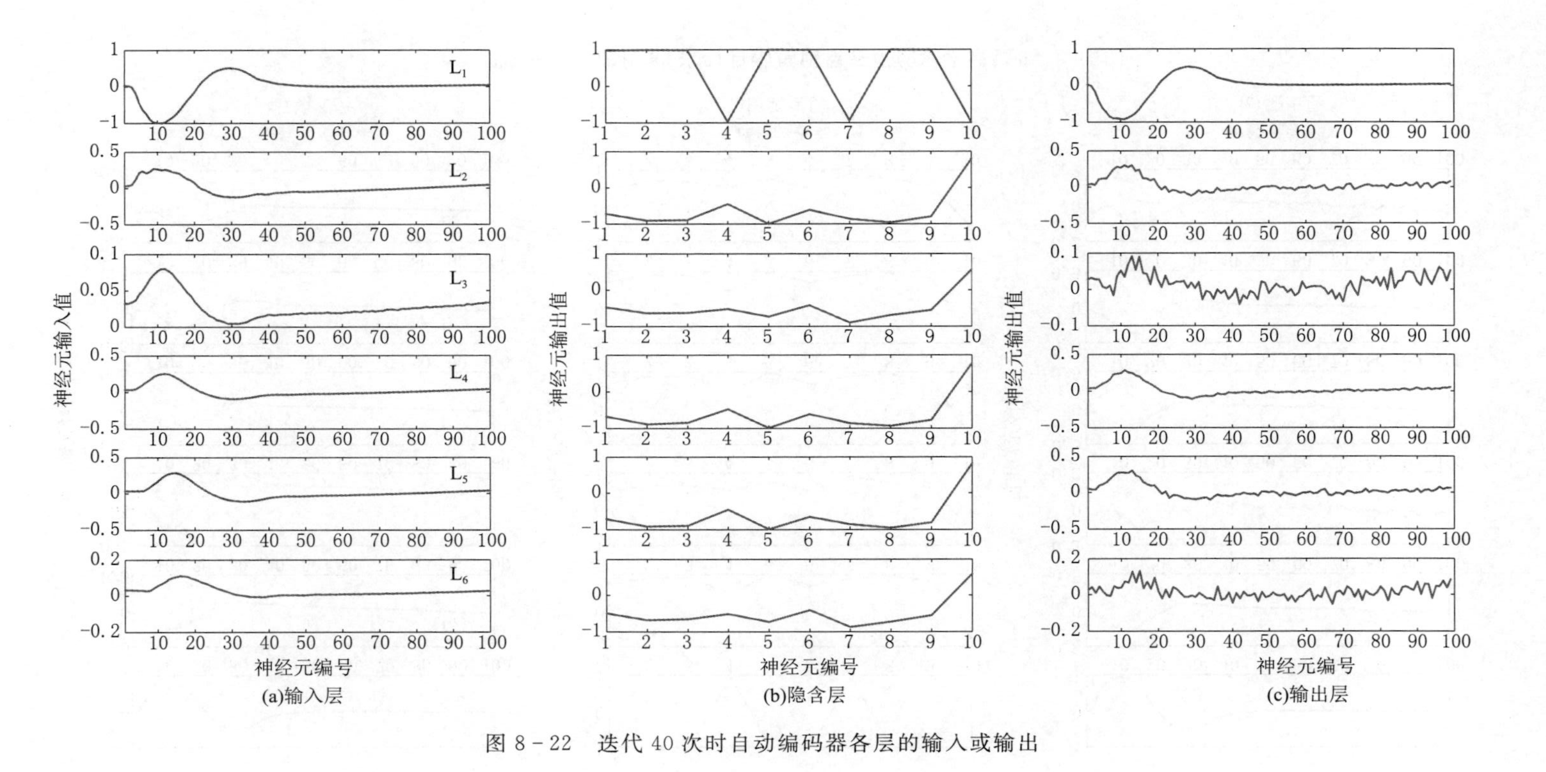

图 8-22　迭代 40 次时自动编码器各层的输入或输出

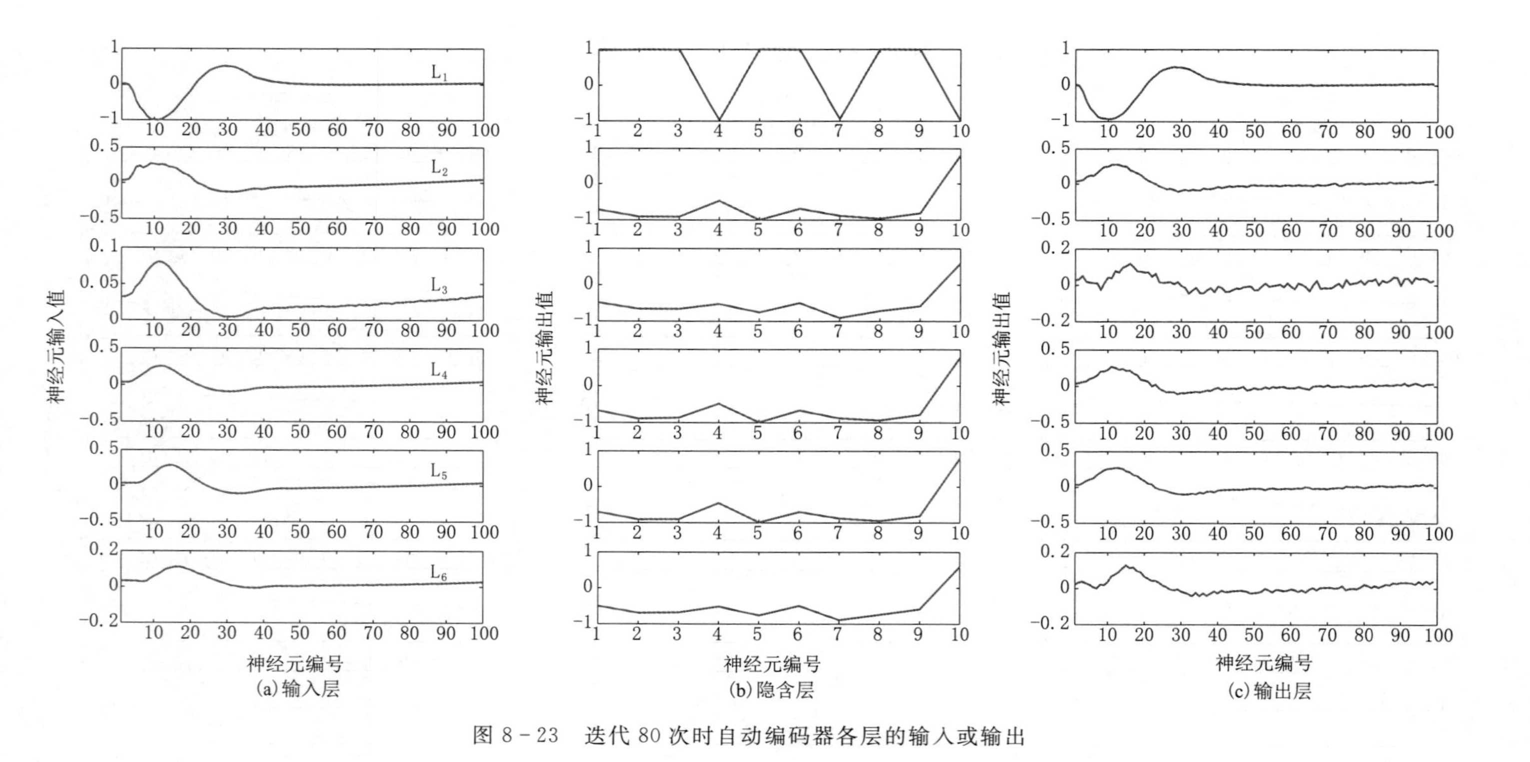

图 8－23　迭代 80 次时自动编码器各层的输入或输出

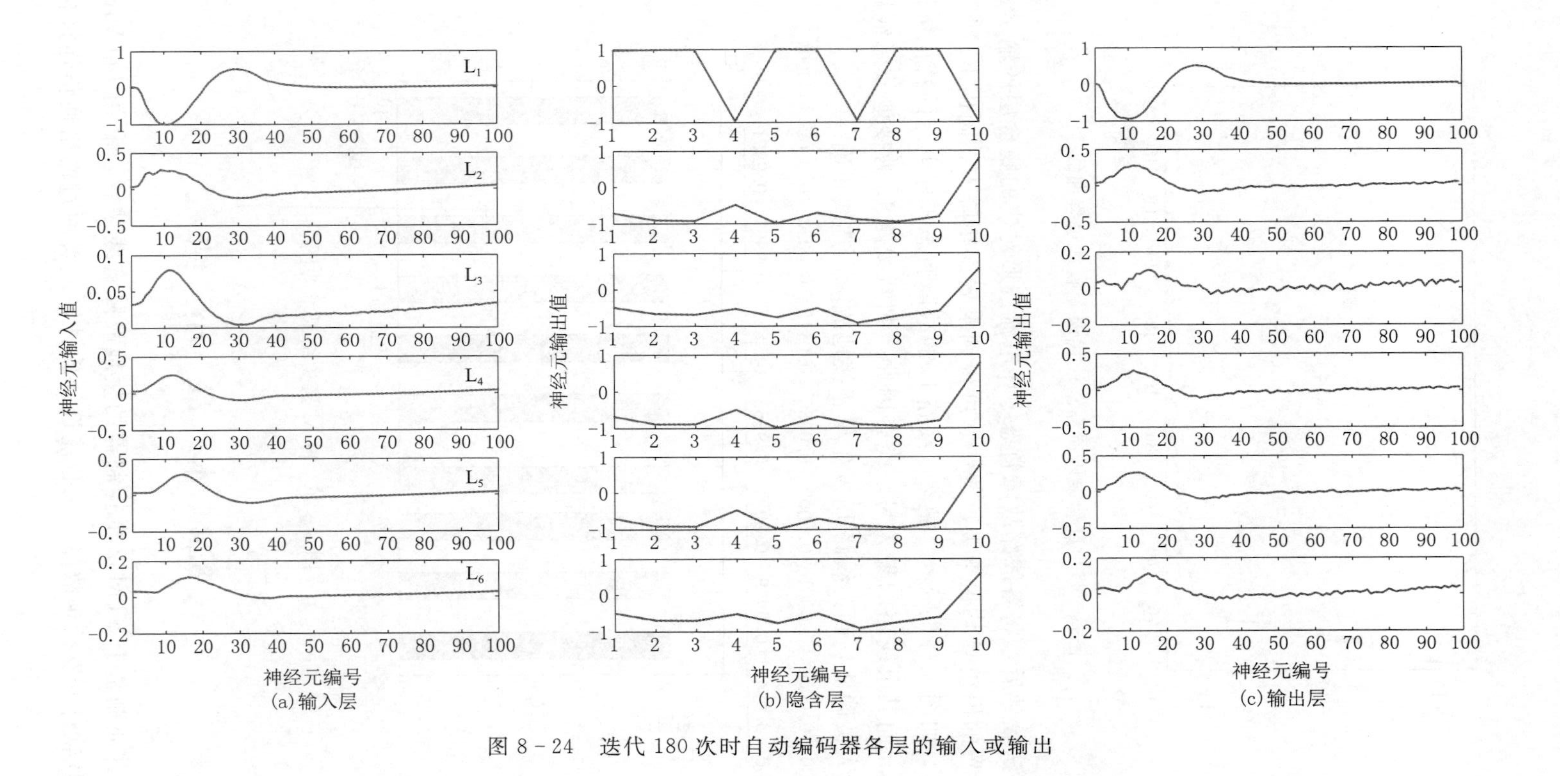

图 8-24　迭代 180 次时自动编码器各层的输入或输出

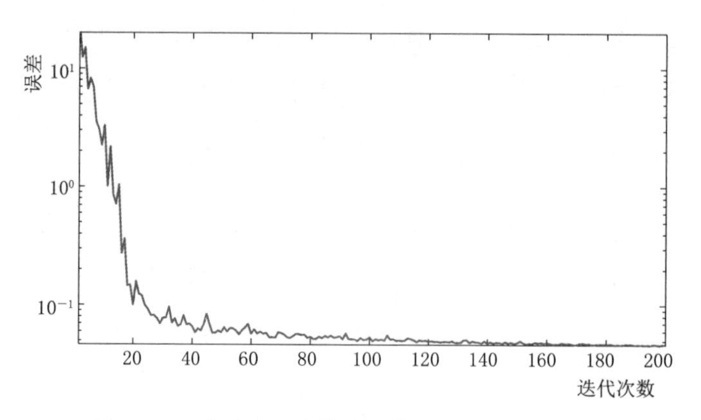

图 8-25　自动编码器算法迭代误差收敛过程曲线

当算法收敛后，将各线路故障暂态零序电流波形对应的隐含层的输出，输入免阈值设置的模糊 C 均值聚类算法中，可得到隶属度矩阵 $\boldsymbol{U}$。画出 FCM 聚类结果堆叠图，如图 8-26 所示。显然，线路 L_1 的故障暂态零序电流的特征量被单独聚成一类，而其余线路的聚为另一类，因此，判断线路 L_1 为接地故障线路。经现场运维人员确认，确为线路 L_1 发生单相接地故障，选线正确。

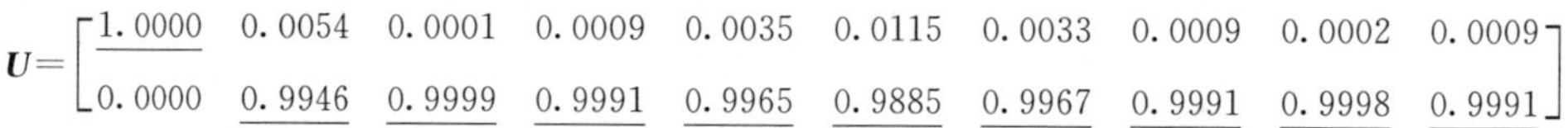

$$\boldsymbol{U}=\begin{bmatrix} \underline{1.0000} & 0.0054 & 0.0001 & 0.0009 & 0.0035 & 0.0115 & 0.0033 & 0.0009 & 0.0002 & 0.0009 \\ 0.0000 & \underline{0.9946} & \underline{0.9999} & \underline{0.9991} & \underline{0.9965} & \underline{0.9885} & \underline{0.9967} & \underline{0.9991} & \underline{0.9998} & \underline{0.9991} \end{bmatrix}$$

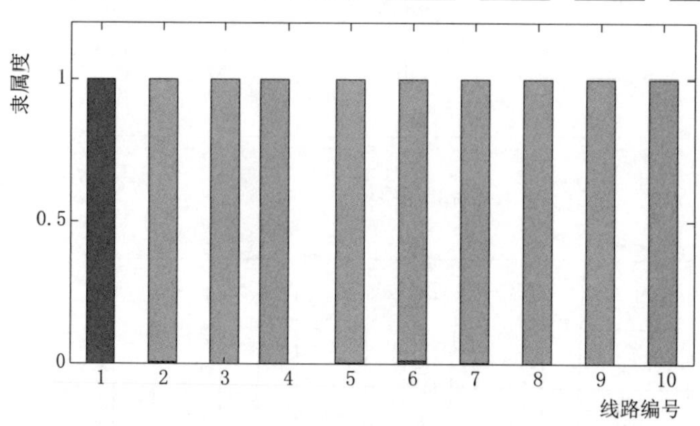

图 8-26　FCM 聚类结果堆叠图

8.4　本　章　小　结

设计并研制基于 STM32 微控制器的接地故障选线装置，利用 LabVIEW 和 MATLAB 软件开发接地故障人工智能选线软件，二者通过网络通信连接构成配电网单相接地故障选线系统。详细阐述了接地故障选线装置的分布式架构和软硬件设计与实现方法，以及接地故障选线软件的应用软件模块、通信模块和数据库模块的设计与实现思路。以安装于现场的接地故障选线系统记录的一次单相接地故障为例，说明人工智能选线算法软件的实现过程。

本 章 参 考 文 献

[1] LIN C，GAO W，GUO M F. Discrete wavelet transform based triggering method for single-phase earth fault in power distribution systems [J]. IEEE Transactions on Power Delivery，2019，34 (5)：2058 - 2068.